年代(×100万年前)

紀	世		年代
新第三紀 Neogene			23.03
古第三紀 Paleogene			65.5
白亜紀 Cretaceous	後期 Late		99.6
	前期 Early		145.5
ジュラ紀 Jurassic	後期 Late		161.2
	中期 Middle		175.6
	前期 Early		199.6
三畳紀 Triassic	後期 Late		228.0
	中期 Middle		245.0
	前期 Early		251.0
ペルム紀 Permian	ロピンギアン Lopingian		260.4
	ガダルピアン Guadalupian		270.6
	キスラリアン Cisuralian		299.0
石炭紀 Carboniferous	ペンシルバニア亜紀 Pennsylvanian	後期 Late	306.5
		中期 Middle	311.7
		前期 Early	318.1
	ミシシッピー亜紀 Mississippian	後期 Late	326.4
		中期 Middle	345.3
		前期 Early	359.2
デボン紀 Devonian	後期 Late		385.3
	中期 Middle		397.5
	前期 Early		416.0
シルル紀 Silurian		Pridoli	
		Ludlow	428.2
		Wenlock	
		Llandovery	443.7
オルドビス紀 Ordovician	後期 Late		460.9
	中期 Middle		471.8
	前期 Early		488.3
カンブリア紀 Cambrian	後期 Late		501
	中期 Middle		513
	前期 Early		542.0

紀	世		年代
第四紀 Quaternary			2.59
	Pliocene	前期 Early	5.33
	中新世 Miocene	後期 Late	11.61
		中期 Middle	15.97
		前期 Early	23.03
	漸新世 Oligocene	後期 Late	28.4
		前期 Early	33.9
	始新世 Eocene	後期 Late	37.2
		中期 Middle	48.6
		前期 Early	55.8
	暁新世 Paleocene	後期 Late	58.7
		中期 Middle	61.7
		前期 Early	65.5

地球と生命の進化学

新・自然史科学 I

沢田 健・綿貫 豊・西 弘嗣・栃内 新・馬渡峻輔 ―― 編著

北海道大学出版会

扉イラスト：楢木　佑佳
過去〜現在へと続いてきた地球と生命のひろがりをイメージした。

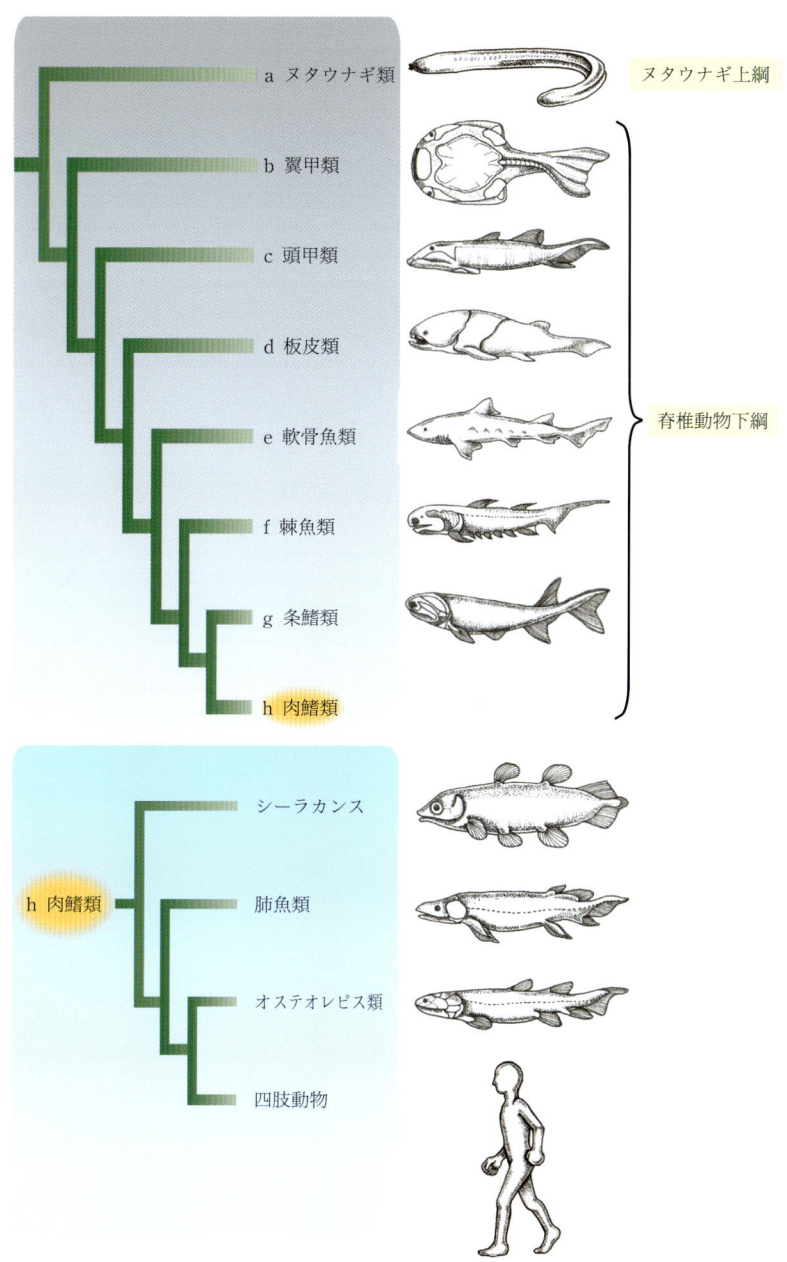

口絵 1 魚類から人に至る系統分類(矢部，2006 参照)。第 4 章参照

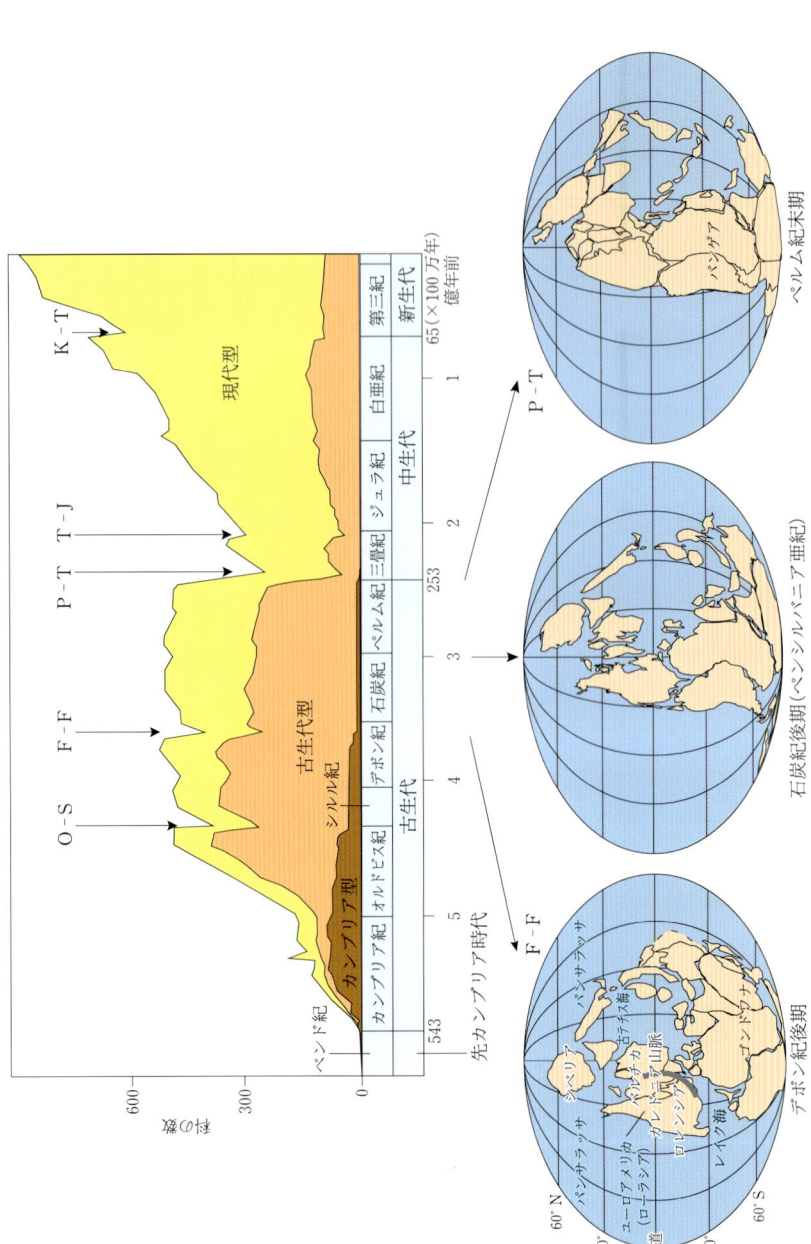

口絵2 顕生代における生物多様性の変化(Sepkoski, 1989を参考に作成)と大陸分布(Scotese and McKerrow, 1990；ベアリングとウッドワード, 2003を参考に作成)。第6章参照

口絵3 植物化石(中村英人氏撮影)と抵抗性高分子,バイオマーカーの構造式。植物化石を構成する有機分子の化学分析から古代植物の種の推定,古生態の復元,古環境・古気候解析が行われている(第5章・第9章のコラム参照)。植物化石は,北海道穂別の白亜系から採集されたノジュール中の材化石。有機体を残している。抵抗性高分子の1つであるスベリンのモデル構造式(左上)と,高分子に結合したバイオマーカー(ステロール;右下)も示した。第6章参照

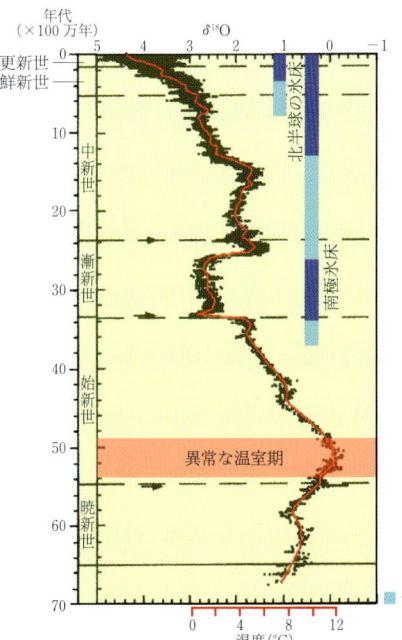

口絵4 新生代における酸素同位体曲線から推定した海水温変動(Zachos et al., 2001を参考に作成)。第9章参照
■ 部分的または一時的な凍結,■ 全規模かつ永続的な凍結

口絵 5　ニレ属植物の葉にワタムシ亜科のアブラムシがつくる虫こぶ(ゴール)。寄主はすべてハルニレ。(A) *Eriosoma moriokense* の葉巻ゴール，(B) *Kaltenbachiella nirecola* の閉鎖ゴール，(C) *Tetraneura sorini* の球状ゴール，(D) *Kaltenbachiella japonica* のイガグリ状ゴール。第 9 章参照

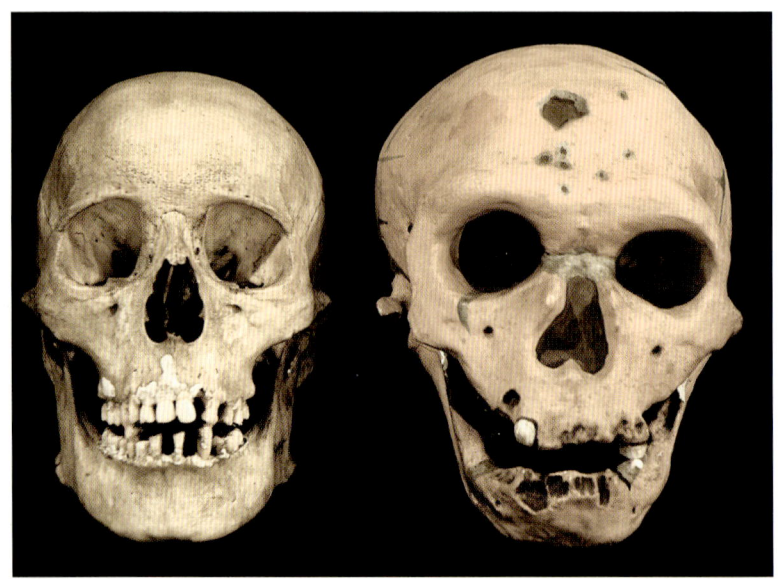

口絵 6　北海道大学総合博物館に展示されている現代日本人(ホモ・サピエンス：左)とネアンデルタール人(ラ・シャペローサン出土骨の複製：右)の頭骨(北海道大学総合博物館，大学院医学研究科の協力による)。第 11 章参照

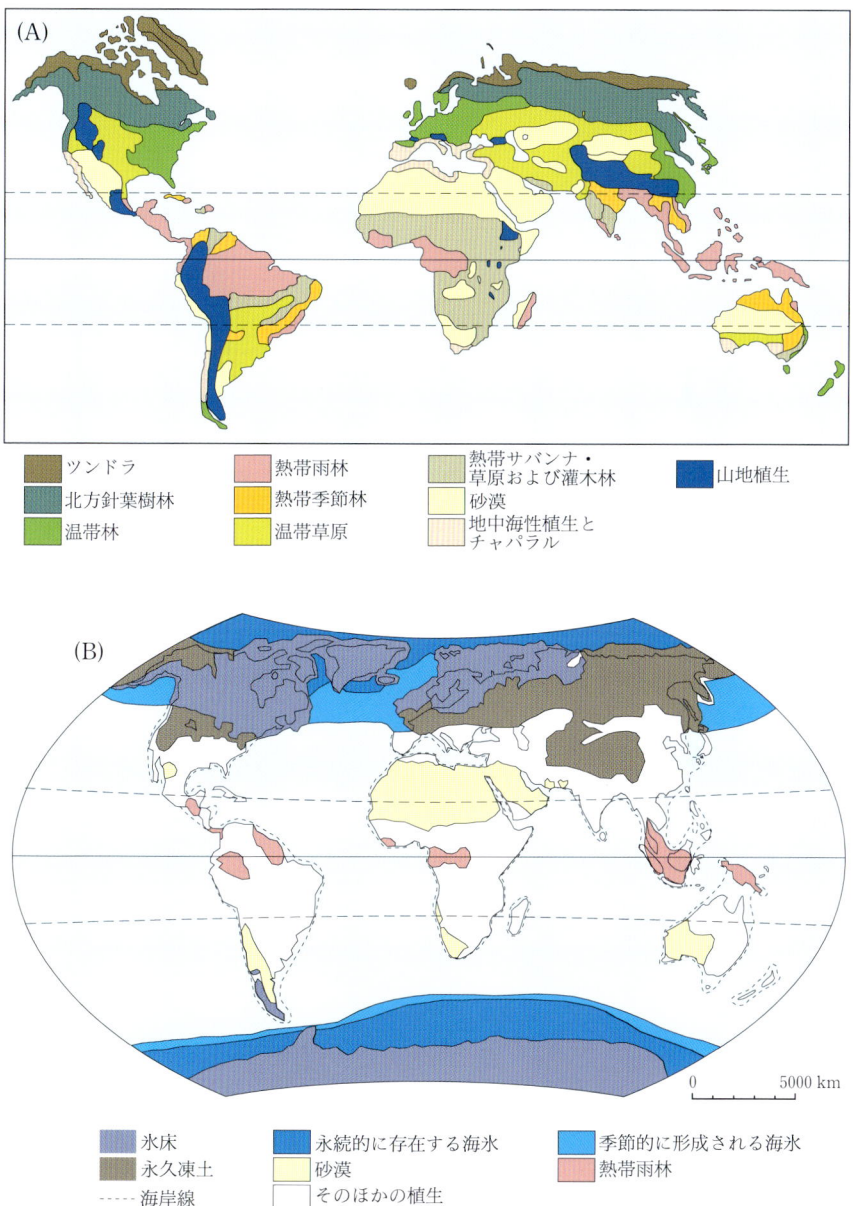

口絵 7 (A)現在の植生(Audesirk and Audesirk, 1996 に基づく Townsend et al., 2003 の図を参考に作成),(B)最終氷期最盛期の植生(Williams et al., 1998 に基づく Hewitt, 2000 の図を参考に作成)。第 10 章参照

口絵8 北海道黒松内町歌才地区の石灰採石場(コケムシパラダイスセクション)。更新統下部に対比される瀬棚層中里砂礫岩部層の礫岩が露出しており，貝，サンゴ，コケムシ化石を多産する(上)。コケムシパラダイスセクション(黒松内町歌才地区)に露出する瀬棚層中里砂礫岩部層に含まれる礫。このセクションで産出する礫のほとんどは，表面がコケムシ(白い部分)によって覆われている(下)。1つの礫でも複数のコケムシのコロニーが観察される。第12章参照

まえがき

　平成15年度21世紀COE研究教育拠点形成プログラムの「学際，複合，新領域」において，北海道大学大学院理学研究科の地球惑星科学専攻と生物科学専攻を中心としたプログラム「新・自然史科学創成―自然界における多様性の起源と進化」が採択された。これは，地球科学分野と生物分類・進化学分野の融合により，自然界，とくに人類の生存圏である地球表層圏（岩石圏，水圏，大気圏そして生物圏）の多様性と進化を包括的に理解するための新しい学問領域「新・自然史科学」を萌芽発展させることを目的としたものである。以来，2008年までの5年間，本プログラムの事業担当者および関係者は，もとは自然史学（博物学）から分化した地球科学と生物分類学・進化学の二大領域を，現代的な視点から「新・自然史科学」として再統合することを目指し，さまざまな研究・教育活動を展開してきた。本プログラムが大きな成果をあげたことは，何よりも，北海道大学大学院の改組にともない，地球惑星科学専攻と生物科学専攻の一部が自然史科学部門として理学研究院のなかに組み込まれたことに現れている。

　本プログラム遂行における教育活動の一環として，北海道大学の大学院生を対象に，「新・自然史科学」に関連した必修科目2科目と選択科目5科目が開講された。そして，そのうち5科目の単位を取得すると修了が認定されるCOE大学院特別コースが開設された。この特別コースの必修科目の1つが「新・自然史科学Ⅰ」である。2006年からは，この「新・自然史科学Ⅰ」は，北海道大学大学院共通科目へと拡大され，「新自然史科学特別講義Ⅰ―地球と生命の自然史」という科目名で開講されている。本書は，この「新・自然史科学Ⅰ」の講義内容を整理し，さらに詳細な内容を加えたものである。

　本書は，宇宙の誕生，地球の誕生，そして生命の誕生から現在までの地球と生命の歴史を，地球科学分野と生物科学分野の理論・基礎知識を体系的にまとめたものである。本書において特筆すべきは，おもに生物科学分野の研

究者が，系統分類学や分子進化学，進化発生学などの自分の専門領域に閉じこもることなく，「新・自然史科学」の意義を理解したうえで，そのなかに地球惑星科学の視点を加えて，各々の地質年代での多様な生物の進化史を執筆したことである．また，地球科学・生物科学両分野の最新の研究成果やトピックスも紹介しながら，より専門的な内容を含むことも意図した．

本書は大学院生や学部学生のために書かれているが，それだけでなく，地球科学と生物分類学・進化学，あるいはその関連分野に関心をもつ研究者や一般の読者にとっても役に立つ教科書であれば幸いである．本書を読むことで，長時間スケールの生命の進化史を，地球システムや地球環境の進化・変動という視点を加えて総合的に理解し，さらには，個々の専門分野を超えて，広範な知識に基づく地球観や生命観をもつ人材が育つことを期待している．その結果として，地球科学と生物分類学・進化学の融合した「新・自然史科学」とは何か，そして，この新分野からどのような地球と生命の歴史が概観できるのか，社会の理解が進むことを望む．

本書を編集するにあたり，森藤恵氏と石川理世氏にさまざまな協力をいただいた．楢木佑佳氏にはカバーイラストを，岡野和貴氏には見返し図を，原子めぐみ氏には本文中の一部イラストを作成していただいた．本書の出版にあたっては北海道大学出版会の成田和男・杉浦具子両氏に多大なご協力をいただいた．ここに謝意を表する次第である．

2008年3月3日

編者一同

目　次

口　絵　i
まえがき　vii

第1章　宇宙と地球の誕生　1

1. 宇宙の誕生　1
   膨張する宇宙　1/ビッグバンによる宇宙の始まりと軽元素の起源および宇宙背景放射　3/標準宇宙モデルと宇宙の年齢　4
2. 地球誕生までの宇宙の進化　5
   宇宙の冷却と熱的不均質の形成　5/重元素の合成　6/銀河の化学進化　8
3. 地球の誕生　9
   地球最古の物質　9/地球形成の始まり　9/惑星集積と地球の初期熱史　12/核とマントルの分離　13/大気と海洋の形成　14/原始大気と生命の起源　15

   コラム・ウラン–鉛法，鉛–鉛法，ハフニウム–タングステン法　17
   引用文献　17

第2章　原核細胞から真核細胞へ　19

1. 生命の誕生　19
2. 生物界の3つのドメイン　22
3. ランソウ類の起源・酸素発生・その後の地球　23
4. 真核生物の起源　26
5. オルガネラの起源　29
6. 真核生物の初期進化　33
7. 真核生物のスーパーグループ　34

　　　　アメーバゾア生物群　34/後方鞭毛生物群　36/リザリア生物群　36/
　　　　植物群　36/クロムアルベオラータ生物群　36/エクスカベート生物群
　　　　37
　　コラム・バイオマーカー　38
　　引用文献　39

第3章　後生動物の起源と進化──原生代〜古生代初期　43
　　1．先カンブリア時代の年代区分　43
　　2．後生動物の多様性・系統関係・分岐年代　45
　　3．原生代〜古生代初期の大陸分布と気候変動，多細胞生物の進化　47
　　　　約24億年前　48/12億〜10億年前？　48/約8億〜6億年前　51/5.8
　　　　億年前〜　55/カンブリア紀　59
　　コラム・絶滅分類群のグルーピング　57
　　4．左右相称動物のボディープラン多様化の要因　59
　　引用文献　62

第4章　古生代前期における魚類の進化，陸上生態系の出現と初期進
　　　　化　69
　　1．海で起きた魚類の進化──魚類とは　70
　　2．有顎魚類の出現──顎は鰓弓が変化したもの　73
　　　　顎の出現　74/生態的多様化の源，歯の出現　75/初期の顎口類　75
　　3．軟骨魚類と硬骨魚類──爆発的放散　76
　　　　条鰭類の爆発的放散　77/肉鰭類　78/軟骨魚類　79
　　4．陸上生態系の出現──植物　79
　　5．陸上生態系の出現──動物　80
　　　　古生代の陸上節足動物　81/蛛形綱　82/多足類　84/六脚類　84
　　コラム・節足動物が陸生化するために克服したもの　88
　　引用文献　90

第5章 古生代における陸上植物の進化——初期種子植物/裸子植物　93

1. 初期植物の進化と地球環境　94
2. 種子(胚珠)の成立　97
    テロム説による胚珠の成立　99
3. 種子植物の系統分類　100
    シダ種子植物門　100/キカデオイデア門　104/ソテツ植物門　105/イチョウ植物門　106/針葉樹植物門　106/グネツム植物門　109
引 用 文 献　110
コラム・植物化石の抵抗性高分子　111

第6章 超大陸の形成と生物大量絶滅——古生代中～後期の大量絶滅と，両生類の出現・進化　115

1. 古生代中期に起こった生物大量絶滅　115
2. 古生代中・後期における超大陸形成と気候　119
3. 古生代における両生類の出現——脊椎動物の陸上進出　121
    コラム・肢は魚類で進化した——ミッシング・リンク発見　125
4. 両生類の系統分類と自然史科学　126
    迷歯亜綱　126/空椎亜綱　130/平滑両生亜綱　131
5. ペルム紀‐三畳紀境界期の環境大激変と生物大量絶滅　132
6. カタストロフ地球における生態系とその復活　136
引 用 文 献　139

第7章 中生代における爬虫類の進化——爬虫類の起源から恐竜へ　143

1.「爬虫類」の起源　144
    「両生類」から「爬虫類」へ　144/有羊膜類以前の爬虫型類　145/有羊膜類　145
2. 単弓類，無弓類と双弓類　146
    単弓類　146/無弓類と双弓類　147
3. 鱗竜類　148

4．主　竜　類　149
　5．恐　竜　類　151
　引用文献　158

第8章　ジュラ紀＝白亜紀温室世界とその終焉——恐竜から鳥類へ　161

　1．自然史科学における恐竜と鳥類　161
　2．始祖鳥は鳥類である　162
　3．鳥類は羽が生えた恐竜である　166
　4．鳥類＝恐竜(獣脚亜目)説の残された問題　168
　コラム・ジュラ紀から白亜紀の鳥類　171
　5．K‐T大量絶滅とその時代の大気　172
　6．恐竜と鳥類の進化に関する生理学的仮説　174
　7．絶滅と進化パターン——化石と分子系統　177
　引用文献　180

第9章　新生代生態系の形成と進化——被子植物の起源，移動，隔離　183

　1．新生代における気候変動　183
　2．新生代前半の気候変動と哺乳類，被子植物の多様化　187
　3．中新世以降の乾燥化の進行　190
　4．第三紀における植物の広域分布と隔離分布の形成　192
　　北大西洋陸橋　192／ベーリング陸橋　193
　5．隔離分布の形成の実例　194
　6．そのほかの隔離分布　197
　コラム・虫こぶ化石の古生物学・地球化学——虫と植物の共進化の解明　201
　引用文献　203

第10章　第四紀の気候変動と生物の分布　207

　1．第四紀の編年——揺れ動く第四紀　207
　2．第四紀の気候変動　210
　　北半球氷床の成立　210／氷期‐間氷期サイクル　211／急激な気候変動　213

3. 第四紀の動植物相　215

最終氷期の植生　216/群集レベルの分布域の変化　218/種の分布域の変化　218/移動分散の早さ　219

4. 寒冷・温暖のサイクルにともなう生物の分布の分断と融合　220

分断と融合の繰り返しと生物多様性　223

5. 現生生物の分布から進化の道筋を読み取る　224

引用文献　226

第11章　人類の誕生と進化　229

1. ヒトはサルから進化したのではない！　229
2. 人類発祥の地　アフリカ　231
3. ホモ・サピエンスの起源——多地域起源説 vs. アフリカ単一起源説　235
4. ネアンデルタール人の古代DNAが語るもの　239
5. 最新の化石人類学の進展　240
6. 日本人の起源と成立　241
7. 遺伝子からみた現代人の多様性　242

耳あか遺伝子の多様性　242/飲酒の遺伝的多様性　243

コラム・人類が影響を与える気候変動　245

引用文献　246

第12章　地球と生命の"新"自然史——あとがきにかえて　249

1. 学問の細分化と統合の歴史　249
2. 地球科学と多様性生物学のドッキング　250
3. 21世紀COEプログラム「新・自然史科学創成」　252
4. 日本産更新世コケムシ概観　253
5. 新・自然史科学の教育　256

引用文献　257

用語解説　259
索　引　263

第1章 宇宙と地球の誕生

倉本　圭

　宇宙がどのように誕生し，地球の形成に至るまでどのような進化をとげてきたのかを理解することは，本書の中心テーマである地球と生命の織りなした歴史を理解するうえで有意義なことであろう．地球や生命の材料物質の起源は，元をたどれば宇宙の誕生とその進化の過程での元素合成にいきつく．また生命誕生の舞台となった初期地球の表層環境の成り立ちには，宇宙空間に漂うガスと塵の雲から惑星が形成された諸過程が色濃く反映されている．

1. 宇宙の誕生

膨張する宇宙

　一般相対性理論から導かれる時空の幾何構造と質量の分布を関係づけるEinstein方程式からは，宇宙の一様・等方性を仮定すると，宇宙は膨張し続けるか，初め膨張した後に収縮に転ずる解しか得られない．時間変化しない解が存在しないのは，重力に拮抗する力が含まれていないことによる．このようなつねに進化する宇宙の描像は，観測的に裏づけられている．そのもっとも重要な観測は，遠方の銀河ほど大きな速度でわれわれから遠ざかっているというものである．

　1929年にE. Hubbleは銀河までの距離と後退速度のあいだに比例関係があることを発見した．これをHubbleの法則といい，次式で表現される．

$$v = H_0 r \tag{1}$$

ここで v は後退速度，r は銀河までの距離，H_0 は Hubble 定数である。Hubble は後退速度を銀河の放つ光の吸収スペクトル線のドップラー偏移 Doppler shift から，銀河までの距離はそこに含まれるセファイド型変光星 Cepheid variable の見かけの明るさから求めた。セファイド型変光星は光度変化の周期とその絶対光度のあいだに一定の関係があるので，銀河の標準光源として用いることができる[注1]。

Hubble の法則は宇宙が一様に膨張していることを意味する。逆に時間を遡るとすべての銀河は一点に集まる。これを宇宙の始まりと考え，非常に高密度の状態から宇宙膨張が開始した現象をビッグバン Big Bang と呼ぶ。

ビッグバンから現在までの経過時間は Hubble 定数の逆数で評価でき

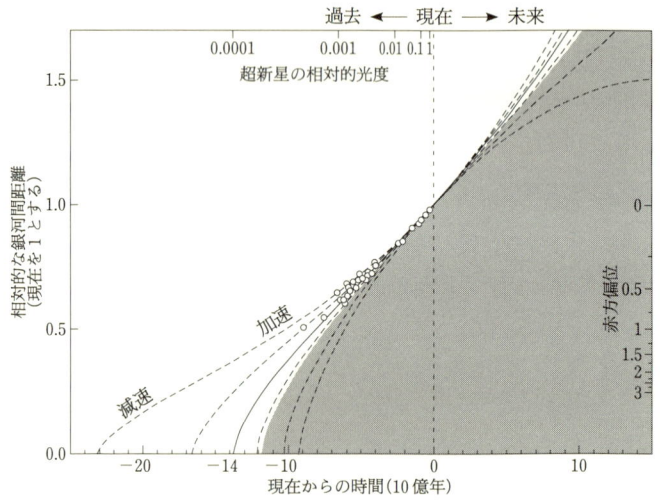

図1 宇宙の膨張史（Perlmutter, 2003 を参考に作成）。複数の曲線は，宇宙を膨張させる真空のエネルギー密度を変えた場合に，宇宙の膨張史がどのように変化するかを示す。ハッチ内にある曲線の場合には，膨張はつねに減速するが，超新星を用いた観測（白丸）から，実際の宇宙は少しずつ膨張速度が加速していることが判明した（実線）。

[注1] セファイド型変光星の絶対光度は，300 pc（パーセク）以内の星までなら年周視差の方法，すなわち，地球軌道の直径を基線とする三角測量法を用いて距離を求める方法と見かけの光度を基に決められる。1 pc＝3.26 光年。

る[注2]。この方法で評価された宇宙の年齢は120億〜150億年である。1999年末までに，変光星よりも桁違いに絶対光度の大きな Ia 型超新星を距離計に用いて，より遠方の銀河の後退速度が求められた。Ia 型超新星とは，光度の時間変化曲線と絶対光度のあいだに一定の関係がある超新星である。この方法では数十億光年離れた銀河の後退速度も求めることができる。

観測の結果，宇宙の膨張速度は時間とともにやや増していることが明らかになった(Leibundgut, 2001)。つまり，宇宙には重力に比べて非常に弱いが，斥力も働いていることになる(図1)。

ビッグバンによる宇宙の始まりと軽元素の起源および宇宙背景放射

宇宙の物質が初め非常に狭い空間に閉じ込められていたとすると，恒星の中心部をも凌ぐきわめて高密度で高温の状態が実現していたと考えられる。そのような状況下では原子や原子核もばらばらとなり，素粒子間の反応と分解が繰り返される。実験的に知られている素粒子・原子核の反応断面積を用いると，膨張冷却によって反応がほぼ停止した段階で，どんな元素や同位体が合成されるか計算できる。

宇宙初期に合成される軽元素の比率 ^{4}He/H, D/H, ^{3}He/^{4}He, ^{7}Li/H は光子とバリオン baryon(原子核をつくる物質)の初期エネルギー密度比のみに依存する。この理論計算は林忠四郎らによって初めて行われた。観測的に決定された宇宙におけるこれらの元素の比率は，1つの光子・バリオン比ですべて説明される。宇宙の軽元素の存在度は，Hubble の法則と並んで，ビッグバンモデルの正しさを示すもう1つの証拠となっている(Sarkar, 1996)。

宇宙が高温状態から出発したとすると，宇宙のきわめて遠方を観測すればあらゆる方向から熱放射(ビッグバンの残光)が見えるはずである。この G. Gamow らによる予想は宇宙マイクロ波背景放射 cosmic microwave background の発見によって確認された(Penzias and Wilson, 1965)。

現在の宇宙マイクロ波背景放射の有効温度は約3Kと，素粒子や原子核

[注2] 距離 r を後退速度 v で割ればよい。銀河の後退速度を用いた Hubble 定数の推定値は $H_0 = 73 \pm 5$ km/s/Mpc である(Riess et al., 2005)。

の反応が起こる1億K超の温度に比べて非常に低温である。これは後退速度のきわめて大きな宇宙遠方からの光は著しく赤方偏移していることによる。

標準宇宙モデルと宇宙の年齢

2001年にNASAが打ち上げた，宇宙マイクロ波背景放射の方向による違いを全天にわたって精密に測定するWMAP(Wilkinson Microwave Anisotropy Probe)衛星は，宇宙マイクロ波背景放射のかすかな揺らぎ(平均絶対温度2.725Kに対してわずか0.002K)の大きさと方位パターンを明らかにし，初期宇宙の状態を明らかにすることに成功した。この観測結果と宇宙の膨張を記述する標準モデルを組み合わせることによって，より詳しいHubble定数や初期物質密度など，膨張宇宙を特徴づける物理パラメータが決定された(Spergel et al., 2007)。

宇宙膨張を記述する現時点での標準モデルはΛ(ラムダ)-CDM理論と呼ばれる。これはEinstein方程式に宇宙膨張を加速させる働きをもつ項(Λ項)を加え，質量として陽子・中性子・電子だけでなく冷たい暗黒物質(CDM: Cold Dark Matter)の寄与を考慮している。暗黒物質とは自ら光らない物質のことをいい，もともと銀河の回転速度から存在が示された。銀河回転の遠心力と釣りあうだけの重力が，光っている物質(恒星)の質量のみではつくりだせないのである。暗黒物質にはブラックホールや褐色矮星などさまざまな候補が考えられているが，重力的にしか相互作用しない，熱運動エネルギーの小さな素粒子を想定したものが冷たい暗黒物質である。暗黒物質の正体は不明であるが，宇宙膨張を記述するには上記の性質をもつものとすることで足りる。

この標準モデルに含まれるパラメータを，WMAPなどによる観測結果を基に決定すると，現在の宇宙の年齢は137±2億年と評価される。また，現在の宇宙の単位空間あたりの平均エネルギーは，Λ項で表されるエネルギー(これをダークエネルギーと呼ぶ)，冷たい暗黒物質，通常の物質(陽子，中性子，電子からなるもの)がそれぞれ72%，24%，4%を占める。暗黒物質と通常の物質のエネルギーはそれぞれの質量密度をエネルギー密度に換算した値である[注3]。そしてわれわれの宇宙は永遠に膨張を続ける。ダークエネルギーと

暗黒物質の性質については不明な点が多いが，これらの存在なしに観測結果を説明することは難しい。とくに暗黒物質については，その重力が銀河や銀河団などの宇宙の大規模構造の形成に重要な役割を果たしてきたことが明らかにされてきている。

2. 地球誕生までの宇宙の進化

宇宙の始まりから地球の形成までは，宇宙の全歴史のじつにほぼ2/3もの時間を要した。この間，宇宙では地球のような生命を育むことのできる天体が誕生する条件がどのように整えられたのだろうか。以下では熱的および物質的な条件に着目して説明する。

宇宙の冷却と熱的不均質の形成

地球型生命の活動は液体の H_2O に依拠している。H_2O が液体で存在できる温度範囲は狭く，純粋な H_2O では 273.15〜647.3 K，不純物が混じってもこの幅がせいぜい数十 K 広がる程度である。

ビッグバン後に宇宙を満たす背景放射の温度は急速に低下した。標準的なビッグバンモデルによれば，背景放射の温度が液体の H_2O の存在を許す数百 K 以下になったのは，ビッグバンの開始から1000万〜1億年後のことである。宇宙の全歴史と比較すれば，非常に短期間といえよう。背景放射温度が下がるにつれて，宇宙を満たしていたガスの温度も下がる。ガス温度が低下すると圧力も低下し，ガス塊が自己重力によって収縮することが可能になる。こうして最初の天体(恒星)はビッグバンからおよそ1億年後までのあいだに形成された。これらの天体を第1世代の星というが，大質量で短寿命のものがほとんどで，現在まで生き残っているものは非常に稀と考えられている。

ガス塊の重力収縮過程の特徴として，ガス塊の全エネルギー(内部エネルギーと重力ポテンシャルエネルギーの和)が減少しても内部エネルギーはむしろ増

4頁(注3) 相対性理論によれば質量はエネルギーに等価である。

すことが挙げられる。これは，たとえば太陽を公転する質点が力学的エネルギーを失うと，軌道半径は縮むが，運動エネルギーは増加する（より高速で公転するようになる）ことと基本的には同じ理由による。このために重力収縮を開始するとガス塊内部の温度が上がり，より温度の低い外界へ熱を渡すことで，さらに収縮と温度上昇が加速される正のフィードバックが働く。これを重力熱力学的カタストロフ gravothermal catastrophe という。こうして宇宙には温度のむらが成長し，生命系に不可欠なエネルギーの流れが存在できるようになる。

重元素の合成

前述のとおり，ビッグバン直後に合成された元素はベリリウム(^{7}Be)までの軽元素である。地球や生命の材料物質である重元素は宇宙初期には存在しなかった。

恒星の内部では発熱をともなう核融合反応，すなわち熱核反応によって，より重い元素が合成される。核融合反応は2つの原子核が核力によって合体してより重い1つの原子核になる反応をいう。この反応が自発的に進むには，融合後の原子核のほうがより安定，すなわち核子（陽子と中性子の総称）1個あたりの結合エネルギーがより大きいことが必要である。この結合エネルギーは ^{56}Fe にピークをもつ。そのため熱核反応では Fe までの元素の合成が可能である。

原子核は正の電荷をもつので，大きな速度を与えないと，電気的な反発力によって，核力の働く十分短い距離まで原子核同士が近づけない。核融合反応が高温を必要とするのはこのためである。陽子数の大きな核子ほど電気的な反発力が強く，核融合反応を起こすにはより高温が必要となる。恒星の中心部に実現される温度は，星の質量とともに増す。そのため質量の大きな星ほど，より重い元素が合成される。

熱核反応では質量数が4の倍数の元素が効率よく合成される傾向がある。質量数4の原子核の代表は He(α 粒子)であるので，この元素合成過程を α 過程という。実際に地球を構成する主要元素は質量数が4の倍数のものが多いのもこの理由による（図2）。

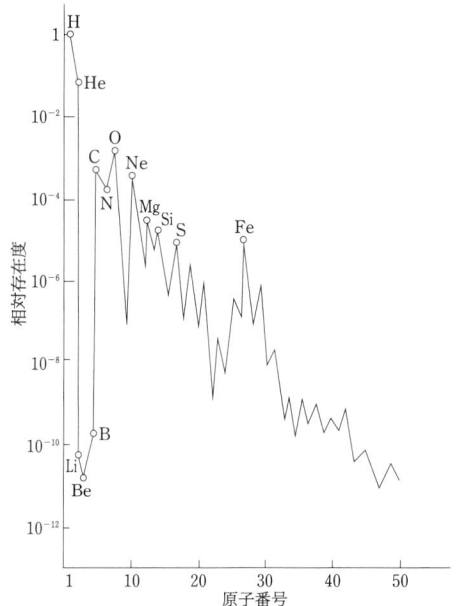

図2 宇宙元素存在度（国立天文台, 2006を参考に作成）。水素に対する個数比で示した。4の倍数の質量数をもつ元素が多いことが特徴である。これらはおもに星内部での熱核反応によって合成された。

　ガス雲の重力収縮によって誕生した星は中心部でのHの熱核反応で輝いており主系列星 main-sequence star と呼ばれる。重い星ほど光度が大きく表面温度が高い。主系列星は温度の高い順にO，B，A，F，G，K，M型と分類される。われわれの太陽はG型星である。重い星ほどきわめて活発に熱核反応が進むため，O型星やB型星の寿命はおよそ1000万年〜1億年ほどしかない。一方でG型星やK型星は宇宙の年齢と同程度かそれ以上の寿命をもつ。

　星全体のHの約1割がHeに変化すると，Heのみの中心核ができ，そこではいったん熱核反応が停止して，重力収縮が起こる。それにともなう温度上昇によって中心核を取り囲むHの熱核反応が活発になり，外層が膨張した赤色巨星 red giant になる。

　恒星の進化の最終段階は，主系列段階での質量によって異なる。

　質量が太陽の8倍以下の恒星では，中心部のHeの熱核反応が進み，やがてCとOからなる中心核が形成される。その収縮にともなって，それを取

り囲む He と H の殻で交互に熱核反応が起こることにより外層がさらに膨張し，漸近巨星分枝星（AGB 星：Asymptotic Giant Branch star）となる。このとき，星の外層ガスは重力を振り切って宇宙空間へ流れだす。その際に星内部で合成された重元素の一部も宇宙空間へ放出される。このような質量放出の後に，中心部にはもはや熱核反応を起こさない高密度の星，白色矮星 white dwarf が残される。

一方，質量が太陽の 8 倍以上の星は，中心部で Fe が合成された後に中心部が重力崩壊し，その反動で外層が吹きとばされる超新星爆発 supernova explosion を起こしてその一生を終える。ウラン（U）など Fe よりも重い元素は，おもに超新星爆発にともなって合成される。

超新星爆発では中性子が高いフラックスで放出される。中性子は電荷をもたないことから原子核と比較的容易に反応が起こる。中性子を吸収すると原子核の質量数が増し，またその原子核が β 崩壊（電子を放出）すると原子番号が 1 増える。これを次々に繰り返すことで質量数と原子番号の大きな元素がつくられてゆく。

じつは中性子の照射は巨星段階の星内部でも起こる。この場合の中性子のフラックスは比較的小さい。超新星爆発では β 崩壊する間をおかずに中性子が照射され ^{238}U まで合成されるのに対して，星内部の中性子照射では ^{209}Bi までしか合成されない。前者を r 過程（r は rapid の頭文字），後者を s 過程（s は slow の頭文字）という。

銀河の化学進化

星の誕生と死を通じて，銀河の重元素の割合は時間とともに増加してきた。しかしながら，その増え方については不明な点が多い。

G 型星や K 型星は長寿命なので，宇宙の歴史の初期に形成されたものも多数存在している。そうした恒星では重元素が著しく乏しいことが期待される。ところが，われわれの銀河の G 型星や K 型星の重元素の割合をスペクトル観測で調べてみると，太陽と比べて重元素の割合が 1/3 以下のものが非常に稀なことがわかっている。この解釈として，天の川銀河の形成にともなってハロー halo[注4] で多数の大質量星が誕生して重元素が放出され，重元

素に汚染されたハローのガスが銀河面へ降着し，そこからG型星やK型星が誕生したとする考えが提唱されている．

　もしこれが事実なら，地球や生物の体をつくっている重元素のかなりの割合は天の川銀河の形成にともなって生じたもので，残りはその後の銀河円盤での大質量星の誕生と死の繰り返しを通じて蓄積したものということになる．

3. 地球の誕生

地球最古の物質

　これまでに見つかっている地球最古の物質は西オーストラリア産の砕屑性ジルコン粒子で，ウラン-鉛(U-Pb)法によって決定された絶対年代は44.04±0.08億年である(Wilde et al., 2001)．ジルコン($ZrSiO_3$)は花こう岩などSiとAlに富む大陸地殻をつくる岩石によく含まれる鉱物であり，風化や変成に耐性をもつ．また，希土類元素が濃集しており，U-Pb法が適用しやすい．これと年代の近いジルコン粒子の酸素同位体比(重いもので$\delta^{18}O=15$‰に達する)から，当時の地球には大陸地殻がすでに存在していただけでなく，水循環による風化・堆積作用が働いていたことが示唆される (Mojzsis et al., 2001)．

地球形成の始まり

　地球最古の物質は，その当時すでに現在に似た風化過程や地質過程が地球上で起きていたことを物語っている．つまり，少なくともそれまでには，地球はほぼ完成していたといえる．

　地球を含め，惑星は太陽の形成にともなって誕生した．観測的・理論的研究から明らかにされた惑星形成の一連の過程は次のようなものである(図3, 4)．

　超新星爆発や老齢な星の質量放出などによって宇宙空間に放出されたガスは，膨張冷却の過程でSiやFeなど揮発しにくい成分が塵として凝縮するほかは，ばらばらの原子やイオンの状態で星間空間に拡散する．しかし，互

8頁(注4) 銀河全体を球状に包む領域

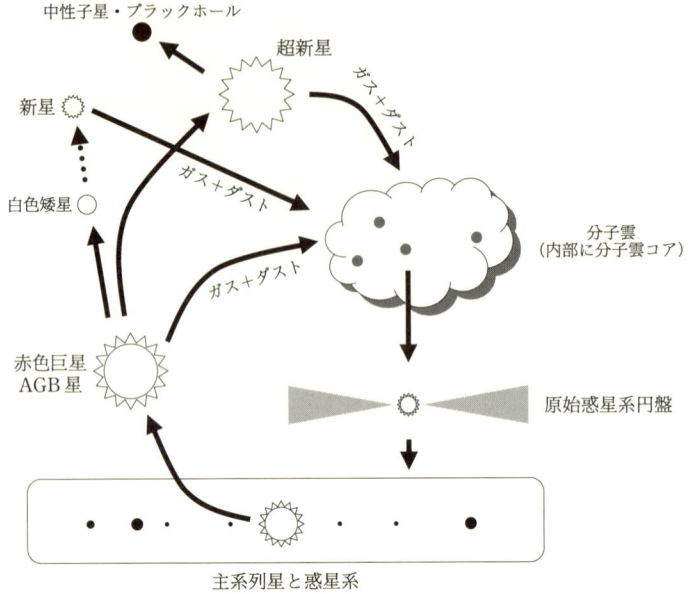

図3 宇宙における物質の循環（山本・香内，2003を一部改変）

いの重力で引き付けあうなどして，やがて星間ガスと塵の密度が高まった領域ができると，気相反応や塵表面での表面反応が活発に起こるようになり，分子が合成される。こうして大部分のHがH$_2$分子となっている星間雲を分子雲と呼ぶ。

　分子雲のなかで，とくに密度の高い領域を分子雲コア molecular cloud core という。恒星とその惑星の形成は，その自己重力による収縮から始まる。分子雲は乱流状態にあるため，分子雲コアは初期にランダムな回転運動成分をもっている。この回転運動による遠心力のために，分子雲コアは円盤状に収縮する。もっとも密度の高い中心部に恒星が生まれ，その周囲には遠心力によって中心に落ち込めなかったガスと塵からなる円盤が形成される。これを原始惑星系円盤 proto-planetary disk[注5] という。原始惑星系円盤のなかでは塵粒子同士が付着を繰り返して大きさ数 km の微惑星が形成され[注6]，さらに

[注5] 太陽系の母体となったものをとくに原始太陽系星雲という。

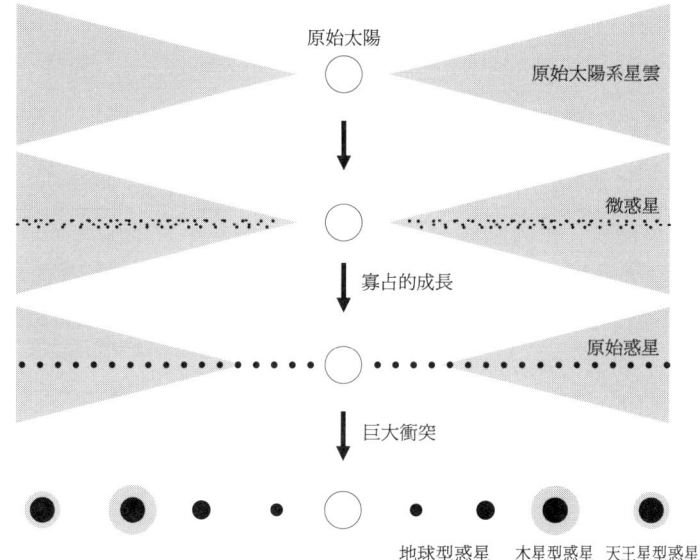

図4 惑星形成過程（小久保・井田，2003を一部改変）

微惑星が互いの重力によって衝突合体することによって惑星が誕生する。

　原始太陽系星雲内で形成された微粒子をよく保存していると考えられるものが，コンドライト隕石 chondrite である。コンドライト隕石の構成物はその形態からおもに3種類に分けられる。1つはコンドリュール chondrule（球粒）と呼ばれる mm サイズのケイ酸塩の球体で，コンドライト隕石の体積の過半を占める。もう1つは mm から cm サイズで Ca と Al に富む不定形の包有物である。これを CAI（Calsium-Alminium rich Inclusion）という。第3の構成物はコンドリュールと CAI のすき間を埋めているケイ酸塩・金属鉄などの細かい粒子で，これらをマトリックス matrix という。

　コンドリュールは無重量空間でケイ酸塩が瞬間的に加熱されて融解し，表面張力の効果で球状になったものと解釈されている。また，変成を受けてい

10頁(注6) 塵粒子同士の付着には分子間力が重要な力となる。微惑星サイズを超えると自己重力が天体を1つに束ねる主要な力になる。

ないコンドライト隕石では，鉱物間の組成が化学平衡状態に達していない。これらの事実から，コンドライト隕石は原始太陽系星雲内のさまざまな物理化学環境で形成された微粒子が，機械的に集まったものと考えられる。

隕石構成物のなかでもっとも古い年代値をもつものは CAI である。鉛-鉛(Pb-Pb)法(コラム参照)によって求めた CAI(Efremovka 隕石から採取されたもの)のもっとも精密な年代値は 45 億 6720 万年±60 万年である(Amelin et al., 2002)。また CAI には，太陽系初期にのみ存在した短寿命放射性核種の痕跡がもっとも豊富に残されている[注7]。したがって CAI の形成年代は太陽系形成，ひいては地球形成の始まりの時刻と位置づけられる。

微惑星は星雲中の塵粒子が機械的に集まったものであり，未分化な状態にある。地球はこれとはまったく対照的に，内核・外核・マントル・地殻・海洋・大気という複数の物質圏に分化している[注8]。

以下では，地球の誕生を地球の物質圏がどのように分化したのかという問題としてとらえ説明していこう。

惑星集積と地球の初期熱史

微惑星が 10 億〜100 億個衝突合体して惑星の大きさまで成長する過程を惑星集積 planetary accretion という。

惑星集積は，太陽を周回する多数の物体が互いの重力で引き付けあい，衝突合体することにより進む。その研究はわが国で開発された重力多体系専用計算機の登場でこの 10 年間に急速に進展した。系統的な数値実験と理論的解析の結果，惑星集積は大きく 2 段階を経ることが明らかになってきた(たとえば Kokubo and Ida, 2002)。

最初の段階は寡占的成長段階 oligarchic growth stage と呼ばれる。原始太陽系星雲のうち，太陽を中心とするあるドーナツ状の領域に着目しよう。その領域内でたまたま早く成長を始めた微惑星は，周囲の小さな微惑星を集めて

[注7] これらの核種は消滅核種と総称され，代表例は ^{26}Al(半減期 73 万年)である。
[注8] 分化とは，巨視的に均質な状態から，不均質な状態になる過程と定義する。生物学での用法とやや意味が異なるので注意されたい。

さらに急速に成長し、その領域内で圧倒的な質量を占めるようになる。同様に隣の領域でも別の微惑星がほかを圧倒するように成長する。全体としてみると比較的少数の微惑星が寡占的に成長する。こうしてできた天体を原始惑星 proto-planet と呼ぶ。現在の火星軌道の内側では、月から火星サイズ(それぞれ地球の1/4, 1/2の大きさ)の原始惑星が100個程度形成される。またこの段階で原始惑星に取り込まれずに生き残った微惑星も多数残存する。この段階に要する時間は10万〜100万年程度である。

次の段階が巨大衝突段階 giant impact stage である。原始惑星は、始めそれぞれ半径の異なる軌道を運動している。しかし、長時間経過すると互いの重力の働きで徐々に軌道が歪み、原始惑星同士が衝突するようになる。この段階が終了するまでには数千万年を要する。この期間に残存していた微惑星もほぼ集積しつくし、太陽を周る大質量の天体は数個だけになる。

惑星集積過程では天体同士の高速度衝突が繰り返し起こる。衝突速度の目安はその天体からの脱出速度 $v_e = \sqrt{\dfrac{2GM}{R}}$ で与えられる。ここで G は万有引力定数、M、R は天体質量と半径である。このときの運動エネルギーがすべて熱に転換された場合、温度上昇 ΔT は次式で評価される

$$\Delta T = GM/RC \tag{2}$$

ここで C は天体構成物質の単位質量あたりの比熱である。

この式に地球の数値($C=10^3$ J/kg・K)を代入すると、6万Kという値を得る。岩石や鉄が融解する温度が1500〜2000 K であり、集積時の加熱は地球サイズの固体天体を融解させるのに十分な大きさをもっていることがわかる。

惑星の融解が生じると密度差による物質の重力分離が容易に起こるようになる。とくにマントルと核の分離は、このような集積期の原始惑星の融解によって生じたと考えられる。

核とマントルの分離

核は地球質量の約1/3、マントルは約2/3を占める。したがって、核とマントルの分離(核形成)は、地球の分化のなかでもっとも大規模なイベントといえる。

地球の核形成の年代はハフニウム-タングステン(Hf-W)法(コラム参照)によ

りCAIの形成からおよそ3000万年以内と推定される(Kleine et al., 2002)。これは惑星集積の理論から推定される地球の成長時間と同程度であり，集積加熱により惑星が大規模に融け，核形成が起こるとするシナリオと調和的である。

大気と海洋の形成

地球大気の起源には大きく2つの考え方がある。1つは原始太陽系星雲ガスを捕獲したとするもので，一次大気起源説とも呼ばれる。これに対して，含水鉱物・有機物・氷・吸着分子などの形で一度微惑星に取り込まれた揮発性物質が，地球にもたらされて気化(脱ガス)することにより，大気が形成されたとする考えがある。こちらは二次大気起源説と呼ばれる。

地球大気の組成は，地球大気が主として二次大気起源であることを示している。そこで重要なのは希ガス元素，He，ネオン(Ne)，アルゴン(Ar)，クリプトン(Kr)，キセノン(Xe)の存在度である。原始太陽系星雲ガスすなわち太陽と同一組成のガス中の存在度と比較して，地球大気では軽い希ガス元素ほど存在度が著しく低い。また存在度の低下が比較的小さなXeとH，C，Nの存在度を比較すると，太陽組成と比較してXeのほうがより地球大気から欠乏している。ただし，地球大気のHとCについては海水と地殻中の炭酸塩の量も含める。化学的に活性の高い揮発性成分が相対的に多いことは，地球大気は主として二次大気起源であることを意味する。

地球大気が二次起源だとすると，地球上で脱ガス過程が起こったはずである。Arの同位体比の研究から脱ガスは地球史の非常に早い時期に起こったことが明らかにされている(Hamano and Ozima, 1978)。^{40}Arは地殻・マントル中の^{40}Kの壊変によってつくられる。^{40}Kの半減期は13億年であり，地球史の前半でその大部分が壊変しつくすことに注意する。仮に脱ガスがおもに地球史の後半に起きたとしよう。すると大気中の^{40}Ar/^{36}Ar比は現在地球マントル中で観測される値に近くなるはずである。しかし，実際の地球大気の^{40}Ar/^{36}Ar比は，マントル中の値よりも著しく小さい。このことはArは^{40}Kの壊変が進む前に大部分脱ガスしたことを示す。

大気の形成も惑星集積にともなって起こる。火星サイズを超えた原始惑星

への微惑星衝突では，固体に閉じ込められていた揮発性物質を気化させるのに十分な熱が生じる。衝突により起こる脱ガスを衝突脱ガス impact degassing という。この機構は，Ar 同位体比から示唆される地球初期の大気形成を自然に説明する。

惑星集積期に生じた原始大気は，成長する惑星表面の熱的状態に大きな影響を及ぼす(Matsui and Abe, 1986)。原始地球がまだ小さなうちは大気は形成されず，惑星表面は，集積熱が供給されてもすぐ冷えてしまい太陽放射との釣りあいで決まる 280 K 程度の温度に保たれる。原始地球の成長につれて衝突速度が上昇し衝突脱ガスが起こり始めると，水蒸気大気が徐々に蓄積する。大気が厚くなるにつれて，その保温効果によって地表面温度が上昇し，やがて表面がマグマで覆われるようになる。

こうしてマグマオーシャン magma ocean が形成されると，水蒸気はマグマオーシャンに溶けこみ，それ以上大気中に蓄積しなくなる。このときの大気中の水蒸気量は材料物質中の水分量には依存せずに 1 海洋質量前後となる。水蒸気大気は集積熱の供給が停止すると急速に(およそ 1000 年で)凝結し，海洋を形成する。

原始大気と生命の起源

H. Urey と S. Miller はフラスコの底を水で満たし，その上に地球大気を模擬した H_2O，CH_4，NH_3 からなる気体をいれて，そこへ雷を模擬した放電を起こす有名な実験(ユーリー・ミラーの実験)を行った。この実験では，複雑な有機物が合成され，それらを加水分解するとグリシン glycine などのアミノ酸，糖の材料になるホルムアルデヒド hormaldehyde，アデニン adenine などの核酸塩基など，生命の前駆物質が得られる。放電以外に紫外線や放射線などの照射をしても，やはり生命の前駆物質となる有機物が合成される。これは原始地球大気が生命の素材の工場として機能した可能性を示す。

有機物の収率は気体の組成に強く依存する。C と N が水素化合物として含まれている強還元的組成ではもっとも収率が高い。C が CO，N が N_2 として存在する弱還元的組成では収率は大きく下がり，さらに C が CO_2，N が N_2 として存在するような酸化的組成では収率は事実上ゼロとなる(Miller and Schlesinger, 1984)。

　この約30年間は原始大気の組成は基本的に酸化的とする考えが主流だった。そこで，生命の前駆物質となった有機物は，おもに宇宙からもたらされたとする考えもある。実際，分子雲には多種の有機化合物が存在し，隕石の一部や彗星も有機物を豊富に含んでいることが知られている。一方で地球に衝突する天体に有機物が大量に含まれていても，衝突時の衝撃によってその大部分は分解してしまうという問題点も指摘されている。

　しかし，最近，H_2の宇宙空間への散逸率は従来の推定を大きく下回ることが数値計算により示された。つまり，原始地球大気にはマントルから放出されたH_2が蓄積し，長期間にわたって30％を超える高い濃度に保たれた可能性がある(Tian et al., 2005)。

　16SリボソームRNAの塩基配列の解析から明らかにされた生命の系統樹によれば，系統樹の根に近い種は好熱性で嫌気的な微生物が多い(たとえばBurns et al., 1996)。このことは，生命の誕生した当時の地球大気にはCH_4などの温室効果をもつ還元型の気体が多量に含まれていたことを意味するのかもしれない。あるいはまた，生命は原始地球の海底熱水噴出孔のような場所で生まれたことを意味する可能性もある。

　初期地球の大気や表層環境の性質については，近い将来，系外惑星の観測によって実証的に明らかにされていくことが期待される。系外惑星とは太陽以外の恒星の周りに存在する惑星をいう。1995年のペガサス座51番星の惑星発見を皮切りに，これまでに200個以上の系外惑星が発見された。大型の惑星ほど発見が容易なため，これまでに発見されたものはいずれも地球の10倍以上の質量をもっている。しかし，より高精度の観測手法の開発が世界的に展開されており，地球と同様の質量の惑星の発見は時間の問題と考えられている。最近では系外惑星の赤外分光観測も成功しつつあり(Richardson et al., 2007)，こうした観測からさまざまな進化段階と境界条件にある惑星について，それらの大気や地表面の組成が明らかにされていくであろう。

ウラン-鉛(U-Pb)法，鉛-鉛(Pb-Pb)法

倉本　圭

　ともに親核種 ^{238}U(半減期44.7億年)と ^{235}U(7.04億年)が，それぞれ娘核種 ^{206}Pb と ^{207}Pb に放射壊変することを利用した絶対年代測定法である。岩石は一般に化学式の異なる複数種の鉱物からなり，同じ岩石でも鉱物ごとにウランと鉛の取り込まれ方が異なっている。仮にウランをまったく取り込んでいない鉱物があれば，その鉱物の鉛の同位体比 (^{206}Pb/^{204}Pb や ^{207}Pb/^{204}Pb：^{204}Pb は放射壊変では生じない)は，その鉱物が閉鎖系になった時点での値にとどまる。同時に閉鎖系になった別の鉱物がウランを含んでいたとすると，壊変の効果でこの鉱物の鉛同位体比 ^{206}Pb/^{204}Pb および ^{207}Pb/^{204}Pb は時間とともに増す。U/^{204}Pb 濃度比と鉛同位体比の増分の相関を測定することで，閉鎖系になってからの経過時間，すなわち年代を知ることができる。これがウラン-鉛法の原理である。2種のウラン同位体はそれぞれ異なる半減期をもつので，放射壊変起源の鉛同位体比 ^{206}Pb/^{207}Pb も時間的に変化する。鉛-鉛法はウランと鉛の初期同位体組成が仮定できるときに，鉛同位体比の測定のみから年代を求める方法である。

ハフニウム-タングステン(Hf-W)法

　^{182}Hf は太陽系の初期に存在した消滅核種の1つであり，半減期900万年で ^{182}W へ壊変する。絶対年代測定法との比較から，両元素の初期同位体組成は，太陽系内でほぼ均質だったと考えられている。この同位体の組み合わせは核形成のタイミングを知るのに好都合である。ハフニウムは酸化されやすく，選択的に岩石へ取り込まれるのに対して，タングステンは酸化されにくく選択的に金属鉄へ取り込まれる性質がある。もし核形成が非常に早期に起これば，タングステンがほぼすべて核へ移動した後にも，マントルに ^{182}Hf が残る。そしてその壊変によって，マントルの岩石は高いタングステン同位体比 ^{182}W/^{184}W をもつようになる(^{184}W は放射壊変では生じない)。逆に核形成の時期が遅ければ，放射壊変で ^{182}W は生じるが周囲に存在する既存のタングステンに希釈され，タングステン同位体比 ^{182}W/^{184}W はあまり上昇しない。引き続いて起こる核形成でタングステンの大部分は核へ移動するが，この過程では同位体比は変化しない。こうしてマントル由来の岩石のタングステン同位体比の大きさから，核形成のタイミングを知ることができる。

[引用文献]

Amelin, Y., Krot, A.N., Hutcheon, I.D. and Ulyanov, A.A. 2002. Lead isotopic ages of chondrules and calcium-aluminum rich inclusions. Science, 297: 1678-1683.

Burns, S.M., Delwiche, C.F., Palmer, J.D. and Pace, N.R. 1996. Perspectives on archaeal diversity, thermophily and monophyly from environmental rRNA sequences. Proc. Natl. Acad. Sci. U.S.A., 93: 9188-9193.

Hamano, Y. and Ozima, M. 1978. Earth-atmosphere evolution model based on Ar isotopic data. *In* "Terrestrial Rare Gases: Proceedings of the U.S.-Japan Seminar on Rare Gas Abundance and Isotopic Constraints on the Origin and Evolution of the Earth's Atmosphere, Hakone, Kanagawa, Japan, June 28-July 1, 1977", pp. 155-171.

Center for Academic Publications Japan; Japan Scientific Societies Press, Tokyo.

Kleine, T., Munker, C., Mezger, K. and Palme, H. 2002. Rapid accretion and early core formation on asteroids and the terrestrial planets from Hf-W chronometry. Nature, 418: 952-955.

Kokubo, E. and Ida, S. 2002. Formation of protoplanet systems and diversity of planetary systems. Astrophys. Jour., 581: 666-680.

小久保英一郎・井田茂. 2003. 惑星系の多様性の起源—原始惑星系円盤質量による惑星の住み分け. 天文月報, 96：215-219.

国立天文台(編). 2006. 理科年表 平成19年版. 丸善.

Leibundgut, B. 2001. Cosmological implications from observations of type Ia supernovae. Annu. Rev. Astron. Astrophys., 39: 67-98.

Matsui, T. and Abe, Y. 1986. Evolution of an impact-induced atmosphere and magma ocean on the accreting earth. Nature, 319: 303-305.

Miller, S.L. and Schlesinger, G. 1984. Carbon and energy yields in prebiotic syntheses using atmospheres containing CH_4, CO and CO_2. Origins of Life, 14: 83-90.

Mojzsis, S.J., Harnson, T.M. and Pidgeon, R.T. 2001. Oxygen-isotope evidence from ancient zircons for liquid water at the Earth's surface 4,300 Myr ago. Nature, 409: 178-181.

Penzias, A.A. and Wilson, R.W. 1965. A measurement of excess antenna temperature at 4080 Mc/s. Astrophys. Jour., 142: 419-421.

Perlmutter, S. 2003. Supernovae, dark energy, and the accelerating universe. Physics Today, 56, Issue 4: 53-59.

Richardson, L.J., Deming, D., Horning, K., Seager, S. and Harrington, J. 2007. A spectrum of an extrasolar planet. Nature, 445: 892-895.

Riess, A.G., Li, W., Stetson, P.B., Filippenko, A.V., Jha, S., Kirshner, R.P., Challis, P.M., Garnavich, P.M. and Chornock, R. 2005. Cepheid calibrations from the Hubble Space Telescope of the luminosity of two recent type Ia supernovae and a redermination of the Hubble constant. Astrophys. Jour., 627: 579-607.

Sarkar, S. 1996. Big bang nucleosynthesis and physics beyond the standard model. Rep. Prog. Phys., 59: 1493-1609.

Spergel, D.N. et al. 2007. Wilkinson Microwave Anisotropy Probe (WMAP) three year observations: Implications for cosmology. Astrophys. J. Suppl., 170: 377-408.

Tian, F., Toon, O.B., Pavlov, A.A. and De Sterck, H. 2005. A hydrogen-rich early earth atmosphere. Science, 308: 1014-1017.

山本哲生・香内晃. 2003. ダストの物質進化からみた惑星系形成. 天文月報, 96：210-214.

Wilde, S.A., Valley, J.W., Peck, W.H. and Graham, C.M. 2001. Evidence from detrital zircons for the existence of continental crust and oceans on the Earth 4.4 Gyr ago. Nature, 409: 175-178.

第2章 原核細胞から真核細胞へ

堀口健雄

1. 生命の誕生

　初期の生命の痕跡を化石に求めることは難しい。なぜなら35億年以上前の岩石は大幅な変成を受けているために，微細な化石があったとしても破壊されてしまうからである。したがって，生命の痕跡はおもに地球化学的な方法で探ることになる。そのような証拠によると，遅くとも35億年前には生物が存在しており，実際に最初に生命が誕生したのは38億年前ごろのことではないかといわれている。グリーンランドのイスア Isua やアキリア島 Akilia Island の地層は約38億年前のもので，ここの縞状鉄鉱層 Banded Iron Formation (BIF) に含まれるアパタイト (リン灰石 apatite) 微粒子中のグラファイト (石墨 graphite) の炭素の同位体比 ($^{13}C/^{12}C$ 比) が無生物起源のものに比べて軽いことから，このグラファイトが生物起源である (生物は ^{12}C を優先的に取り込む性質がある) と考えられるからである (Mojzsis et al., 1996)。ところが近年の研究 (Fedo and Whitehouse, 2002) では，アキリアの BIF はすべて超塩基性岩 (つまり火成岩) 起源であることが検証されており，このグラファイトが生物由来というのは疑わしいという意見が主流になっている。したがって，生命の起源はいったいどこまで遡れるかについてはまだはっきりしない状況である。

　時代が下がって35億年前ごろの地層からは，総じて生物起源と考えられる ^{12}C に富む有機物や炭酸塩の報告がなされている (Shidlowski, 1988)。また，

南アフリカのバックリーフ・チャート Buck Reef Chert(34.16億年前)の地層からは，浅海から深海に生息していた非酸素発生型光合成生物の存在を示す証拠が見つかっている(Tice and Lowe, 2004)。また同じく南アフリカのバーバトン Barberton(35億年前)からは，微生物が栄養を摂取するために，ガラス質の部分に空ける管状の「微細トンネル」と類似した痕跡が発見され，さらにこのトンネルの縁には生物起源の炭素が検出されたことから，この時代には微生物がすでに存在したことの証拠とされている(Furnes et al., 2004)。

生物そのものの化石はいつごろから見つかるのだろうか。Schopf(1993)はオーストラリアのピルバラ地方のおよそ35億年前の地層のなかに，微細な生物と思われる細胞様構造体を発見した。それらはいずれも球形あるいは，細胞様構造が数珠状につながった糸状体を呈していた。彼はそれらの構造体を微化石とみなし，新種(あるいは新属新種)として記載したが，細胞の大きさは数〜十数μmと比較的大きく，糸状体の形態の類似などからこれらは光合成性のランソウ類 blue-green algae ではないかと考えられた。しかしながら，この「微化石」については非生物起源の構造であるとの見解もあり(Brasier et al., 2002, 2004)，さらなる検討が必要である。

生物には生物は生物からしか生じないという大原則がある。唯一の例外は生命誕生のプロセスである。上述の推定が正しいのならば，およそ38億〜35億年前に原始地球に存在していた有機物から生命が誕生したことになる。有名なミラーの実験(Miller, 1953)は，ある一定の条件を与えれば無機物から生物体を構成する有機物，すなわち，アミノ酸(タンパク質)，ヌクレオチド(核酸)そして脂質(膜)などが非生物的に生成されることを示した(第1章も参照)。ミラーの仮定した還元的な原始大気の組成は，その後の研究者により，CO_2を主体とする酸化的なものであると考えられるようになったが，それでも無機物からタンパク質，核酸，多糖，脂質などの生体高分子が生成されることはそれほど難しいことではなかったらしい。原始大気や海底熱水噴出物中に含まれるメタン，アンモニア，水素，硫化水素のような簡単な化合物から最初の生命が誕生するまでの過程を「化学進化 chemical evolution」という。化学進化は大きく次の4つの段階に分けることができる。①原始地球の簡単な化合物からシアン化水素，ホルムアルデヒドなどの低分子量の反応活

性化合物が生成する段階。②それらをもとにアミノ酸，核酸塩基，糖，脂肪酸，炭化水素などの低分子生体有機物が生成する段階。③それらが脱水縮合してタンパク質，核酸，多糖，脂質などの高分子生体有機物が生成する段階。④高分子有機物が集結して複製や代謝など生物機能をもった原始生命が誕生する段階。この4段階である。

　生物の特性の1つは，自らの性質(遺伝情報)を後代に正確に伝えるメカニズムをもつことである。現生生物では，この遺伝情報はDNAに記録され，複製されて次代に受け継がれる。DNA上の遺伝情報はRNAに写し取られ，それをもとにタンパク質が形成される。DNAの複製には，タンパク質であるDNA合成酵素が必要とされる。このように現生の生物では，DNAとタンパク質(酵素)が不可分の形で機能している。この点，生命誕生の初期段階ではどうであったのだろうか？　RNAは塩基の並びとして遺伝情報を蓄積することも可能であり，しかも立体構造をとることにより触媒作用をもつことが知られている(リボザイム ribozyme；Kruger et al., 1982)。このことから，初期の生物はDNA/タンパク質ワールドの確立以前に，RNAを遺伝情報，触媒両方に用いていたという考えがあり，そのような地球初期の一時代をRNAワールドと呼ぶ(Gilbert, 1986)。RNAワールド仮説は魅力的ではあるが，実際にはRNAを構成するリボースが不安定であることや，RNAが自己複製する事例が知られていないこと，リボースのような五炭糖の化学進化過程が解明されていないこと，などいくつかの問題があり，この仮説ですべてが説明されているわけではない。RNAではなく，別のタイプの塩基が初期の情報を担っていたのではないかという説もある(Orgel, 1998; Nelson et al., 2000)。

　遺伝情報の発現の場ならびに代謝の場を周りの環境から隔離することによって，初めて生物(細胞)が完成する。Cavalier-Smith(2001)は生物進化における生体膜の重要性を指摘し，細胞進化の重要なプロセスは膜とともに進行したと説く。脂質膜を介して，遺伝要素，触媒要素が三位一体となる形で統合されることによって初期の細胞が形成されたとするobcell説(「裏返し細胞」説)を提唱している。

2. 生物界の3つのドメイン

生物界の成り立ちは，原核生物 prokaryotes と真核生物 eukaryotes に分けて理解するのが一般的である。しかし，Woese and Fox (1977) がリボソーム RNA の配列を多くの生物間で比較した結果，生物界には，真正細菌 Eubacteria，アーキア Archaea (古細菌 Archaebacteria)，真核生物の3大系統が存在することが明らかになった。このうち前2者はいわゆる原核生物であるが，それぞれの特徴は大きく異なっている (表1)。このことは，生命進化のごく初期に真正細菌の系統とアーキアの系統の分岐が起こり，その後，真核生物が出現したことを示している。現在，地球上に存在するすべての生物および絶滅した生物は，その祖先をずっとたどると，おそらくは1個の生物にいきつく。このすべての生物の共通祖先を LCU (Last Common Ancestor) とかコモノート commonote などと呼ぶ。小サブユニットリボソーム RNA 遺伝子 (SSU rDNA) 系統樹で高温に適応した原核生物が系統樹の根元にくることから，LCU は，熱水環境において誕生したのではないかとの説がある。山岸らは，塩基配列から推測した古代タンパク質を再現し，それが現生生物のタンパク質よりも高い温度耐性をもつことを示した，いわば実験進化学的研究により上述の仮説を支持している (山岸，2003)。

表1 生物界の3ドメインの比較

特徴	ドメイン		
	真正細菌	アーキア	真核生物
膜に囲まれた核	なし	なし	あり
翻訳開始 tRNA	フォルミルメチオニン tRNA	メチオニン tRNA	メチオニン tRNA
リボソーム	70S	70S	80S
イントロン	なし	あり	あり
細胞小器官	なし	なし	あり
細胞膜脂質	分枝なし	分枝あり	分枝なし
細胞壁のペプチドグリカン	あり	なし	なし
窒素固定	あり	あり	なし
RNA ポリメラーゼ	1個	数個	3個
抗生物質クロラムフェニコール，ストレプトマイシン，カナマイシンへの感受性	あり	なし	なし

最初の生物の誕生の後，原核生物は多様に進化していったと考えられる。原核生物の多様性については，杉山(2005)を参照されたい。これらのうち，もっとも地球環境に影響を与え，その後の生物進化にまで影響を及ぼした原核生物は，真正細菌類の系統に出現したランソウ類である。

3. ランソウ類の起源・酸素発生・その後の地球

ランソウ類は，光合成を行う原核生物である。光合成の過程で酸素発生をともなうことから，ほかの光合成細菌とは区別され，その光合成機構は陸上植物などの真核植物と同じである。ランソウ類は原核生物のなかでは一種独特で，ほかの細菌類と比べて非常に大きく(細胞は $10\,\mu m$ に達することもある)，しばしば肉眼で観察できるような群体や多細胞体を形成する。水圏においては湖沼などで一次生産者としての役割を果たし，しばしばアオコと呼ばれる赤潮を形成するなど，その生態的な役割はほかの真核藻類と類似している。そのようなことから，ランソウ類は原核生物でありながら，植物学の分野では長らく藻類の仲間として扱われてきた。しかしながらランソウ類は系統的には真正細菌類のグラム陰性菌の仲間である。このことからランソウ類が細菌の仲間であることを強調するために，シアノバクテリア cyanobacteria あるいは藍色細菌と呼ぶこともある。もっとも「藻類」という概念に真核生物という前提があるわけではないので，藻類にランソウ類を含ませることに何ら不都合はないが，いずれにしろ，ランソウ類は原核生物のなかの真正細菌であって，グラム陰性菌の仲間であるということは明確に理解しておく必要がある。

ランソウ類はグラム陰性菌の仲間であるので，その細胞壁構造は，外膜と内膜(細胞膜)が薄いペプチドグリカン Peptidoglycan の層をサンドイッチする形となっている。細胞内には，光合成を担うチラコイドが配列し，その表面にはフィコビリソーム phycobilisomes と呼ばれる顆粒状の集光装置が多数並ぶ。おもな光合成色素は，クロロフィル a およびフィコビリンタンパク質である。体制は多様で，単細胞のもの(*Synechococcus* など)，群体性のもの(*Microcystis* など)，糸状のもの(ユレモ *Oscillatoria* など)が知られる。クロロフィ

ル a, b をもつ光合成原核生物であるプロクロロン類は 3 属のみが知られる小さいグループである。色素組成が特徴的であるため原核緑色植物門 Prochlorophyta という独立の分類群として扱われることもある(千原, 1999)が, 系統的にはランソウ類のなかの一群にすぎない。また, クロロフィル d を主要な光合成色素としてもつアカリオクロリス類 *Acaryochloris* もやはり系統的にはランソウ類の仲間である(Miyashita et al., 2003)。

　現在の植物に広くみられる, 酸素を発生するタイプの光合成過程は基本的にはどの植物でも同じで, そのメカニズムはもともとランソウ類において獲得されたものである。光合成の第 1 段階では, 光合成色素が捕捉した光エネルギーによって励起された高エネルギー電子が, チラコイド膜上に並ぶ光化学系 II と光化学系 I の 2 つの光化学系を移動する過程で NADPH と ATP が生産される。高エネルギー電子の抜けた正孔を埋めるために, 水から電子が引き抜かれ酸素が発生する。第 2 段階では, この NADPH と ATP を用いて炭素が固定される。ランソウ類において光化学系 II → 光化学系 I という仕組みが確立されたと考えられるが, 興味深いことにそれぞれの光化学系に類似した構造は, 非酸素発生型の光合成細菌に見られるという。つまり, 緑色硫黄細菌 green sulfur bacteria の光化学系は系 I に, 紅色細菌 purple bacteria や緑色糸状細菌 *Chloroflexus* の光化学系は系 II に類似するという(三室, 1999)。これらの光合成細菌はそれぞれの光化学系を単独でもっており, 2 つの光化学系が直列に並んで協働するようになったのはランソウ類におけるイノベーションであるが, 具体的にどのようにしてそれが実現されたのかは不明である。さらに酸素発生はランソウ類の光合成メカニズム確立の際に新たに獲得された過程であるが, このことがその後の地球環境および生物進化の様相を大きく変えることになった。

　ランソウ類はいつごろ地球上に出現したのだろうか。上述のように, Schopf(1993)は西オーストラリアから得た 35 億年前の糸状の構造体をランソウ類の化石と断定した。これが正しいのならば, 出現年代はかなり古くまで遡ることになるが, Schopf の見解には疑問を呈する立場の研究者が多い。明確にランソウ類と同定できる化石はカナダのベルチャー島 Belcher Islands に産するもので 20 億年前のチャートから産出するものである(Hofmann,

1976)。ストロマトライト stromatolite はランソウ類と砂粒などからなる縞状の構造物で，現在でも西オーストラリアのシャーク湾 Shark Bay などで見られる。ストロマトライトとされる化石は 35 億年前ごろから知られるが，ストロマトライトのすべてがランソウ類を含んだものであるという点については異論がある。

また，真正細菌の細胞膜にはバクテリオホパンポリオール(BHP)と呼ばれる脂質分子が存在し，細胞膜の流動性に関与しているが(真核生物の細胞膜ではステロイドがその役を果たしている)，多くのランソウ類では BHP の炭素骨格の C_2 がメチル化された 2-メチルバクテリオホパンポリオールをもつことが知られている(Rohmer et al., 1984)。これは堆積物中で 2-メチルホパン(2-methyl hopane)と呼ばれる一連の炭化水素に変化して残されるため，ランソウ類の有用なバイオマーカー(コラム参照)となり，酸素発生型光合成生物の指標とみなすことができる(Summons et al., 1999)。西オーストラリアに産する 27 億年前の頁岩からはこの一種 2-メチルホパンが検出されていることから，このころにはランソウ類が存在していたであろうと推測される(Brocks et al., 1999)。なお，2-メチルホパンが検出されたのと同じ頁岩からは真核生物のバイオマーカーであるステラン sterane も検出されている(Brocks et al., 1999)。ステロイド合成には酸素分子が必要であるため(Jahnke and Klein, 1983)，この発見は 27 億年前に酸素発生型光合成がすでに存在したことを示すとされている。ただし，ステランについては，原核生物のメタン酸化細菌 methanotrophic bacterium(Schouten et al., 2000)やランソウ類(Hai et al., 1996)がステロイドを生産することが知られており，ステランの存在が必ずしも真核生物の存在を示唆するものではない。

いずれにしろ，酸素発生型の光合成を行うランソウ類はその後の地球環境を大きく変えた。ランソウの光合成によって発生した酸素はまずは，海水中の水溶性の 2 価の鉄イオンを酸化することに使われたとされる。これにより，結果的に海水中からほとんどの鉄分が除かれた。鉄の鉱床として知られる縞状鉄鉱層(BIF)は 25 億〜18 億年前の地層に見られるが，これらの大部分はこのとき酸化された鉄が堆積したものである。海中の鉄を酸化しつくした酸素はやがて大気中に放出され，徐々に大気中の酸素濃度が高まっていく。年

代的にはかなり後の話になるが，酸素が大気中に増加したことで，成層圏にはオゾン(O_3)層が形成されることとなった。現在，地上で生物が暮らせるのも有害な紫外線をオゾン層がカットしてくれるからで，本を正せばランソウ類の出現が陸上での生物の繁栄の遠因となっているともいえる。酸素濃度の高まりは，エネルギー効率の良い酸素呼吸を行う生物の進化をうながし，それはやがて真核生物の誕生へとつながっていった。

4. 真核生物の起源

真核生物は，原核生物と比較して，①核をもつ，②膜に囲まれた細胞小器官(オルガネラ)をもつ，③食作用を行う，④細胞骨格系をもつ，⑤有糸分裂を行う，などの特徴を有し，より複雑な細胞構造をしている。また，細胞によって構成される生物体も，動物や植物を含め多細胞の大型で複雑な体制をもつものが多く，ほとんどが単細胞で微視的な原核生物とはその複雑さにおいては比べものにならない。原核生物と真核生物のあいだには大きなギャップが存在するのである。真核生物も原核生物を基盤として進化したことは間違いないが，どのようにして進化したのだろうか。真核生物の起源という興味深いテーマについては，現在でも謎が多い。真核生物の出現時期についてもはっきりしたことはわかっていない。前述のようにバイオマーカーのステロイドが真核生物の証拠であるとするならば，その出現は27億年前ということになる(図1)が，細菌がステロイドを生産するというデータもあり，その存在が即真核生物の出現ということには必ずしもならないようである。一方，真核生物の最古の化石とされるものはラセン状の形態を呈するグリパニア *Grypania* で，19億年前の地層から産出している(Han and Runneger, 1992)。もっともこれについても原核生物の可能性も指摘されている(大野, 2004)。また所属不明の微化石の集まりであるアクリターク Acritarch(原生生物の化石?)は17億年前ごろから見つかっている(Knoll, 1994)。一方，研究者によっては真核生物の出現はずっと後のことで，8.5億年前ごろではないかとの見解を提出している者もおり(Cavalier-Smith, 2002a)，結局，真核生物の出現時期ははっきりしておらず，今後より確実な真核生物のバイオマーカーの探索

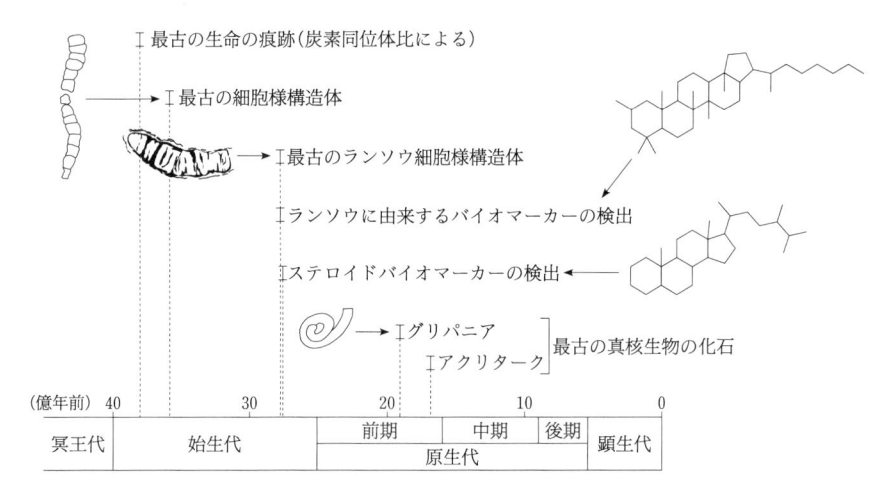

図1 生命の起源および生物進化のおもなできごとの地質年代(大野，2004を参考に作成)。化石(Schopf, 1993; Han and Runneger, 1992; Knoll, 1994)またはバイオマーカー(Brocks et al., 1999)の証拠に基づく。

などが求められる。

　大きなギャップがあるとはいえ，真核生物は原核生物を基盤として成立したことはほぼ間違いのないことである。ではどのようなプロセスで真核生物は誕生したのか？　真核生物の起源を説明する説の1つにエオサイト eocyte 仮説がある。リボソーム RNA 遺伝子の解析によると，アーキアのなかに2つの系統が存在し，その一方が真核生物と姉妹群になることが示された。エオサイトとはこの真核生物と姉妹群になる系統で，クレンアーキア Crenarchaea とも呼ばれ，好熱性で硫黄を代謝するグループである。真核生物はエオサイトから進化したとするのがエオサイト仮説である(Lake, 1988)。前述のように原核生物には，真正細菌類とアーキア類(古細菌類)の2つのグループがある。これらは，互いに異なるが，それぞれ真核生物と共通点をもつ。真核生物の遺伝子を解析すると，DNA の複製や転写・翻訳などの細胞の情報にかかわる遺伝子 informational genes はアーキアの遺伝子との関連性が高く，一方，生合成や代謝に関係する遺伝子 operational genes は真正細菌の遺伝子に関係性が高いという。このようなことから，真核生物はアーキアと真正細菌の何らかの融合によって成立したのではないかとの説も提唱されている。

遺伝子のキメラ状態を説明する説として，グラム陰性菌がエオサイトを取り込んで，エオサイトが真核生物の核になったとする説(Gupta and Golding, 1996)や，メタンを利用するアーキアと硫黄化合物を還元する δ-プロテオバクテリア(ミクソバクテリア myxobacteria)が共存し，嫌気性条件下で H_2 をやりとりするあいだに恒久的な関係が成立し，アーキア(この部分が核になる)の周りを融合したプロテオバクテリアが囲む形(細胞質になる)で真核細胞が成立したという説もある(Moreira and López-Garcia, 1998)。

　Cavalier-Smith(2002a)のネオムラ neomura 説は，これらのいずれの説とも異なっている。彼は，真核細胞の大きな特徴の1つは柔軟な細胞をもつという点であるという。このことが，捕食という栄養摂取機構を可能にし，これにともなって大幅な細胞の改変が生じたと考える。逆にいえば，細菌類が長い歴史をもつにもかかわらずいまだに小さな細胞しかもちえないのは，頑丈な細胞壁に守られているせいであるという。ネオムラ説では，真核生物はアーキアから直接進化したのではなく，真核生物とアーキアは姉妹群であり，真正細菌でグラム陽性菌の放線菌 Actinomycetes から進化した共通祖先(ネオムラ=新しい壁の意)からそれぞれの群が進化したとする。放線菌類には，プロテアソームをもつことや tRNA のターミナル CCA 配列が転写後に付加されるといった真核生物・アーキアとの共通点や，ヒストン H1 をもつことやステロイドを合成するなど真核生物との共通点があり，これらに基づいてネオムラの祖先と推定された。アーキアと真核生物は 19 に及ぶ生化学的，分子生物学的共通点をもち(表1も参照)，これらの特徴は真正細菌ではみられない。すなわち，これらがネオムラで獲得された形質である。一方，アーキアに見られる特殊な細胞膜は，アーキアの系統で二次的に獲得された特徴であると考えられた。ネオムラから進化した真核生物は，糖タンパク質からなる柔軟な細胞表皮を獲得することにより，食作用を手にいれた。食作用の出現は生物界にとって大きな選択圧となり，細胞進化の推進力となったことであろう。Cavalier-Smith によれば，食作用の獲得には運動性のタンパク質や細胞骨格の獲得が必要で，さらにそれに同調するように細胞分裂機構の発達とともに核が内生的に獲得された。Cavalier-Smith の説は，このネオムラ説に限らず，単なる分子系統樹などから導き出された仮説的な生物では

なく，つねに，細胞学や生理学的な証拠に裏打ちされた具体的な生物像に基づく進化の物語を提示してくれることで魅力的である．しかしこのネオムラ説に関しては，たとえば，真核生物の遺伝子でグラム陽性菌由来であると考えられるものがほとんどないことなど，問題がないわけではない．また，オルガネラの獲得には食作用の獲得が必須であるとされるが，β-プロテオバクテリアのなかに γ-プロテオバクテリアが共生する現象も見つかっており (von Dohlen et al., 2001)，原核生物同士の融合(取り込み)には必ずしも食作用の存在を前提としなくてもよいのかもしれない．真核生物の構造的な成立については大きく分けて，まず核が成立してその後ミトコンドリアが獲得されたとする学説と，まずミトコンドリア(あるいはヒドロゲノソーム hydrogenosome)が先に成立した後に，核が形成されたとする学説があり，それぞれの学説のなかにもいろいろなバリエーションがある(図2；Embley and Martin, 2006)というのが現状で，論争は当分続きそうである．

5. オルガネラの起源

　真核生物のオルガネラ(細胞小器官)のうち，その起源がはっきりしているのがミトコンドリアと葉緑体である．この2つはいずれも共生起源である．鞭毛については，細菌が共生して鞭毛になったという共生説(Margulis, 1996)と内生的に獲得されたとする説(Cavalier-Smith, 2002b)の両方があるが，その起源は不明である．ミトコンドリアは酸素呼吸を行うオルガネラで ATP を生産する．ミトコンドリアのなかにはサイズは小さいが細菌と同じタイプの二本鎖環状 DNA が存在する(一部の生物では直鎖状 DNA)．この DNA 上の遺伝子を用いて分子系統解析を行うと，ミトコンドリアの系統はグラム陰性菌の α-プロテオバクテリアの系統に現れる．このようなことから，ミトコンドリアは α-プロテオバクテリアに由来するものと考えられている．

　一方，葉緑体はランソウ類に起源する．どのような生物が最初に葉緑体を獲得したのかはまったくわかっていないが，獲得過程の大筋は以下のようであろう．ある生物が食作用によってランソウ類を細胞内に保持する．この後，①ランソウの遺伝子の宿主細胞への移行，②核へ移動した遺伝子の産物を葉

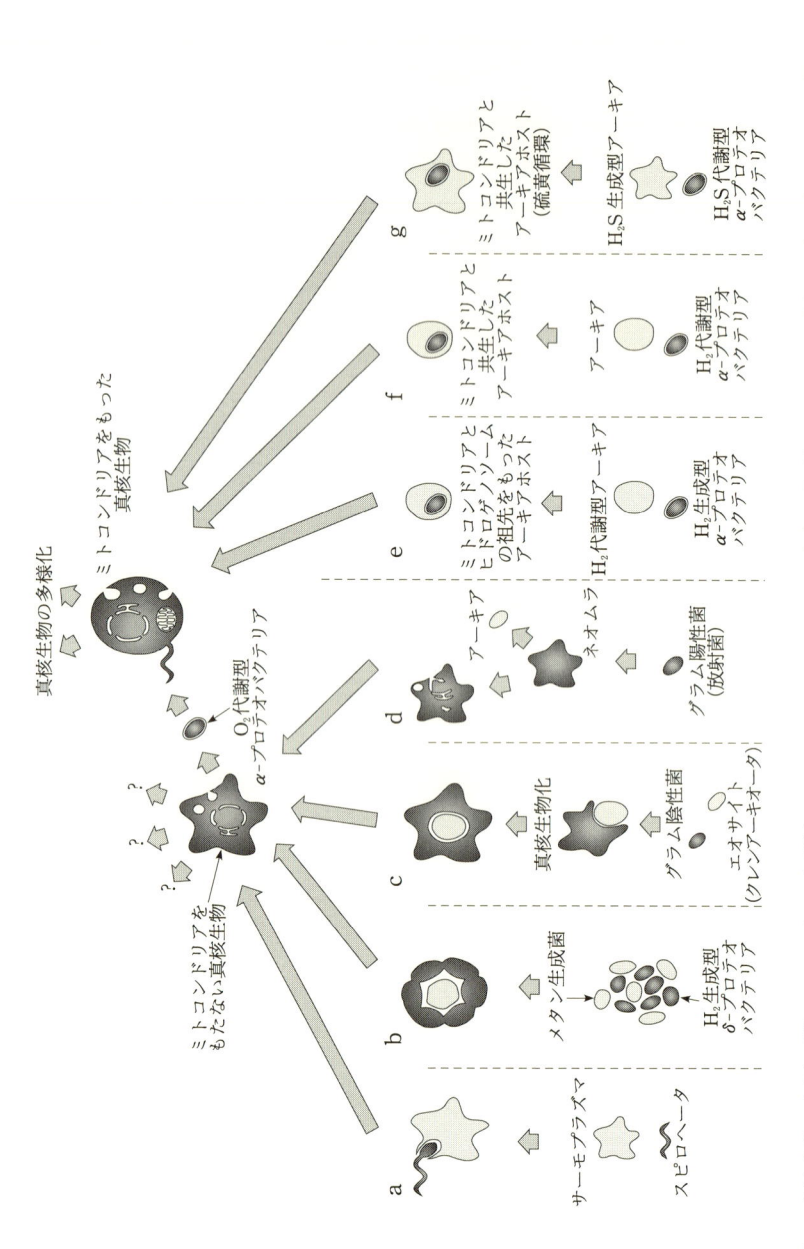

図2 真核生物の起源に関するさまざまな仮説（Embley and Martin, 2006を参考に作成）。a～dはまず核が最初に成立し、その後ミトコンドリアが獲得されるとする仮説のバリエーション。e～gはまず最初にミトコンドリアが成立し、その後、そのほかの真核生物に特有な特徴が獲得されたとする説のバリエーション。a：Margulis et al. (2005), b：Moreira and López-García (1998), c：Lake et al. (2005), d：Cavalier-Smith (2002a), e：Vellai et al. (1998), f：Martin and Müller (1998), g：Searcy (1992)をもとに作図。

緑体へ戻すための輸送ペプチドの獲得,③葉緑体分裂の制御システムの確立,といったプロセスを経てようやく葉緑体というオルガネラが完成する(井上,2006)。どの時点かは明らかではないが,ランソウ細胞を保持していた食胞膜(細胞が食作用を示す際に食物粒子を取り込む膜。細胞膜の陥入による)は途中で失われたのであろう。したがって,葉緑体の二重膜はグラム陰性細菌であるランソウ細胞の外膜と内膜に由来する。二重膜に挟まれるペプチドグリカン層は灰色植物門 Glaucophyta(灰色藻類)の葉緑体にのみ見られるが,そのほかの植物の葉緑体では失われている。ところで陸上植物・藻類に見られる葉緑体は,その構造,光合成色素組成,どれをとっても非常に多様である。たとえば,紅藻類 red algae の葉緑体は二重膜に囲まれ,フィコエリスリン phycoerythrin などの赤色の光合成色素を多量に含むが,これは水溶性の色素タンパク質である。一方,褐藻類 brown algae の葉緑体は,本来の二重膜の外にさらに2重の膜が存在し,しかも最外膜の表面にはリボソームが存在し,核の外膜とも連結している。この群の光合成色素は,フコキサンチン fucoxanthin と呼ばれるキサントフィル xanthophyll(脂溶性)を多く含む。各藻類群の光合成色素組成やその機能,葉緑体の構造の詳細については,三室(1999),井上(2006)を参照していただきたい。興味深いことに,これだけの多様性を有しながら,すべての葉緑体の起源はたった1つである(葉緑体の単系統性)。すなわち,ランソウ細胞が葉緑体に変換された過程は進化史上1回だけだったのである。このことは分子系統解析だけでなく,特定の葉緑体遺伝子の配列がすべての葉緑体で共有される一方,ランソウ類には見られないといった知見や,緑色の葉緑体と紅色の葉緑体のあいだで遺伝子発現の道具立てに互換性がある,といった実験結果に基づいている。

　すべての葉緑体が単系統であるなら,葉緑体をもつすべての生物も単系統なのであろうか? 実際はそうではない。たとえば,緑色の陸上植物と海藻の褐藻はまったく系統的に異なっており,近縁関係にはない。じつは,最初に葉緑体を獲得した生物の直接の祖先は,緑色植物 green plants(陸上植物および広義の緑藻類),紅色植物門 Rhodophyta(紅藻類),それに灰色植物門の3群のみである。これら3群は互いに近縁であるが(Rodriguez-Ezpeleta et al., 2005),そのほかの葉緑体をもつグループ同士は必ずしも近縁ではない。この一見奇

妙な現象は，二次共生による葉緑体獲得によるもので，このメカニズムが藻類の多様化を促進したといえる。まず，ランソウ細胞が葉緑体に変換された過程を一次共生による葉緑体獲得と呼ぶ。この過程はたった一度だけ起こったことで，それにより葉緑体が確立された。この最初の植物(藻類)の直接の子孫が，上述の3群というわけである。一方，そのほかの藻類は二次共生というメカニズムによって葉緑体を獲得することになった(Archibald and Keeling, 2004; Keeling, 2004)。

　二次共生による葉緑体獲得とは，すでに葉緑体を獲得した藻類を従属栄養性の原生生物が取り込むことである。一次共生に比べて関係する膜系が多い(取り込まれる真核生物の細胞膜と取り込んだ生物側の食胞膜)ことから結果として，二次共生由来の葉緑体は，もともとの葉緑体の2枚の膜の外側に1枚または2枚の余分な膜をもつ。もちろん，取り込まれた生物が，葉緑体として確立されるためには，遺伝子の宿主核への移行やタンパク質輸送系の確立などが必要であったことは間違いない(Ishida, 2005)。系統的に近縁でない生物群が葉緑体をもつのは，ひとえに二次共生によるものである。従属栄養性の原生生物が，緑藻類green alga(一次共生藻類)を取り込んだ結果，ユーグレナ植物門Euglenophyta(ミドリムシ類)とクロララクニオン植物門Chlorarachniophyta(クロララクニオン藻類)が成立した。一方，単細胞紅藻類(一次共生藻類)を取り込んだ結果，不等毛植物門Heterokontophyta，クリプト植物門Cryptophyta(クリプト藻類)，ハプト植物門Haptophyta(ハプト藻類)，渦鞭毛藻植物門Dinophyta(渦鞭毛藻類)が成立した。二次共生が実際何回生じたのかは諸説があってはっきりしない(Cavalier-Smith, 2004; Bachvaroff et al., 2005)。クリプト藻類とクロララクニオン藻類では，葉緑体だけではなく，取り込まれた藻類側の細胞核が痕跡として残っており，この構造はヌクレオモルフnucleomorphと呼ばれている。この2群は明らかに異なる藻類を取り込んで独立に葉緑体を獲得しているが，ヌクレオモルフはともに3本の染色体をもっている。葉緑体以外のオルガネラがまだ消失していないという点においてこの2群の藻類は，二次共生による葉緑体確立の進化的中間段階であり，この中間段階を調べることにより，共生という環境におかれた共生藻がどのような遺伝的変革を余儀なくされるのかを理解することができる。このような観点から両群のヌクレオ

モルフのゲノム解析が行われている(Douglas et al., 2001; Gilson and McFadden, 2002)。また, 普通は藻類とはみなされないが, マラリア原虫などを含むアピコンプレックス類apicomplexaには, 痕跡的な葉緑体(アピコプラストapicoplast)が存在することが知られている(McFadden et al., 1996)。このグループはすべて寄生性であるため光合成は行わないが, この痕跡的葉緑体は脂肪酸代謝などに関与しているらしい。

6. 真核生物の初期進化

小サブユニット・リボソームRNA遺伝子(SSU rDNA)による真核生物全体の系統解析では(Leipe et al., 1993), ディプロモナス類(*Giardia*など), パラバサリア類(*Trichomonas*など), 微胞子虫類(*Vairimorpha*など)といった原生生物が真核生物系統樹の初期に分岐することが示された。これら3群はいずれもミトコンドリアを欠く原生生物であったことから, 真核生物がミトコンドリアを獲得する以前の原始的な性質を残す生物と考えられ, アーキゾア生物群Archaezoa(archaeは古い, zoaは動物の意)としてまとめられた(Cavalier-Smith, 1983)。当時, これらは真核生物の初期進化を解明する際の鍵を握る生物群であると考えられたが, この魅力的な仮説は現在では支持されていない。前述のようにミトコンドリアの起源はα-プロテオバクテリアであると考えられており, 実際, ミトコンドリアにコードされる遺伝子を系統解析すると, α-プロテオバクテリアのクレードに出現する。一方, 60 kDaや70 kDaのヒートショックタンパク質の遺伝子(*Hsp60*, *Hsp70*)は, 系統解析ではやはりα-プロテオバクテリアのクレード中に現れるが, 遺伝子自体はミトコンドリアではなく核コードである。このことは, ミトコンドリア由来の遺伝子が核にコードされていることを示しており, 共生過程における遺伝子の核への移行の結果であるとされる。この*Hsp60*, *Hsp70*がアーキゾア生物群の生物で次々と発見されたことから, アーキゾア生物はもともとはミトコンドリアをもっていたが, 二次的に失ったことが明らかとなった。真にミトコンドリアを欠く生物が地球上のどこかに存在している可能性は否定できないが, 現時点で知られる限り, 真核生物はいずれもミトコンドリアを獲得した生物

の子孫であると考えられている。

　真核生物の初期進化過程を推定するには，分子系統学的な解析だけではなく，ほかの証拠，たとえば遺伝子の配列様式などが役に立つ場合がある。後生動物 Metazoa，菌類 Fungi，アメーバゾア Amoebozoa(これらの生物は基本的に1本鞭毛であるので，この3群をまとめて Unikonts と呼ぶ)においては，原核生物と同様に dihydrofolate reductase(DHFR) と thymidylate synthase(TS)の遺伝子は別々の場所に存在する。一方，それ以外の生物群(植物やそのほかの原生生物を含み，基本的に2本鞭毛であることからこのグループを Bikonts と呼ぶ)では，これら2つの遺伝子は今まで知られる限り，融合して存在する。これは，後者の生物群の祖先において生じた現象で，その後このグループのメンバーで共有された形質であると考えられる。つまり，真核生物の進化の初期に，1本鞭毛の生物群(Unikonts)と2本鞭毛の生物群(Bikonts)が分岐したと考えられる。

7. 真核生物のスーパーグループ

　形態学的，生理学的，細胞学的，分子系統学的データが蓄積・統合されることによって，ようやく真核生物全体の進化の様相がみえてきた。研究者によって異論はあるものの，現在では，真核生物は6つの主要系統群(これらをスーパーグループと呼ぶ；Simpson and Roger, 2004a; Keeling, 2004)からなると理解されるようになった。すなわち，後方鞭毛生物群 Opisthokonta，アメーバゾア生物群 Amoebozoa(以上, Unikonts)，リザリア生物群 Rhizaria，(真の)植物群 Plantae，クロムアルベオラータ生物群 Chromalveolata，エクスカベート生物群 Excavata(以上 Bikonts)である。Unikontsの系統では，アメーバゾア類と後方鞭毛生物群が分化し，Biokontsの系統では，植物に加え，多くの原生生物・藻類の系統が進化したことになる(Keeling, 2004；図3)。

アメーバゾア生物群
　いわゆる典型的なアメーバ類 amoeba を含む系統。このほかに，細胞性粘菌 cellular slime molds や粘菌類 mycetozoa が含まれる。

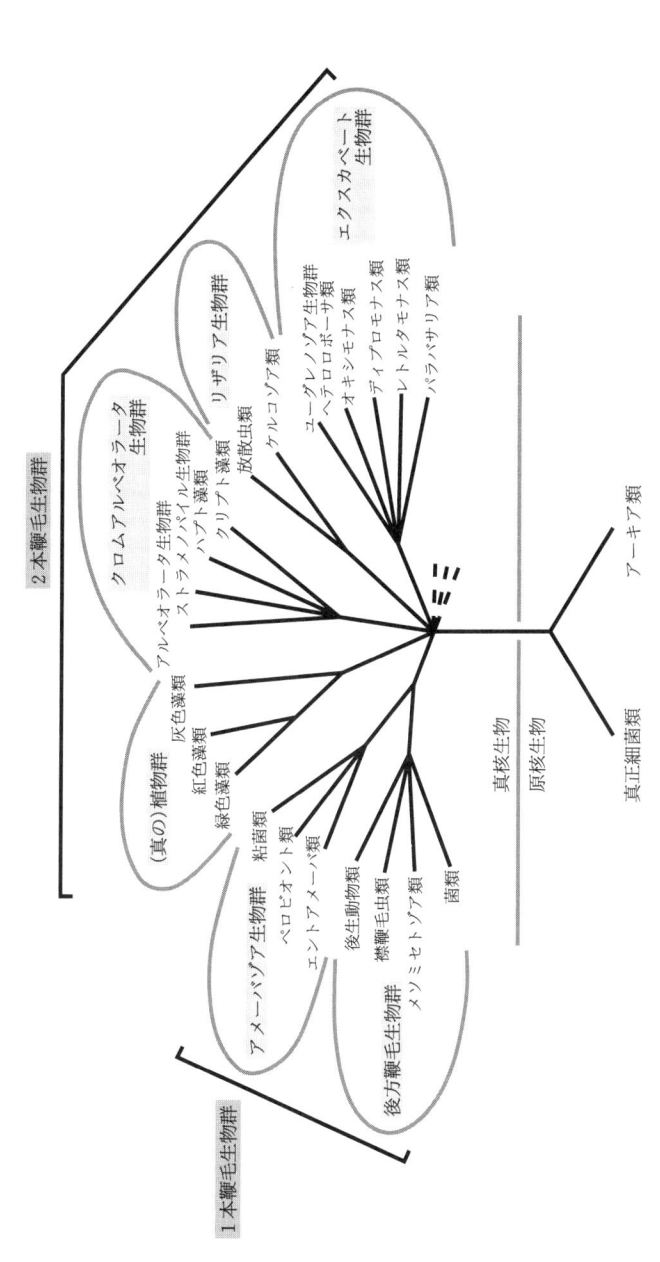

図3 最近の新しい証拠に基づく生物の系統関係（Simpson and Roger, 2004 をもとに作成）。真核生物には6つのスーパーグループ（系統）が認識される。

後方鞭毛生物群

鞭毛を1本のみもち，遊泳時には鞭毛が細胞の後方にくるような運動様式を示す生物群で，典型的なものには動物の精子がある。この仲間には，後生動物，菌類(ツボカビ類Chytridiomycota, 接合菌類Zygomycota, 子嚢菌類Ascomycota, 担子菌類Basidiomycota), 原生生物の襟鞭毛虫類choanoflagellateが含まれる。多くの菌類は鞭毛性の細胞をもたないが，ツボカビ類の遊走子，配偶子は動物の精子と同様に後方鞭毛をもつ(動物と襟鞭毛虫の関係などについては第3章を参照のこと)。

リザリア生物群

すべて原生生物から構成される生物群。こちらもアメーバ様ステージをもつものがあるが，系統的には，アメーバゾアとは異なっている。有孔虫類foraminiferaや土壌鞭毛虫として出現するケルコゾア類Cercozoaなどを含む。

植 物 群

最初に葉緑体を獲得した植物の直接の子孫で，真の植物として認識される。陸上植物を含む緑色植物，紅色植物(紅藻類), 灰色植物(灰色藻類)のみからなる。ほかの葉緑体をもつ生物は，二次的に葉緑体を獲得したと考えられるので真の植物とはみなされない。

クロムアルベオラータ生物群

この生物群は2つの大きな系統群からなる。1つは，クロミスタ生物群Chrmoistaで，もう一方はアルベオラータ生物群Alveolataである。クロミスタ生物群は，遊走細胞がもつ2本の鞭毛のうち，1本の鞭毛表面に推進力を逆転するような3部構成の堅い管状の毛(マスチゴネマmastigonemes)が多数生えていること，葉緑体が直接細胞質中に浮遊するのではなく葉緑体ERで囲まれる空間中に存在すること，の両方あるいはいずれかをもつことで定義づけられる。この生物群には，不等毛藻類，クリプト藻類，ハプト藻類(以上藻類), ビコソエカ類bicosoecids(鞭毛虫類), ラビリンチュラ類labyrinthulids, 卵菌類oomycetes, サカゲツボカビ類hyphochytridiomycota(以上菌類として扱われ

てきた生物群)などが含まれる．不等毛植物類には，褐藻類，珪藻類，黄金色藻類 chrysophytes，黄緑色藻類 xanthophytes，ラフィド藻類 raphidophytes などが含まれる(千原，1999)．

このようにクロミスタ生物群には，もともと藻類として扱われてきた光合成生物と，菌類や原生動物(鞭毛虫)として扱われてきた従属栄養生物の両方が含まれる．ただし，クリプト藻類とハプト藻類に関しては，分子系統解析において，必ずしも，クロミスタ生物群のほかのメンバーと単系統であることが示されているわけではなく，クロミスタ生物群にクリプト藻類とハプト藻類を含ませることに疑問を呈する研究者もいる．クロミスタ生物群と関連して，ストラメノパイル生物群 Stramenopiles についても簡単に触れておきたい．ストラメノパイル生物群は，クロミスタ生物群よりも定義が狭く，3部構成の堅い管状毛をもつという1点のみで定義される生物群である．この特徴でまとまる生物群からはクリプト藻類とハプト藻類が除かれることになり，この系統群は分子系統学的にも支持される．

アルベオラータ生物群は，渦鞭毛藻類 dinoflagellates，繊毛虫類 ciliates，アピコンプレックス類の3大生物群とこれらに近縁ないくつかのマイナーグループから構成される．アピコンプレックス類は胞子虫類と呼ばれることもあったが，現在では前者の名前が定着している．ちなみにアピコンプレックスとはこの生物群の細胞の先端に apical complex と呼ぶ複雑な構造を有することに由来している．アピコンプレックス類はすべて寄生性で，とくに有名なのがマラリア原虫のプラズモディウム *Plasmodium* である．渦鞭毛藻類，繊毛虫類そしてアピコンプレックス類のような，それぞれ形態も大きく異なり，また生態的な地位も異なっている生物群が，互いに近縁であるというのはにわかには信じがたいが，これらの近縁性はさまざまな分子系統解析により示されており間違いない．これら3群の形態上の数少ない共通点の1つが，細胞膜直下の袋状構造で，この構造は cortical alveolus と呼ばれ，アルベオラータの名もこれに由来している．

エクスカベート生物群

この生物群のほとんどのメンバーは単細胞のいわゆる「鞭毛虫」である．

バイオマーカー

鈴木徳行

バイオマーカー Biomarker (Biological Marker) (Eglinton et al., 1964; Eglinton and Calvin, 1967) は，かつて生息していた生物に由来する比較的安定な分子化石で，生合成でしかできない炭素骨格をもっている。バイオマーカーの多くはおもに脂質に由来しており，プリスタン pristane，フィタン phytane などの鎖式イソプレノイド化合物，テルペノイド terpenoid，ステロイド steroid などの環状イソプレノイド化合物，ポルフィリン porphyrin などのテトラピロール tetra-pyrol 化合物が代表的なものである。バイオマーカーは湖底・海底堆積物はもちろん，地質時代の堆積岩や石油にも検出され，起源生物や堆積環境の指標として生物進化や地球環境変動の研究に広く活用されている。たとえば，真核生物，真正細菌，アーキアでは膜脂質の組成が異なっており，それぞれステロール（ステロイド），ホパンポリオール（トリテルペノイド），アーキオール archaeol・カルドアーキオール caldarchaeol（長鎖イソプレノイド）によって特徴づけられている。さらに属や種のレベルでも，それぞれに共通するいろいろなバイオマーカーが知られている。

長い地質時間をかけた埋没続成作用によって，太古の生物に由来したバイオマーカーは堆積岩中で熱変化するが，起源化合物と同じ炭素骨格をもつ安定な炭化水素となり保存されている。よく知られている堆積岩中のバイオマーカー炭化水素には，2-メチルホパン (2-methylhopane)・7-，8-メチルヘプタデカン (7-, 8-methylheptadecane)（ランソウ類），3-メチルホパン (3-methylhopane)（微好気性プロテオバクテリア），イソレニエラテン (isorenieratene)・クロロバクタン (chlorobactane)（緑色硫黄細菌），24-n-プロピルコレスタン (24-n-propylcholestane)（海洋藻類），ジノステラン類 (dinosteranes)・4-メチルステラン類 (4-methylsteranes)（渦鞭毛藻），高分岐イソプレノイド化合物 (highly branched isoprenoids)（珪藻），ジテルパン類 (diterpanes)（裸子植物），オレアナン類 (oleananes)・ルパン類 (lupanes)（被子植物），24-イソプロピルコレスタン (24-isopropylcholestane)（海綿），ガンマセラン (gammacerane)（原生動物）などがある。いくつかの生物種が同じバイオマーカーをもっていたり，生育環境によってバイオマーカーの組成が異なったりするので，ほかの情報と合わせて考察を進めるのが普通である。最近はこれらバイオマーカーの炭素・水素同位体比を分子レベルで測定できるようになり，さらに多くの知見が得られるようになっている。

典型的なエクスカベート類は，細胞腹面に捕食に関与する溝をもつことを特徴とする。ミトコンドリアを欠く種も存在する（前述のアーキゾア）。レトルタモナス類 retortamonad，ディプロモナス類 diplomonad，ジャコバ類 jakobid などのグループに加え葉緑体をもつユーグレナ類（ミドリムシ類）もこの生物群に含まれる (Simpson and Roger, 2004b)。

38億年前ごろに最初の生命が誕生し，原核生物の時代が訪れた。原核生物の時代でもっとも大きなできごとの1つは，ランソウ類の出現であろう。

酸素発生型の光合成を営むランソウ類の繁栄は，その後の地球環境ならびに生物進化の様相を大きく変えた。やがて，複雑な体制をもった真核生物が登場する。初期の真核生物は単細胞段階で飛躍的な多様化をとげた。そのなかから，動物や陸上植物などのメジャーな生物群が進化することとなった。原核生物の時代から真核生物の時代まで，単細胞生物が優勢であった時代は長い。生物進化はともすれば動物や植物に目を奪われがちであるが，単細胞段階での進化もそれと同様にあるいはそれよりももっとエキサイティングなできごとであったのである。

[引用文献]

Archibald, J.M. and Keeling, P.J. 2004. The evolutionary history of plastids: a molecular phylogenetic perspective. *In* "Organelles, Genomes and Eukaryote Phylogeny. An Evolutionary Synthesis in the Age of Genomics" (eds. Hirt, R.P. and Horner, D.S.), pp. 55-74. CRC Press, Boca Raton.

Bachvaroff, T.R., Puerta, M.V.S. and Delwiche, C.F. 2005. Chlorophyll c-containing plastid relationship based on analyses of a multigene data set with all four Chromalveolate lineages. Mol. Biol. Evol., 22: 1772-1782.

Brasier, M.D., Green, O.R., Jephcoat, A.P., Kleppe, A.K., Van Kranendonk, M.J., Lindsay, J.F., Steele, A. and Grassineau, N.V. 2002. Questioning the evidence for Earth's oldest fossils. Nature, 416: 76-81.

Brasier, M.D., Green, O., Lindsay, J. and Steele, A. 2004. Earth's oldest (∼3.5 Ga) fossils and the 'Early Eden hypothesis': questioning the evidence. Origins of Life and Evolution of the Biosphere, 34: 257-269.

Brocks, J.J., Logan, G.A., Buick, R. and Summons, R.E. 1999. Archean molecular fossils and the early rise of eukaryotes. Science, 285: 1033-1036.

Cavalier-Smith, T. 1983. A 6 kingdom classification and a unified phylogeny. *In* "Endocytobiology II" (eds. Schwemmler, W. and Schenk, H.E.A.), pp. 1027-1034. de Gruyter, Berlin.

Cavalier-Smith, T. 1993. The origin, losses and gains of chloroplasts. *In* "Origins of Plastids: Symbiogenesis, Prochlorophytes, and the Origins of Chloroplasts" (ed. Lewin, R.A.), pp. 291-349. Chapman and Hall, New York.

Cavalier-Smith, T. 2001. Obcells as proto-organisms: membrane heredity, lithophosphorylation, and the origins of the genetic code, the first cells, and photosynthesis. J. Mol. Evol., 53: 555-595.

Cavalier-Smith, T. 2002a. The neomura origin of archaebacteria, the negibacterial root of the universal tree and bacterial megaclassification. Int. J. Syst. Evol. Microbiol., 52: 7-76.

Cavalier-Smith, T. 2002b. The phagotrophic origin of eukaryotes and phylogenetic classification of Protozoa. Int. J. Syst. Evol. Microbiol., 52: 297-354.

Cavalier-Smith, T. 2004. Chromalveolate diversity and cell megaevolution: interplay of membranes, genomes and cytoskeleton. *In* "Organelles, Genomes and Eukaryote Phylogeny: An Evolutionary Synthesis in the Age of Genomics" (eds. Hirt, R.P. and Horner, D.S.), pp. 75-108. CRC Press, Boca Raton.

千原光雄編. 1999. 藻類の多様性と系統 (バイオディバーシティーシリーズ 3). 346 pp. 裳華房.

Douglas, S., Zauner, S., Fraunholz, M., Beaton, M., Penny, S., Deng, L.-T., Wu, X., Reith, M., Cavalier-Smith, T. and Maier, U.-G. 2001. The highly reduced genome of an enslaved algal nucleus. Nature, 350: 1091-1096.

Eglinton, G. and Calvin, M. 1967. Chemical Fossils. Scientific American, 216: 32-43.

Eglinton, G., Scott, P.M., Besky, T., Burlingame, A.L. and Calvin, M. 1964. Hydrocarbons of biological origin from a one-billion-year-old sediment. Science, 145: 263-264.

Embley, T.M. and Martin, W. 2006. Eukaryotic evolution, changes and challenges. Nature, 440: 623-630.

Fedo, C.M. and Whitehouse, M.J. 2002. Metasomatic origin of quartz-pyroxene rock, Akilia, Greenland, and implications for earth's earliest life. Science, 296: 1448-1452.

Furnes, H., Banerjee, N.R., Muehlenbachs, K., Staudigel, H. and de Wit, M. 2004. Early life recorded in archean pillow lavas. Science, 304: 578-581.

Gilbert, W. 1986. Origin of life: the RNA world. Nature, 319: 618.

Gilson, P.R. and McFadden, G.I. 2002. Jam packed genomes: a preliminary, comparative analysis of nucleomorphs. Genetica, 115: 13-28.

Gupta, R.S. and Golding, G.B. 1996. The origin of the eukaryotic cell. Trends Biochem. Sci., 21: 370-372.

Hai, T., Schneider, B., Schmidt, J. and Adam, G. 1996. Sterols and triterpenoids from the cyanobacterium *Anabaena hallensis*. Phytochemistry, 41: 1083-1084.

Han, T.-M. and Runneger, B. 1992. Megascopic eukaryotic algae from the 2.1-billion year-old Negaunee Iron-Formation, Michigan. Science, 257: 232-235.

Hofmann, H.J. 1976. Precambrian microflora, Belcher Islands, Canada: significance and systematics. J. Paleontol., 50: 1040-1073.

井上　勲. 2006. 藻類30億年の自然史—藻類からみる生物進化. 472 pp. 東海大学出版会.

Ishida, K. 2005. Protein targeting into plastids: a key to understanding the symbiogenetic acquisitions of plastids. J. Plant Res., 118: 237-245.

Jahnke, L. and Klein, H.P. 1983. Oxygen requirements for formation and activity of the squalene epoxidase in *Saccharomyces cerevisiae*. J. Bacteriol., 155: 488-492.

Keeling, P.J. 2004. Diversity and evolutionary history of plastids and their hosts. Am. J. Bot., 91: 1481-1493.

Knoll, A.K. 1994. Proterozoic and Early Cambrian protests: evidence for accelerating evolutionary tempo. Proc. Natl. Acad. Sci. U.S.A., 91: 6743-6750.

Kruger, K., Grabowski, P.J., Zaug, A.J., Sands, J., Gottschling, D.E. and Cech, T.R. 1982. Self-splicing RNA: autoexcision and autocyclization of the ribosomal RNA intervening sequence of *Tetrahymena*. Cell, 31: 147-157.

Lake, J.A. 1988. Origin of the eukarotic nucleus determined by rate-invariant analysis of rRNA sequences. Nature, 331: 184-186.

Lake, J., Moore, J., Simonson, A. and Rivera, M. 2005. *In* "Microbial Phylogeny and Evolution Concepts and Controversies" (ed. Sapp, J.), pp. 184-206. Oxford University Press, Oxford.

Leipe, D.D., Gunderson, J.H., Nerad, T.A. and Sogin, M.J. 1993. Small subunit ribosomal RNA+ of *Hexamita inflata* and the quest for the first branch in the eukaryotic tree. Mol. Biochem. Parasitol., 59: 41-48.
Margulis, L. 1996. Archaeal-eubacterial mergers in the origin of Eukarya: phylogenetic classification of life. Proc. Natl. Acad. Sci. U.S.A., 93: 1071-1076.
Margulis, L., Dolan, M.F. and Whiteside, J.H. 2005. 'Imperfections and oddities' in the origin of the nucleus. Paleobiology, 31: 175-191.
Martin, W. and Müller, M. 1998. The hydrogen hypothesis for the first eukaryote. Nature, 392: 37-41.
McFadden, G.I., Reith, M.E., Munholland, J. and Lang-Unnasch, M. 1996. Plastid in human parasites. Nature, 381: 482.
Miller, S.L. 1953. A production of amino acids under possible primitive earth conditions. Science, 117: 528-529.
三室 守. 1999. 光合成色素にみる多様性. バイオディバーシティ・シリーズ3 藻類の多様性と系統(千原光雄編), pp. 68-94. 裳華房.
Miyashita, H., Ikemoto, H., Kurano, N., Miyachi, S. and Chihara, M. 2003. Acaryochloris marina gen. et sp. nov. (Cyanobacteria), an oxygenic photosynthetic prokaryote containing chl d as a major pigment. J. Phycol., 39: 1247-1253.
Mojzsis, S.J., Arrhenius, G., McKeegan, K.D., Harrison, T.M., Nutman, A.P. and Friend, C.R.L. 1996. Evidence for life on Earth before 3,800 million years ago. Nature, 384: 55-59.
Moreira, D. and López-Garcia, P. 1998. Symbiosis between methanogenic archaea and δ-Proteobacteria as the origin of eukaryotes: the syntrophic hypothesis. J. Mol. Evol., 47: 517-530.
Nelson, K.E., Levy, M. and Miller, S.L. 2000. Peptide nucleic acids rather than RNA may have been the first genetic molecule. Proc. Natl. Acad. Sci. U.S.A., 97: 3868-3871.
大野照文. 2004. 先カンブリア時代からカンブリア紀の生命の歴史. マクロ進化と全生物の系統分類(馬渡峻輔ほか編), 岩波書店.
Orgel, L.E. 1998. The origin of life: a review of facts and speculations. TIBS, 23: 491-495.
Rodriguez-Ezpeleta, N., Brinkmann, H., Burey, S.C., Roure, B., Burger, G., Löffelhardt, W., Bohnert, H.J., Philippe, H. and Lang, F. 2005. Monophyly of primary photosynthetic eukaryotes: green plants, red algae and glaucophytes. Curr. Biol., 15: 1325-1330.
Rohmer, M., Bouvier-Nave, P. and Ourisson, G. 1984. Distribution of hopanoid triterpenes in prokaryotes. J. Gen. Microbiol., 130: 1137-1150.
Schopf, J.W. 1993. Microfossils of the early archean apex chert: new evidence of the antiquity of life. Science, 260: 640-646.
Schouten, S., Bowman, J.P., Rijpstra, W.I.C. and Sinninghe Damsté, J.S. 2000. Sterols in a psychrophilic methanotroph *Methylosphaera hansonii*. FEMS Microbiol. Lett., 183: 193-195.
Searcy, D.G. 1992. Origins of mitochondria and chloroplasts from sulfur-based symbioses. *In* "Origin and Evolution of Prokaryotic and Eukaryotic Cell" (eds. Hartman, H. and Matsuno, K.), pp. 47-78. World Scientific Publishing, Singapore.
Shidlowski, M. 1988. A 3,800-million-year isotopic record of life from carbon in sedi-

mentary rocks. Nature, 333: 313-318.
Simpson, A.G.B. and Roger, A.J. 2004a. The real 'kingdoms' of eukaryotes. Curr. Biol., 14: R693-R696.
Simpson, A.G.B. and Roger, A.J. 2004b. Excavata and the origin of amitochondriate eukaryotes. *In* "Organelles, Genomes and Eukaryote Phylogeny: An Evolutionary Synthesis in the Age of Genomics" (eds. Hirt, R.P. and Horner, D.S.), pp. 27-53. CRC Press, Boca Raton.
杉山純多編. 2005. 菌類・細菌・ウイルスの多様性と系統(バイオディバーシティ・シリーズ 4). 492 pp. 裳華房.
Summons, R.E., Jehnke, L.L., Hope, J.M. and Logan, G.A. 1999. 2-Methylhopanoids as biomarkers for cyanobacterial oxygenic photosynthesis. Nature, 400: 554-557.
Tice, M.M. and Lowe, D.R. 2004. Photosynthetic microbial mats in the 3,416-Myr-old ocean. Nature, 431: 549-552.
Vellai, T., Takacs, K. and Vida, G. 1998. A new aspect to the origin and evolution of eukaryotes. J. Mol. Evol., 46: 499-507.
von Dohlen, C.D., Khler, S., Alsop, S.T. and McManus, W.R. 2001. Mealybug β-proteobacteriall endosymbionts contain γ-proteobacterial symbionts. Nature, 412: 133-436.
Woese, C.R. and Fox, G.E. 1977. Phylogenetic structure of the prokaryotic domain: the primary kingdoms. PNAS, 74: 5088-5090.
山岸明彦. 2003. 全生物の共通の祖先の実験的検証—過去のタンパク質を再現する. 地学雑誌, 112：197-207.

後生動物の起源と進化
原生代〜古生代初期

第3章

柂原　宏・馬渡峻輔

　本章では，原生代からカンブリア紀にかけて起きたと考えられている地球史・生命史的事象について，とくに後生動物(=多細胞動物)の出現・多様化との関係性を中心に述べる．先カンブリア時代における超大陸の形成と分裂，大気中酸素濃度の上昇，地球規模での氷河期など，互いに密接に関連しあって生じたイベントは，動物の誕生と多様化にどのような影響を及ぼしたのであろうか？

1. 先カンブリア時代の年代区分

　地球が誕生してから今日までの地質年代は，始生代(太古代 Archean)・原生代 Proterozoic・顕生代 Phanerozoic に3分されるが，そのうちの原生代とは25億年前から5.42億年前までの時代区分である(Robb et al., 2004)．顕生代以前を先カンブリア時代とも呼ぶ(図1)．公式の地質年代スケールとされている "Geologic Time Scale 2004"(Gradstein et al., 2004)では，始生代と原生代，およびそれらの下位年代区分は地球史・生命史的なできごとに立拠しない絶対年代によって振り分けられている(ただし，先カンブリア時代最後のエディアカラ紀[注1]は例外)．このため，地球史イベントに基づいた先カンブリア時代の年代区分も提唱されている(Bleeker, 2004)．さらに，"Geologic Time Scale 2004" に基づくと，原生代は古原生代 Paleoproterozoic(25億〜16億年前)，中原

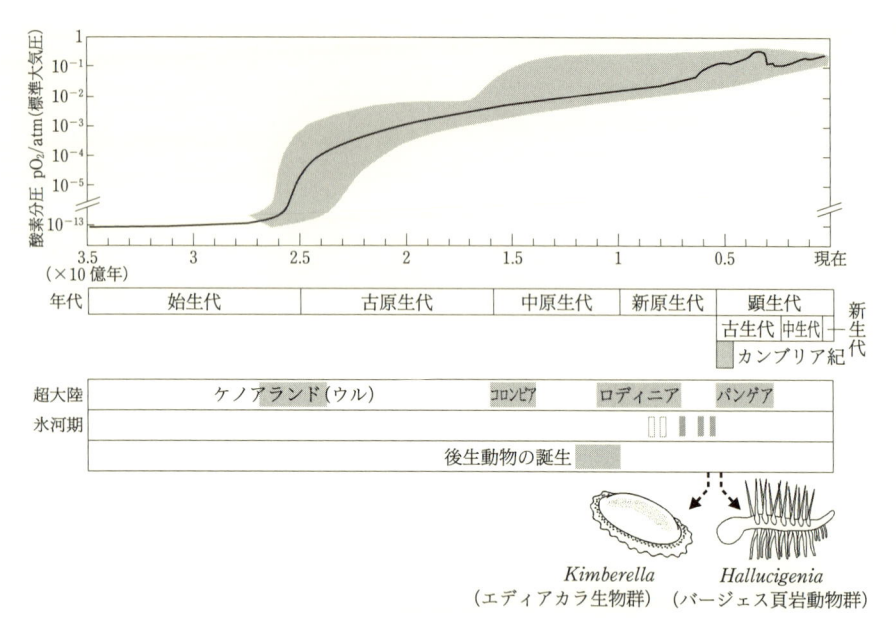

図1 地質年代における大気中酸素分圧の上昇，超大陸の形成，地球規模での氷河期，および後生動物が誕生したと考えられているおおよその時期(Rogers and Santosh, 2003; Catling and Claire, 2005; Knoll et al., 2006 などを参考に作図)。大気中酸素分圧は古原生代の初めと新原生代の終わりの2度にわたって急激な増加が起きたと考えられている。

生代 Mesoproterozoic(16億～10億年前)，新原生代 Neoproterozoic(10億～約5.42億年前)[注2] に3分される。

原生代に続く古生代の最初の時代区分であるカンブリア紀 Cambrian は5.42億～4.883億年前までの時代である(Shergold and Cooper, 2004)。カンブリア紀の始まりは，カナダのニューファンドランド南東部に見られるチャペルアイランド Chapel Island 累層に含まれる Member 2 と呼ばれる部層の基部から 2.4 m 上方の層によって定義される。その地層は *Treptichnus pedum*

[注1] 43頁 従来「ベンド紀 Vendian」と呼ばれていたが，"Geologic Time Scale 2004"(Gradstein et al., 2004)では「エディアカラ紀」が採用されている。
[注2] 原生代を前期 Early，中期 Middle，後期 Late と分ける従来の編年も一般的に採用されている(たとえば，本書第2章図1参照)。

(*Phycodes pedum*, *Trichophycus pedum* という異名をもつ)という生痕化石が産出する最古の地層である．また，その終わり(つまりオルドビス紀の始まり)は同じくニューファンドランド西部の Bed 23 と呼ばれる単層の基層から 101.8 m 上方の層によって定義される．これは *Iapetognathus fluctivagus* というコノドント化石が産する最古の地層に相当する．

2. 後生動物の多様性・系統関係・分岐年代

　形態によってそれ以上の類縁関係を推定することが困難な最大のグループを「門」と呼ぶ．すなわち，ある動物門に属するメンバーはその門に特有の体制(ボディープラン)を共有していることになる．見解の相違や，研究の進展によってその数は一定しないが，後生動物は現在約 35 の動物門に分けられている．

　近年の分子系統学的研究によると(たとえば Halanych, 2004; Telfold, 2006)，後生動物 Metazoa は，①海綿動物門，②有櫛動物門，刺胞動物門，板形動物門(これらの分岐順序はまだ不明)，③左右相称動物 Bilateria の順に分岐し，左右相称動物はさらに①後口動物 Deuterostomia(棘皮動物門，半索動物門，脊索動物門)と②前口動物 Protostomia に分岐したと考えられている．前口動物はさらに，①脱皮動物 Ecdysozoa(線形動物門，節足動物門など)と，②冠輪動物 Lophotrochozoa(軟体動物門，環形動物門，腕足動物門など)の 2 つのグループからなる(図2)．脱皮動物および冠輪動物内の動物門の分岐順序はまだよくわかっていない．

　後生動物—とくに左右相称動物—における動物門の分岐と多様化が生じた絶対年代を知ることは，後述する「カンブリア大爆発」の意味を論ずるうえで必要不可欠である．そのため，後生動物の主要な分類群が分岐した年代が，さまざまな手法と数多くの分子データを用いて推定されてきた．分子データを用いた分岐年代の推定法は 1960 年代に提唱されたが，今日に至るまでモデルの洗練化と，利用可能な塩基配列データの蓄積が続いている(Welch and Bromham, 2005; Rutschmann, 2006)．脊椎動物・ショウジョウバエ・植物などでは信頼性の高い結論が得られているようだが，多細胞動物の主要な分類群の分岐年代に関してはいまだに定説をみない(Kumar, 2005)．たとえば左右相称

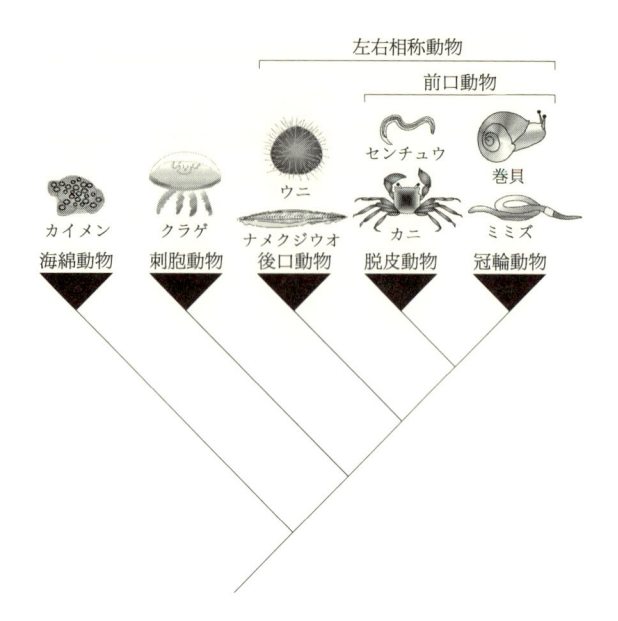

図2 後生動物の主要グループとその系統関係

　動物の共通祖先が出現する推定年代は，約12億年前(Wray et al., 1996)〜5.73億年前(Peterson et al., 2004)と，研究者の見解に6億年以上の開きがある。そのほかの研究では，たとえば8.5億年前(Feng et al., 1997)，6.7億年前(Ayala et al., 1998)といった具合に，おおむねこれらの推定値のあいだに収まっているが，甲論乙駁が続いているのが現状である。

　分子データを用いた分岐年代の推定には，比較しようとする生物が進化的にどれくらい離れているのかを示す尺度，すなわち進化的距離が用いられる。進化的距離の推定にはさまざまな塩基置換モデルが使われる。分岐年代の推定にはこのほかに，比較しようとする生物の分岐関係，すなわち系統樹の樹形の情報，およびその系統樹における個々の枝長(つまり塩基やアミノ酸の置換数)の情報が必要となる。さらに，これらの推定値から「分岐年代」という時間の情報を導き出すには，化石記録や生物地理学的なできごとといった，絶対年代に関する外的情報が必要不可欠である(これらの情報は「点」として扱われることが多かったが，最近では上限・下限を設定するために用いられることが多い)。初期の研究における分子分岐年代推定法では，DNAの塩基やアミノ酸の置

換速度が生物の系統間で一定であるという「分子時計仮説」に立脚し，化石記録から導き出された塩基置換速度を，系統樹のすべての枝にわたって外挿する手法が用いられていた．ところがその後の研究で，異なる生物間（あるいは生物群間）では進化速度（塩基置換速度）が異なる場合があることが明らかになってきた．このため，前述の Wray et al.(1996)の研究では「分子時計仮説」に基づいているものの，用いた配列のうち線形動物の遺伝子の進化速度がそのほかの動物群の遺伝子よりも統計的に有意に速かったため，線形動物が解析から除外されている．

　最近になって，分子時計が成り立たない場合，つまり進化速度が系統ごとに異なる場合でも用いることのできる，ベイズ法に基づく手法が開発された．Aris-Brosou and Yang(2003)は Thorne et al.(1998)によるベイズ法を用いて，前口動物と後口動物の分岐が約 5.82 億年前に起きたと報じた．ところが，その後 Blair and Hedges(2005)は，同じデータを用い，今度は Kishino et al.(2001)が提唱したベイズ法によって解析を行ったところ，前口動物と後口動物の分岐は約 11.25 億年前と結論した．これは分子時計を仮定した Wray et al.(1996)の推定に近い結果である．Blair and Hedges(2005)はまた，Peterson et al.(2004)による 5.73 億年前という推定値は，化石記録の誤った使用法に基づいている，と批判している．分子分岐年代推定法に関しては，今後さらなるモデルの洗練化と精度の高い方法論への改良が必要である．

3. 原生代〜古生代初期の大陸分布と気候変動，多細胞生物の進化

　原生代には，3 度にわたって超大陸が次々と形成・分裂を繰り返したと考えられている(Rogers and Santosh, 2003)．それらは，ケノアランド Kenorland（もしくはウル Ur）超大陸（約 27 億〜24 億年前），コロンビア Columbia 超大陸（約 16 億〜14 億年前），ロディニア Rodenia 超大陸（約 11 億〜7.5 億年前）と呼ばれる(Rogers and Santosh, 2003；図 1)．また，原生代には約 24 億〜20 億年前(Farquhar and Wing, 2003; Bekker et al., 2004)と約 8 億〜6 億年前(Canfield and Teske, 1996; Canfield, 1998)の 2 度にわたって，段階的に大気中の酸素濃度が上昇したと考えられている(Catling and Claire, 2005；図 1)．さらに，原生代は前期と後

期にそれぞれ数度の氷河期を経験しており，そのうちの何回かは極域から赤道までの全地球上が氷で覆われる，いわゆる「全球凍結(スノーボールアース；田近，2004)」状態が生じたと考えられている．以下の項では，これらの地球史的イベントの詳細と多細胞動物の進化に関して経時的に述べていくことにする．

約24億年前——ケノアランド超大陸の分裂・酸素濃度の上昇とヒューロニアン氷河期

古原生代のヒューロニアン Huronian 氷河期を引き起こした要因としては，温室効果ガスの二酸化炭素とメタンの減少が考えられている．

二酸化炭素の減少の引き金としては，ケノアランド超大陸の分裂によって玄武岩質溶岩が噴出し，その岩塊が大陸の広範囲に形成されたことが挙げられている(Melezhik, 2006)．一般に，玄武岩に含まれるケイ酸塩は，水に溶けた二酸化炭素と反応する風化作用によって炭酸水素イオンとカルシウムイオンを生じ，これらが海洋中で炭酸塩として沈殿する．この反応によって大気中の二酸化炭素が消費される(田近，2002)．

一方，大気中のメタンと酸素は互いに排他的である．太古代の無酸素大気のなかには現在の大気よりも 2～3 桁多いメタンが含まれていたらしい(Pavlov and Kasting, 2002)．当時の太陽は現在よりも 25～30％暗く，そのような環境下ではより多くの温室効果ガスがなければ地球全体が凍りついてしまったであろう(Kasting and Catling, 2003)．豊富なメタンはそのような温室効果をもたらしていたと考えられている(Pavlov et al., 2000)．その後 25 億～24 億年前の大気中の酸素濃度の上昇(図1)にともなうメタンの減少によって古原生代の氷河期がもたらされたとも考えられている(Pavlov et al., 2000; Kasting, 2004, 2005)．

12億～10億年前？——多細胞動物の誕生

バイオマーカーなどの証拠から，真核生物は 27 億年前にはすでに地球上に現れていたらしい(Brocks et al., 1999；第2章参照)．また，紅藻類やそのほかの原生生物の化石記録などに基づく研究によると，現在見られる真核生物の主要なグループの多様化が生じたのは遅くとも 12 億～10 億年前であったと

され(Knoll, 1992)，後生動物もこのときまでには出現していたのではないかと考えられている(Knoll and Carroll, 1999)。

　分子系統学的研究から，後生動物の姉妹群は襟鞭毛虫類 Choanoflagellata であると考えられている(たとえば Lang et al., 2002 など)。襟鞭毛虫は単細胞あるいは群体性の原生生物であり，その形態が，もっとも原始的な後生動物である海綿動物 Prorifera に見られる襟細胞に酷似することは 19 世紀から知られていた(Clark, 1866)。これら 2 者のあいだの類似点は，①鞭毛の基部を取り囲む「襟」と呼ばれる柔突起はアクチンフィラメントを含んでおり，細胞に引き込むことができる，②鞭毛に小根支をもたない，③鞭毛の基部に羽状構造をもつ，などであり，そのほかのどの原生生物や後生動物にも見られない微細形態上の特徴が含まれる(Laval, 1971; Karpov and Leadbeater, 1998)。海綿動物の成体に見られる襟細胞は幼生における繊毛細胞(襟はない)が分化して生じる。さまざまな特徴から，海綿動物の幼生は成体よりもそのほかの後生動物に似ており，後生動物の共通祖先は海綿動物の浮遊幼生に似ていたと推測する研究者もいる(Maldonado, 2004)。

　細胞同士が集まって有機的に連絡しあう多細胞の体制が実現されるには，細胞接着や結合が必要であり，それによって初めて細胞間の情報伝達といった有機的機能が実現する(佐藤，2004)。したがって，単細胞の原生生物から多細胞の動物が生じた進化的イベントを理解するには，襟鞭毛虫と海綿動物において細胞接着や細胞間シグナル伝達に関する遺伝子を調べることが重要な課題となる。

　海綿動物門は尋常海綿 Demospongia(もっとも普通に見られ，現生海綿動物の 95% を占める)，六放海綿 Hexactinellida(ガラス海綿とも呼ばれ，カイロウドウケツなどを含む)，石灰海綿 Calcarea(炭酸カルシウムの骨格をもつ)の 3 グループからなる。石灰海綿が海綿動物以外のすべての後生動物の姉妹群となり，海綿動物門は側系統群であることが分子系統学的研究から示唆されている(Kruse et al., 1998; Borchiellini et al., 2001; Peterson and Butterfield, 2005)。石灰海綿よりも原始的と考えられる尋常海綿と六放海綿の系統関係はいまだ定見をみない(Zrzavy et al., 1998; Medina et al., 2001; Peterson and Eernisse, 2001)。尋常海綿の Reniera 属の一種では後生動物に特異的な転写調節にかかわる遺伝子が胚発

生において発現しており，少なくとも11種の分化した細胞が胚形成中に特異的なパターンで配列することが知られている(Degnan et al., 2005)。また，*Suberites domuncula* と呼ばれる海綿動物では Frizzled と呼ばれる膜タンパク質が存在するが(Adell et al., 2003)，これは分泌性の細胞間シグナル分子である *Wnt* ファミリーのタンパク質のレセプターであり，組織の極性を決定するうえで重要な働きをしていると考えられている。このほかにも尋常海綿ではほかの後生動物において，より複雑な体制の形成に関与すると思われているホメオボックス Homeobox 遺伝子や *Brachyury* などの発生制御遺伝子が発見され，その機能や発現パターンが調べられている(Wiens et al., 2003; Adell and Müller, 2005)。海綿動物の発生とボディープランの解析から，多細胞制を獲得した後生動物の共通祖先は，①原腸陥入による複数の細胞層をもつ胚，②体軸決定による組織のパターン化能力，③胚発生時に発現してそれを制御する転写調節因子とシグナル伝達系，をもっていたであろうことが提唱されている(Degnan et al., 2005)。

驚くべきことに，単細胞生物である襟鞭毛虫から細胞接着分子や細胞間コミュニケーションにかかわる遺伝子が発見されている(King et al., 2003)。このことは，多細胞化が生じる以前から多細胞性のための分子機構が一部存在していたことを示している。

その系統的位置が不明であった原生生物 *Corallochytrium limacisporum* と *Amoebidium parasiticum* は襟鞭毛虫類と後生動物の姉妹群を構成するらしい(Steenkamp et al., 2006)。*C. limacisporum* はアラビア海のサンゴ礁から記載された海産の腐生単細胞生物だが，遊走子に鞭毛をもたない(Raghu-Kumar, 1987)。また，*A. parasiticum* は19世紀中ごろボウフラの体表から発見された謎の微生物で(Cienkowski, 1861)，淡水性の昆虫や甲殻類と共生することが知られており，葉巻状の胞子嚢胞子 sporangiospore からアメーバ状細胞が生じる(Mendoza et al., 2002)。本種は従来，接合菌門トリコミケス綱 Trichomycetes に属すると考えられていたが，分子系統学的研究から後生動物との近縁性が示唆されていた(Lang et al., 2002)。このほか，*Ministeria vibrans* と呼ばれる原生生物は，相称に配列した20本の放射状の仮足をもつ海産の従属栄養性アメーバとして知られていたが(Patterson, 1999)，襟鞭毛虫類と並

んで後生動物に近縁であるらしい(Steenkamp et al., 2006)。ただし，詳しい系統的位置はいまだ不明である。

　後生動物と菌類，およびこれらに近縁な原生生物を後方鞭毛類 Opistokonta と呼ぶことが提唱されているが(Cavalier-Smith and Chao, 1995)，これらはミトコンドリアのクリステが扁平であり，配偶子や遊走子をもつ場合は，その後方に1本の鞭毛があることで特徴づけられる(Patterson, 1999; Cavalier-Smith and Chao, 2003)。後方鞭毛類のメンバー以外にも，系統的位置がよくわかっていない原生生物は数多く存在するため，それらの解明によって後生動物の起源とその多細胞化に関する今後の議論に新たな展開がもたらされるかもしれない。

約8億〜6億年前——ロディニア超大陸の分裂・酸素濃度の上昇とスノーボールアース
　約8億〜6億年前から酸素濃度が段階的に上昇したとされる要因を説明する仮説の1つとして，ロディニア超大陸の分裂を引き起こした地殻変動活動の増大によって堆積物の生成が促進され，それが有機物の埋没量の増加をもたらしたとする説が唱えられていたが(Des Marais et al., 1992)，近年以下のようなシナリオも提唱された——「仮に，この時代にはすでに菌類(カビやキノコの仲間)や地衣類(内部に藻類が共生している菌類)が陸上に進出していたとする。すると，これらの陸上生物は岩石の風化作用を促進したであろう。風化作用によって岩石から粘土鉱物がつくられる。粘土鉱物には有機物を吸着する作用がある。陸から海へと流れ出た粘土鉱物と，それに吸着した有機物は海底に沈殿し，最終的に堆積物中に埋没する。光合成で生成された有機物が堆積物中に埋没すれば，大気中の酸素濃度は上昇する。つまり菌類の上陸こそが，結果的に大気中の酸素濃度の上昇を促進し，ひいてはその後に大型多細胞動物が登場する引き金を引いたのである」(Kennedy et al., 2006)。

　上記の仮説の論拠は以下のとおりである。まず，①風化作用には，マグマが冷却される過程で形成された火成岩などの岩石が，温度・体積の変化によって破壊・粉砕され，より粒径の小さな粒子へと変化していく「物理風化」に加え，これらの岩石が質的に変化して粘土となる「化学風化」の2種類がある。岩石に含まれる主要な鉱物は長石・角閃石・石英・雲母などであ

る。ある研究によれば，露出した地殻の構成成分は，斜長石(35%)，石英(20%)，カリ長石(11%)，火山ガラス(12%)，黒雲母(8%)，白雲母(5%)であり，これらは大陸岩石圏の9割以上を占める(Nesbitt and Young, 1984)。これらの岩石・鉱物が化学的に変化して生じるものが粘土鉱物(フィロケイ酸塩鉱物と呼ばれる層状の結晶構造をもつものが多い)であり，これは粘土(一般に粒径5μm以下の粒子)の主成分である。オーストラリアの7.75億年前から5.25億年前までの連続した地層(火山活動のない大陸辺縁部陸棚性の海底堆積物層であり，頁岩や泥岩などの小さな粒径からなる砕屑物が主構成要素)におけるフィロケイ酸塩鉱物(つまり粘土鉱物や雲母)と石英の相対量の比率をX線回折によって調べたところ，新しい時代の地層ほど多くのフィロケイ酸塩鉱物が含まれていた(Kennedy et al., 2006)。この結果は，この時期に陸上における風化作用の質的な変化が長期にわたって生じたことを示唆しており，海洋中のストロンチウム同位体比の変化もこれを裏づけている(Kennedy et al., 2006)。②現在の大気中の酸素のほとんどは光合成によって生じており，過去においてもそうであったはずである。そもそも光合成とは「水＋二酸化炭素」が「有機物＋酸素」へと変化する反応である。仮に，発生した有機物が地表や海中にそのままとどまった場合，それらは酸素と反応して再び「水＋二酸化炭素」へと戻るため，長期的には大気中の酸素の増減は起こらない。しかし，生じた有機物が堆積物中に埋没した場合，それらは再酸化から免れるため，結果として同じ量の酸素が海水・大気中に残ることになる。これらの酸素は，硫黄や鉄などとも反応し，それらが堆積物中に埋没することによっても消費されるが，消費量よりも生産量が上回れば必然的に大気中の酸素分圧は上昇することになる(Garrels and Perry, 1974)。③有機物(有機炭素)が海底の砕屑性堆積物中に埋没することは，現在の地球表面における炭素の沈降の20%を占める(Berner, 1982)。アミノ酸や糖のような本来不安定な有機物が海底堆積物中に埋没・保存されるうえで重要な働きをしているのが粘土鉱物であるらしい(Keil et al., 1994a)。ある研究によれば，海底堆積物中の全有機物の90%以上は無機物に付着・吸着して存在しており，無機物の表面積が大きいほど有機物の存在量も多い(Keil et al., 1994b)。ところで，この仮説の前提として肝要な点である，菌類(あるいは地衣類)の陸上への進出がいつだったのかという問題であるが，じつ

は現時点ではよくわかっていない。菌類と考えられている最古の化石は約7.2億年前のカナダの地層から発見されているが，これは浅海底に生息していたものらしい(Butterfield, 2005)。ただし，10億年前にはすでに陸上微生物が存在していたという間接的な証拠はある(Horodyski and Knauth, 1994; Prave, 2002)。

新原生代には，地球規模の氷河期が約7.1億年前(スターチアンSturtian氷河期)および約6.35億年前(マリノアンMarinoanもしくはヴァランガーVaranger氷河期)の少なくとも2度訪れているらしい(Corsetti et al., 2006; Knoll et al., 2006)。その後，約5.85億年前にも，ガスキアースGaskiers氷河期と呼ばれる氷河期があったらしいが，このときの氷床の発達は一部でしか起きなかったようである(Knoll et al., 2006)。スターチアン氷河期とマリノアン氷河期の規模には諸説あるが，いずれも低緯度まで氷床が達しており(Evans, 2000)，海洋を含む全地球表面が氷に覆われるとする，いわゆるスノーボールアース仮説が提唱されている(Kirschvink, 1992)。

スノーボールアース仮説によると，生命活動の上昇などにより減少した大気中の二酸化炭素濃度がある臨界値を下回ると，気候システムが不安定になる。そして，気候ジャンプと呼ばれる現象により地球は突然，全球凍結状態になる。いったん凍った地球は太陽エネルギーを反射してしまい，凍ったままの状態で安定化する。あるシミュレーションによれば，このときの平均気温は−40°C以下になる。海洋表面が凍結するため，大気と海水のあいだのガス交換が遮断される。このあいだ，火山活動によって大気中には二酸化炭素が，海洋には鉄イオンやマンガンイオンが蓄積される。鉄イオンやマンガンイオンは海水中の酸素と結合して沈殿するが，大気からの酸素の供給が氷によって遮断されているために，やがて海水中の酸素はなくなり，鉄イオンやマンガンイオンは氷下の海水中に溶存状態で蓄積する。一方，大気中に蓄積した二酸化炭素によって温暖化が起こり，再び気候ジャンプによって全地球上の氷は一挙に融ける。氷が融けると海水中の鉄イオンやマンガンイオンが酸素と結合して酸化沈殿物を生じる。これが氷河堆積物に見られる縞状鉄鉱床やマンガン鉱床の原因となると考えられている。氷がなくなった後には，大気中に高濃度に存在する二酸化炭素の温室効果により，一転して，地表の

平均気温は 50°C 以上になる。この後，大気中の二酸化炭素は地表の風化と海洋での炭酸塩の沈殿によって消費される。このことが氷河堆積物の地層の上に見られるキャップカーボネートと呼ばれる厚い炭酸塩岩層の原因となる (田近・伊藤, 2002；川上, 2003；田近, 2004)。全地球が氷に覆われていれば，そのあいだ地球に飛来した隕石や宇宙塵は氷上あるいは氷中にたまっていくと考えられる。これらの隕石は氷が融けた後，まとまって海底あるいは地表に沈殿するであろう。コンゴ民主共和国とザンビアの 3 地点における全球凍結終了時の地層から，これらの隕石に由来すると思われるイリジウムが高濃度に存在することが明らかになっており (Bodiselitsch et al., 2005)，スノーボールアース仮説を裏づける有力な根拠とみなされている。また，イリジウムによる試算はマリノアン氷河期が 300 万～1200 万年間続いたことを示している (Bodiselitsch et al., 2005)。

　全地球が氷に覆われることにより生物は壊滅的な打撃を受けたと想像されてきたが，氷河期のあいだも光合成が行われていたと考えられる証拠が見つかっている (Olcott et al., 2005)。また，西カリフォルニアに産するスターチアン氷河期の地層からは，ストロマトライトのほか，原核生物，独立栄養および従属栄養の真核生物と考えられる生物の微化石が発見され，さらに，これらは氷河期以前の地層に見られるものと変わりがない (Corsetti et al., 2003)。また，オーストラリアの地層から産出するアクリターク Acritarch と呼ばれる微化石の多様性はマリノアン氷河期の前，その最中，その後で変化していないようである (Corsetti et al., 2006)。

　全球凍結が実際に生じたのかどうか，生じたとしてその規模がどれほどのものだったのかに関する論争は絶えないが (Grotzinger and Knoll, 1995; Kaufman et al., 1997)，地球規模での氷河期であったとすれば，生物全体に大きな影響を与えたであろうことは疑いない。肉眼で確認できるような大型の多細胞動物の化石が現れるのは，新原生代の氷河期が終わってからである。しかし，氷河期と動物の大型化とのあいだの因果関係は不明である。前述のように，氷河期による大量絶滅の痕跡は見つかっていないため「全球凍結による大量絶滅がその後の後生動物の多様化 (＝カンブリア大爆発) をもたらした」という仮説 (Hoffman et al., 1998) を疑問視する研究者もいる (Corsetti et al., 2006)。

5.8億年前〜──ガスキアース氷河期・動物化石の出現・カンブリア大爆発
(1)卵・海綿動物・刺胞動物

　確実に後生動物のものであると考えられている化石は，約5.8億年前のガスキアース氷河期よりも後に現れる。中国南部貴州省にあるドウシャンツオDoushantuo 累層に含まれるウェンガン Weng'an 部層のリン灰岩には，3次元構造をとどめた微小化石がきわめて良好な状態で保存されている。これらは酢酸によって容易に取り出すことができて，細胞レベルの詳細な形態を走査電子顕微鏡によって観察することが可能である(Xiao et al., 1998; Xiao and Knoll, 1999, 2000)。この地層からは，後生動物の卵と初期胚の化石(Xiao et al., 1998; Xiao and Knoll, 1999, 2000)や骨片をともなう海綿動物の化石(Li et al., 1998)，おそらく絶滅した床板サンゴ類 Tabulata と考えられる棲管をともなった刺胞動物の化石(Xiao et al., 2000)が報告されている。これらはウラン-鉛法を用いた年代推定によって約5.8億年前よりも後に現れたことが明らかになった(Condon et al., 2005)。

　この地層からは多細胞の藻類も発見されているが，それと混在して見つかる，内部に幾何学的に配置した小球を含む直径500μmほどの球形の化石は，ボルボックス目の緑藻と解釈されていた(Xue et al., 1995)。しかし，これらの球形の化石は，内部に1，2，4，8個，……と規則的に増えていく小球を含んでいるうえ，それらの小球は数が増えるのと同時にサイズも小さくなっていくために，動物の胚の化石であると判断された(Xiao et al., 1998)。動物の胚の化石はこのほか，世界各地のカンブリア紀〜オルドビス紀前期の地層からも発見されている(Donoghue et al., 2006)。

　軟らかく微小な卵が化石として保存されることは驚くべきことであるが，その化石化機構や，そもそも本当に卵の化石化が可能なのかどうかは不明であった。現生のウニの卵を用い，発生途中の胚がリン酸塩化石となって保存される条件を調べた研究によると，受精膜に包まれた胚は還元的な環境下では形態が保存されることが明らかになっている(Raff et al., 2006)。多くの海産動物の卵細胞は，受精後その周りに受精膜と呼ばれる一次卵膜を形成し，大部分の動物胚はその発生初期を卵膜のなかで過ごすが，胚が卵膜からでる(孵化)発生段階は種によって著しく異なる。ウニ卵を用いた実験の結果は，

化石として保存される可能性の高いものは孵化前の初期胚とクチクラ化した成体であり，孵化後の胚や幼生の化石は保存されにくいことを示唆している(Raff et al., 2006)。

卵化石が発見されたのと同じドウシャンツオ累層から得られた岩石の薄切片からは，刺胞動物のプラヌラ planula 幼生(Chen et al., 2000, 2002)や，真体腔をもった三胚葉性の左右相称動物(Chen et al., 2004)が報告されているが，いずれもその解釈は疑問視されている(Xiao et al., 2000; Bengtson and Budd, 2004; Raff et al., 2006)。もちろん，この時代には海綿動物や刺胞動物のほかに左右相称動物がすでに存在していても不思議ではないが，上述のウニ卵の化石生成過程の研究が示唆するように(Raff et al., 2006)，硬組織をもたない微小動物は化石として保存されたとは考えにくい。

(2)エディアカラ生物群

動物胚の化石が現れるのとほぼ時期を同じくした5.75億年前から，エディアカラ生物群 Ediacaran fossils(Ediacaran fauna)と呼ばれる，肉眼でも確認できる大型生物の(最大で2mに達する)化石が現れるようになる(Narbonne, 2005)。これらには海綿動物 *Palaeophragmodictyon*(オーストラリア；Gehling and Rigby, 1996)や刺胞動物(*Charniodiscus* や *Eoporpita* など。ただし異論もある)と考えられるものが多く含まれている。既述のように，現在見られる左右相称動物を構成する3大グループは脱皮動物，冠輪動物，後口動物であるが，エディアカラ紀には3グループすべてについて，それらに含まれる動物門のステムグループ stem group(図3)がすでに出現していたと解釈されている。たとえば *Spriggina* は節足動物門(=脱皮動物；Gehling, 1987, 1999)，*Kimberella*(図1)は軟体動物門(=冠輪動物；Fedonkin and Waggoner, 1997)，*Arkaura* は棘皮動物門(=後口動物；Gehling, 1987)のステムグループと解釈されている(Knoll and Carroll, 1999; Narbonne, 2005)。これら3群のクラウングループ crown group(図3)もすでに出現していた可能性はあるが，現時点でその確証は得られていない(Knoll and Carroll, 1999)。

エディアカラ生物群には，現存する動物群のステムグループと同定することが困難なものも多数含まれている。*Palaeopascichunus* や *Yelovichnus* は蛇行した生痕化石と考えられていたが，体節様の構造をもった動物(Gehling

絶滅分類群のグルーピング

柁原宏・馬渡峻輔

クラウングループ：現生メンバーの共通祖先とそのすべての子孫からなる単系統群。現生の鳥は定義上鳥類のクラウングループに属する。また，絶滅したドードーなども，鳥類のクラウングループに属する(図3のA)。

ステムグループ：現生のどのクラウングループよりもある特定のクラウングループに近縁な絶滅生物群(図3のB)。定義上，ステムグループは側系統群であるが，内部に単系統群を含みうる。始祖鳥は現生の鳥の共通祖先の子孫ではないと考えられているため，始祖鳥は鳥類のステムグループに属する。ステムグループに属する分類群をステムタクサと呼ぶ。始祖鳥はステムタクサである。

トータルグループ：クラウングループとステムグループを合わせたもの(図3のC)。

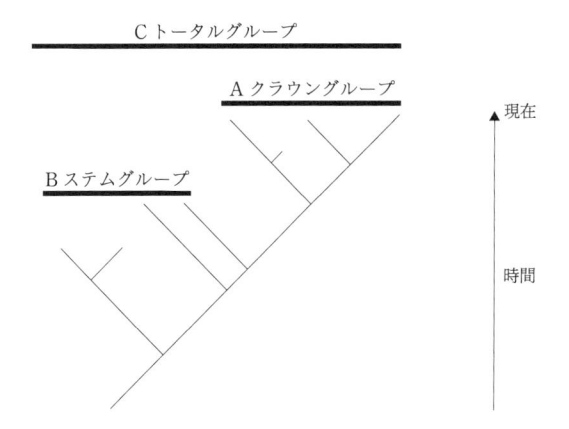

図3　クラウングループ，ステムグループ，トータルグループ。クラウングループ(A)とは，現生の分類群の共通祖先とその子孫からなる。ステムグループ(B)は，クラウングループの共通祖先よりも原始的な共通祖先とその子孫からクラウングループを除いたもの。トータルグループ(C)は，クラウングループとステムグループを合せたもの。

et al., 2000)，あるいは巨大な原生生物(Seilacher et al., 2003)という解釈もある。また，三放射相称の化石 *Tribrachidium* は現生の動物群のいずれとも異なり，子孫を残すことなく絶滅した「進化上の失敗作」と考えられてきたが，海綿動物と解釈する説や，その後カンブリア紀に現れる三放射性の円錐状スモール・シェリー・フォッシル Small Shelly Fossil(SSF：後述)に近縁であると

いう説もある(Narbonne, 2005)。また，*Charnia* や *Rangea* に代表されるようなランゲオモルフ rangeomorph と呼ばれる一連のキルト状化石は5.75億～5.5億年前までのあいだに見られるが，子孫を残すことなくカンブリア紀以前に絶滅したと考えられている(Brasier and Antcliffe, 2004)。ランゲオモルフ類はシダ状，羽状，低木状，紡錘状などの形態をしており，多くの場合，海底から屹立した茎の周りに多数の小葉(ランゲオモルフ小葉 rangeomorph frondlet と呼ばれる)が生えた構造をとる(Narbonne, 2004)。ランゲオモルフ小葉は少なくとも3段階の枝分かれ構造をもち，大枝は1～5 mm，中枝は0.3～0.6 mm，小枝は150 μm 以下であり，これらは，「部分の拡大が全体に似る」という，いわゆるフラクタル構造をもっている。ランゲオモルフ類はこの小葉が基本単位となって形づくられているが，単独の小葉も発見されている(Narbonne, 2004)。さらに，中国南部の灯影(テンギン Dengying)累層(約5.51億～5.42億年前)から発見されたキルト状化石は，枝分かれしたキルトの袋の端が閉じていないことが明らかになっている(Xiao et al., 2006)。いずれにせよエディアカラ生物群は，①海綿動物や放射相称動物(刺胞動物など)のクラウングループ，②左右相称動物のステムグループのほか，③ランゲオモルフ類に代表される系統的位置の不明な群が混在したものである。後2者については，少数を除いてカンブリア紀には姿を消す。

(3) スモール・シェリー・フォッシル

5.48億年前ごろからカンブリア紀前期にかけて，*Cloudina* に代表されるような硬組織をもつ多細胞動物化石が出現する(Matthews and Missarzhevsky, 1975)。*Cloudina* は炭酸カルシウムでできた直径2 mm ほどの小型の円錐形をしており，動物が分泌したものと考えられているが，その動物がどのようなものであったかは不明である。この時期に産出する，ケイ酸，炭酸カルシウム，リン酸塩などからできた微細な円錐状，管状，棘状，板状の化石は動物の硬組織の一部と考えられているが，それらの多くは軟体部から外れてばらばらになって発見されるため，*Cloudina* と同様，その「持ち主」がどんな動物であったのかはわからないことが多い。これらの分類学的に所属不明な微小化石は，「スモール・シェリー・フォッシルあるいはスモール・シェリー・ファウナ Small Shelly Fauna (SSF)」と総称される(Matthews and Missarzhevsky, 1975)。カンブリア紀中期以降は，このような硬組織化石の「持ち主」がわかるケースが多くなるため，SSFはこの時期以降に減少していく。

カンブリア紀——カンブリア大爆発

5.42億年前から始まるカンブリア紀前期のもっとも下位の地層からは，SSFのほかに生痕化石が見られる。一方，それより上位の地層からは軟体動物，腕足動物，節足動物，棘皮動物のほか，造礁性の海綿類と考えられている古杯類 Archaeocyata と呼ばれる化石が見つかる。このあいだ，いわゆる「カンブリア大爆発 Cambrian explosion」と呼ばれる多細胞動物の多様化が生じ，左右相称動物クラウングループの門レベルでのボディープランが出揃ったと考えられている。それらの動物はグリーンランドのシリウスパセットや中国雲南省の澄江(チェンジャン Chenjan；ともに約5.18億年前)，カナダのバージェス頁岩(澄江よりも1000万年後とされる)などに見られるような，軟体部の微細構造まで保存された化石として発見されている。これらの化石動物相には，海綿動物(*Crumillospongia*など)，刺胞動物(*Thaumaptilon*など)，有櫛動物(*Fasciculus*か？)，腕足動物(*Acrothyra*・*Lingulella*など)，鰓曳動物(*Ottoia*など)，環形動物(*Burgessochaeta*など)，有爪動物(*Aysheaia*・*Hallucigenia*(図1)など)，節足動物(*Canadaspis*などの甲殻類や *Olenoides* などの三葉虫類)，棘皮動物(*Echmatocrinus* などのウミユリ類・*Eldonia* などのナマコ類)，脊索動物(*Pikaia*)などが含まれる。さらに，これらのほか，既知の動物門に同定することが難しい奇妙な形をした生物—頭部に1対の巨大付属肢をもち，円盤状の口器をそなえた大型の捕食者 *Anomalocaris* や，体の側面と後端に鰭をもち，頭部に1対の触手をもつ遊泳動物 *Amiskwia*，また頭部は甲殻類，胴部は脊索動物に似た形態をもつ *Nectocaris*，5つの眼と長くて柔軟な吻をそなえた *Opabinia* など—も数多く含まれている(Gould, 1990; Briggs et al., 1994; Conway Morris, 1997)。

4. 左右相称動物のボディープラン多様化の要因

今日見られるような姿かたちをした多細胞動物の化石がカンブリア紀より前に出現しないことの理由は，ダーウィンが『種の起源』で論じて以来，進

化学・古生物学の謎である。ところが，前述のように，多細胞動物の分岐が生じた絶対年代に関しては現在のところ定説がない。このため，いわゆるカンブリア大爆発には2通りの解釈がある。一方の解釈としては，カンブリア紀に突如として多様な多細胞動物の化石が出現する事実は，文字通り，後生動物の分岐・多様化がカンブリア紀初期あるいはその直前に起きたとする見解である(Conway Morris, 2006)。他方，仮にカンブリア紀のはるか以前に多細胞動物が出現していた場合，その化石が残らなかったのは，当時の多細胞動物が今日多くの海産無脊椎動物で見られるような小型の浮遊幼生の形をしていた(Nielsen, 1998; Peterson et al., 2000)か，あるいはメイオベントスと呼ばれるような小型底生動物であったため(Fortey et al., 1996)，という仮説が提唱されている。この場合，カンブリア紀になって起きたのは，動物門レベルの分岐・多様化ではなく，いくつかの動物門の系統において独立に生じた，化石になりやすい体制(大型化・硬組織の発達)への変化であったということになる。

一般に，生物のボディープランの進化が生じる要因は，環境要因と生物の内的要因の2種類に大別することができる。カンブリア紀初期あるいは先カンブリア時代後期における左右相称動物のボディープランの多様化(=カンブリア大爆発)をもたらした環境要因のうち，非生物学的な要因としては，海水中の酸素濃度の増加や，大陸の移動がもたらした海岸線の延長と浅海域の拡大による生息域の拡大と複雑化といった説が提唱されている(大野，2000)。全球凍結とカンブリア大爆発というビッグイベントの因果関係を論ずることは魅力的ではあるものの，分子データを用いた左右相称動物の分岐年代に関する信頼性の高い結論が得られていない現段階では時期尚早であろう。

ボディープラン進化の環境要因には非生物学的な要因のほか，生物間の相互作用という要因も含まれる。化石記録の物語るところによれば，原生代－古生代を境にしてランゲオモルフ型のエディアカラ生物群が絶滅し，それに引き続いて左右相称動物の門レベルでのクラウングループの放散が起きたようである(Knoll and Carroll(1999)はこの事象を，白亜紀－第三紀境界で起きた恐竜(と哺乳類のステムグループ)の絶滅とその後の哺乳類のクラウングループの多様化になぞらえている)。エディアカラ生物群の絶滅の原因は不明であるが，これよって生

息環境に空隙が生じたこともカンブリア大爆発と無関係ではないかもしれない。このほか，生物間の相互作用による環境要因として，捕食動物の出現によって体のサイズが大型化したという説(Peterson et al., 2005)や，捕食動物が視覚を獲得したことによって食う，食われるの関係が加速し，体を硬組織で覆う必要性が生じたという説(Parker, 2003)が近年提唱されている。

　それでは，生物学的な内的要因は何だったのであろうか？　受精卵から成体に至るまでの発生過程における形態形成のメカニズムを分子レベルで解明する分子発生学 molecular developmental biology，あるいはそれに進化的な視点を取り込んだ進化発生生物学 evolutionary developmental biology（通称「エボデボ」）と呼ばれる学問分野が，カンブリア大爆発の生物学的な疑問に答えを与えてくれるかもしれない。動物の発生過程では，ある細胞における遺伝子Aの転写産物がその細胞の分化を始動させる別の遺伝子Bの発現を調節する一方，Aのタンパク質はまた，細胞間情報伝達機構によって，間接的に別の細胞の遺伝子Cの発現を調節し，それがその細胞を分化させる遺伝子Dの発現を調節する……という具合に，転写調節因子や細胞間情報伝達因子をコードする遺伝子の発現のネットワークによって体の形が決まっていく。ネットワークの末端には分化の最終段階である表皮や筋，神経といった「部品」をつかさどる遺伝子が存在するが，これは多くの動物で共通の場合が多い。一度できあがった遺伝子発現調節ネットワークの変更は発生の途中で不具合を生じやすく，このためネットワークの上流ほど変化に対して保守的になる傾向が存在する。また，遺伝子重複などによるゲノムの複雑化の結果，ネットワークの中流や下流に新たな回路が付け加わることによって修飾が加えられ，その結果，門レベルよりも下位の綱や目レベルでの新たなボディープランが形成されると考えられる(Davidson and Erwin, 2006)。多くの海産無脊椎動物は，卵から生じた浮遊幼生が，それとはまったく異なる形態の成体へと変態する，いわゆる間接発生を示す。変態の前後での遺伝子発現調節ネットワークの変化，および変態の分子メカニズムそのものをさまざまな動物門間で比較することで，後生動物のボディープランの起源と多様化の謎が解明されることが期待される。

　今後これと平行して，新たな化石記録の発見や，より信頼性の高い古地球

環境の推定，分子データによる分岐年代の推定が進むことで，後生動物の進化プロセスと地球史イベントとのあいだの因果関係に関するより深い議論が可能になるであろう。

[引用文献]

Adell, T. and Müller, W.E.G. 2005. Expression pattern of the Brachyury and Tbx3 homologues from the sponge *Suberites domuncula*. Biol. Cell, 97: 641-650.
Adell, T., Nefkens, I. and Müller, W.E.G. 2003. Polarity factor 'Frizzled' in the demosponge *Suberites domuncula*: identification, expression and localization of the receptor in the epithelium/pinacoderm. FEBS Lett., 554: 363-368.
Aris-Brosou, S. and Yang, Z. 2003. Bayesian models of episodic evolution support a Late Precambiran explosive diversification of the Metazoa. Mol. Biol. Evol., 20: 1947-1954.
Ayala, F.J., Rzhetsky, A. and Ayala, F. 1998. Origin of the metazoan phyla: molecular clocks confirm paleontological estimates. Proc. Natl. Acad. Sci. U.S.A., 95: 606-611.
Bekker, A., Holland, H.D., Wang, P.-L., Rumble III, D., Stein, H.J., Hannah, J.L., Coetzee, L.L. and Beukes, N.J. 2004. Dating the rise of atmospheric oxygen. Nature, 427: 117-120.
Bengtson, S. and Budd, G. 2004. Comment on "Small bilaterian fossils from 40 to 55 million years before the Cambrian". Science, 306: 1291.
Berner, R.A. 1982. Burial of organic carbon and pyrite sulfur in the modern ocean: its geochemical and environmental significance. Am. J. Sci., 282: 451-473.
Blair, J.E. and Hedges, S.B. 2005. Molecular clocks do not support the Cambrian explosion. Mol. Biol. Evol., 22: 387-390.
Bleeker, W. 2004. Toward a "natural" Precambrian time scale. In "A Geologic Time Scale 2004" (eds. Gradstein, F.M., Ogg, J.G. and Smith, A.G.), pp. 141-146. Cambridge University Press, Cambridge.
Bodiselitsch, B., Koeberl, C., Master, S. and Reimold, W.U. 2005. Estimating duration and intensity of Neoproterozoic snowball glaciations from Ir anomalies. Science, 308: 239-242.
Borchiellini, C., Manuel, M., Alivon, E., Boury-Esnault, N., Vacelet, J. and Le Parco, Y. 2001. Sponge paraphyly and the origin of Metazoa. J. Evol. Biol., 14: 171-179.
Brasier, M. and Antcliffe, J. 2004. Decoding the Ediacaran enigma. Science, 305: 1115-1117.
Briggs, D.E.G., Erwin, D.H. and Collier, F.J. 1994. The Fossils of the Burgess Shale. 238 pp. Smithsonian Institution Press, Washington D. C.(大野照文監訳，鈴木寿志・瀬戸口美恵子・山口啓子訳．バージェス頁岩化石図譜．231 pp. 朝倉書店)
Brocks, J.J., Logan, G.A., Buick, R. and Summons, R.E. 1999. Archean molecular fossils and the early rise of eukaryotes. Science, 285: 1033-1036.
Butterfield, N.J. 2005. Probable Proterozoic fungi. Paleobiology, 31: 165-182.
Canfield, D.E. 1998. A new model for Proterozoic ocean chemistry. Nature, 396: 450-453.

第3章 後生動物の起源と進化 63

Canfield, D.E. and Teske, A. 1996. Late Proterozoic rise in atmospheric oxygen concentration inferred from phylogenetic and sulphur-isotope studies. Nature, 382: 127-132.
Catling, D.C. and Claire, M.W. 2005. How Earth's atmosphere evolved to an oxic state: a status report. Earth Planet. Sci. Lett., 237: 1-20.
Cavalier-Smith, T. and Chao, E.E. 1995. The opalozoan *Apusomonas* is related to the common ancestor of animals, fung, and choanoflagellates. Proc. R. Soc. Lond. B, 261: 1-9.
Cavalier-Smith, T. and Chao, E.E. 2003. Phylogeny of choanozoa, apusozoa, and other protozoa and early eukaryote megaevolution. J. Mol. Evol., 56: 540-563.
Chen, J., Oliveri, P., Li, C., Zhou, G., Gao, F., Hagadorn, J.W., Peterson, K.J. and Davidson, E.H. 2000. Precambrian animal diversity: putative phosphatized embryos from the Doushantuo Formation of China. Proc. Natl. Acad. Sci. U.S.A., 97: 4457-4462.
Chen, J., Oliveri, P., Gao, F., Dornbos, S.Q., Li, C., Bottjer, D.J. and Davidson, E.H. 2002. Precambrian animal life: probable developmental and adult cnidarian forms from southwest China. Dev. Biol., 248: 182-196.
Chen, J., Bottjer, D.J., Oliveri, P., Dornbos, S.Q., Gao, F., Ruffins, S., Chi H., Li, C. and Davidson, E.H. 2004. Small bilaterian fossils from 40 to 55 million years before the Cambrian. Science, 305: 218-222.
Cienkowski, L. 1861. Ueber parasitische Schläuche auf Crustaceen und einigen Insektenlarven (*Amoebidium parasiticum* m.). Bot. Ztgs., 19: 169-174.
Clark, H. 1866. Note on the infusoria flagellata and the spongiae ciliate. Am. J. Sci., 1: 113-114.
Condon, D., Zhu, M., Bowring, S., Wang, W., Yang, A. and Jin, Y. 2005. U-Pb ages from the Neoproterozoic Doushantuo Formation, China. Science, 308: 95-98.
Conway Morris, S. 1997. Journey to the Cambrian: The Burgess Shale and the Explosion of Animal Life.(松井孝典監訳. カンブリア紀の怪物たち―進化はなぜ大爆発したか. 301 pp. 講談社現代新書)
Conway Morris, S. 2006. Darwin's dillemma: the realities of the Cambrian 'explosion'. Phil. Trans. R. Soc. B, 361: 1069-1083.
Corsetti, F.A., Awramik, S.M. and Pierce, D. 2003. A complex microbiota from snowball Earth times: microfossils from the Neoproterozoic Kingston Peak Formation, Death Valley, USA. Proc. Natl. Acad. Sci. U.S.A., 100: 4399-4404.
Corsetti, F.A., Olcott, A.N. and Bakermans, C. 2006. The biotic response to Neoproterozoic snowball Earth. Palaeogeogr. Palaeoclimatol. Palaeoecol., 232: 114-130.
Davidson, E.H. and Erwin, D.H. 2006. Gene regulation networks and the evolution of animal body plans. Science, 311: 796-800.
Degnan, B.M., Leys, S.P. and Larroux, C. 2005. Sponge development and antiquity of animal pattern formation. Integr. Comp. Biol., 45: 335-341.
Des Marais, D.J., Strauss, H., Summons, R.E. and Hayes, J.M. 1992. Carbon isotope evidence for the stepwise oxidation of the Proterozoic environment. Nature, 359: 605-609.
Donoghue, P.C.J., Kouchinsky, A., Waloszek, D., Bengtson, S., Dong, X., Val'kov, A.K., Cunningham, J.A. and Repetski, J.E. 2006. Fossilized embryos are widespread but the record is temporaly and taxonomically biased. Evol. Dev., 8: 232-238.
Evans, D.A.D. 2000. Stratigraphic, geochronological, and paleomagnetic constraints

upon the Neoproterozoic climatic paradox. Am. J. Sci., 300: 347-433.
Farquhar, J. and Wing, B.A. 2003. Multiple sulfur isotopes and the evolution of the atmosphere. Earth Planet. Sci. Lett., 213: 1-13.
Fedonkin, M.A. and Waggoner, B.M. 1997. The late Precambrian fossil *Kimberella* is a mollusc-like bilaterian organism. Nature, 388: 868-871.
Feng, D.F., Cho, G. and Doolittle, R.F. 1997. Determining divergence times with a protein clock: update and reevaluation. Proc. Natl. Acad. Sci. U.S.A., 94: 13028-13033.
Fortey, R.A., Briggs, D.E.G. and Wills, M.A. 1996. The Cambrian evolutionary 'explosion': decoupling cladogenesis from morphological disparity. Biol. Jour. Linn. Soc., 57: 13-33.
Garrels, R.M. and Perry, E.A. 1974. Cycling of carbon, sulfur, and oxygen through geologic time. *In* "The Sea" (ed. Goldberg, E.D.), pp. 303-316. Wiley, New York.
Gehling, J.G. 1987. Earliest known echinoderm: a new Ediacaran fossil from the Pound Subgroup of South Australia. Alcheringa, 11: 337-345.
Gehling, J.G. 1999. Microbial mats in terminal Proterozoic siliciclastics: Ediacaran death masks. Palaios, 14: 40-57.
Gehling, J.G. and Rigby, J.K. 1996. Long expected sponges from the Neoproterozoic Ediacara fauna of South Australia. J. Paleontol., 70: 185-195.
Gehling, J.G., Narbonne, G.M. and Anderson, M.M. 2000. The first named Ediacaran body fossil: *Aspidella terranovica*. Palaeontology, 43: 427-456.
Gould, S.J. 1990. Wonderful Life: The Burgess Shale and the Nature of History. 347 pp. W. W. Norton, New York. (渡辺政隆訳. 1993. ワンダフル・ライフ―バージェス頁岩と生物進化の物語. 524 pp. 早川書房)
Gradstein, F.M., Ogg, J.G. and Smith, A.G. (eds.) 2004. A Geologic Time Scale 2004. xix+589 pp. Cambridge University Press, Cambridge.
Grotzinger, J.P. and Knoll, A.H. 1995. Anomalous carbonate precipitation: is the precambrian the key to the Permian? Palaios, 10: 578-596.
Halanych, K. 2004. The new view of animal phylogeny. Annu. Rev. Ecol. Evol. Syst., 35: 229-256.
Hoffman, P.F., Kaufman, A.J., Halverson, G.P. and Schrag, D.P. 1998. A neoproterozoic snowball Earth. Science, 281: 1342-1346.
Horodyski, R.J. and Knauth, L.P. 1994. Life on land in the Precambrian. Science, 263: 494-498.
Karpov, S.A. and Leadbeater, B.S.C. 1998. Cytoskeleton structure and composition in choanoflagellates. J. Eykaryot. Microbiol., 45: 361-367.
Kasting, J.E. 2004. When methane made climate. Sci. Am., 291: 78-85.
Kasting, J.E. 2005. Methane and climate during the Precambrian era. Precambrian Res., 137: 119-129.
Kasting, J.F. and Catling, D. 2003. Evolution of a habitable planet. Ann. Rev. Astron. Astrophys., 41: 429-463.
Kaufman, A.J., Knoll, A.H. and Narbonne, G.M. 1997. Isotopes, ice ages, and terminal Proterozoic Earth history. Proc. Natl. Acad. Aci. U.S.A., 94: 6600-6605.
川上伸一. 2003. 全地球凍結. 203 pp. 集英社新書.
Keil, R.G., Montlucon, D.B., Prahl, F.G. and Hedges, J.I. 1994a. Sorptive preservation

of labile organic matter in marine sediments. Nature, 370: 549-552.
Keil, R.G., Tsamakis, E., Fuh, B., Giddings, J.C. and Hedges, J.I. 1994b. Mineralogical and textural controls on the organic composition of coastal marine sediments: hydrodynamic separation using SPLITT-fractionation. Geochim. Cosmochim. Acta, 58: 879-893.
Kennedy, M., Droser, M., Mayer, L.M., Pevear, D. and Mrofka, D. 2006. Late Precambrian oxygenation; inception of the clay mineral factory. Science, 311: 1446-1449.
King, N., Hittinger, C.T. and Carroll, S.B. 2003. Evolution of key cell signaling and adhesion protein families predates animal origins. Science, 301: 361-363.
Kirschvink, J.L. 1992. Late Proterozoic low-latitude global glaciation: the snowball Earth. In "The Proterozoic Biosphere: A Multidisciplinary Study" (ed. Schopf, J.W.), pp. 51-52. Cambridge University Press, Cambridge.
Kishino, H.J., Thorne, J.L. and Bruno, W.J. 2001. Performance of a divergence time estimation method under a probabilistic model of rate evolution. Mol Biol. Evol., 18: 352-361.
Knoll, A.H. 1992. The early evolution of eykaryotes: a geological perspective. Science, 256: 622-627.
Knoll, A.H. and Carroll, S.B. 1999. Early animal evolution: emerging views from comparative biology and geology. Science, 284: 2129-2137.
Knoll, A.H., Walter, M.R., Narbonne, G.M. and Christie-Blick, N. 2006. The Ediacaran Period: a new addition to the geologic time scale. Lethaia, 39: 13-30.
Kruse, M., Leys, S.P., Müller, I.M. and Müller, W.E.G. 1998. Phylogenetic position of the Hexactinellida within the phylum Porifera based on the amino acid sequence of the protein kinase C from *Rhabdocalyptus dawsoni*. J. Mol. Evol., 46: 721-728.
Kumar, S. 2005. Molecular clocks: four decades of evolution. Nat. Rev. Genet., 6: 654-662.
Lang, B.F., O'Kelly, C., Nerad, T., Gray, M.W. and Burger, G. 2002. The closest unicellular relatives of animals. Curr. Biol. 12: 1773-1778.
Laval, M. 1971. Ultrastructure et mode de nutrition du choanoflagellé *Salpingoeca pelagica* sp. nov. comparison avec les choanocytes des spongiaires. Protistologica, 7: 325-336.
Li, C., Chen, J. and Hua, T. 1998. Precambrian sponges with cellular structures. Science, 279: 879-882.
Maldonado, M. 2004. Choanoflagellates, choanocytes, and animal multicellularity. Invertebr. Biol., 123: 1-22.
Matthews, S.C. and Missarzhevsky, V.V. 1975. Small shelly fossils of late Precambrian and early Cambrian age: a review of recent work. J. Geol. Soc., 131: 289-304.
Medina, M., Collins, A.G., Silberman, J.D. and Sogin, M.L. 2001. Evaluating hypotheses of basal animal phylogeny using complete sequences of large and small subunit rRNA. Proc. Natl. Acad. Sci. U.S.A., 98: 9707-9712.
Melezhik, V.A. 2006. Multiple causes of Earth's earliest global glaciation. Terra Nova, 18: 130-137.
Mendoza, L., Taylor, J.W. and Ajello, L. 2002. The class Mesomycetozoea: a heterogeneous group of microorganisms at the animal-fungal boundary. Annu. Rev. Microbiol., 56: 315-344.

Narbonne, G.M. 2004. Modular construction of early Ediacaran complex life forms. Science, 205: 1141-1144.
Narbonne, G.M. 2005. The Ediacara Biota: Neoproterozoic origin of animals and their ecosystems. Ann. Rev. Earth Planet. Sci., 33: 421-442.
Nesbitt, H.W. and Young, G.M. 1984. Prediction of some weathering trends of plutonic and volcanic rocks based on thermodynamic and kinetic considerations. Geochim. Cosmochim. Acta, 48: 1523-1534.
Nielsen, C. 1998. Origin and evolution of animal life cycles. Biol. Rev. Cambridge Phil. Soc., 73: 125-155.
Olcott, A.N., Sessions, A.L., Corsetti, F.A., Kaufman, A.J. and de Oliviera, T.F. 2005. Biomarker evidence for photosynthesis during Neoproterozoic glaciation. Science, 310: 471-474.
大野照文. 2000. 古生物学的観点から見た多細胞動物への進化. 無脊椎動物の多様性と系統 (白山義久編), pp. 47-72. 裳華房.
Parker, A. 2003. In the Blink of an Eye: The Cause of the Most Dramatic Event in the History of Life. 316 pp. Free Press, London.(渡辺政隆・今西庸介訳. 2006. 眼の誕生 ―カンブリア紀大進化の謎を解く. 382 pp. 草思社)
Patterson, D.J. 1999. The diversity of eukaryotes. Am. Nat., 154: S96-S124.
Pavlov, A.A. and Kasting, J.F. 2002. Mass-independent fractionation of sulfur isotopes in Archean sediments: strong evidence for an anoxic Archean atmosphere. Astrobiol., 2: 27-41.
Pavlov, A.A., Kasting, J.F., Brown, L.L., Rages, K.A. and Freedman, R. 2000. Greenhouse warming by CH_4 in the atmosphere of early Earth. J. Geophys. Res., 105: 11981-11990.
Peterson, K.J. and Butterfield, N.J. 2005. Origin of the Eumetazoa: testing ecological predictions of molecular clocks against the Proterozoic fossil record. Proc. Natl. Acad. Sci. U.S.A., 102: 9547-9552.
Peterson, K.J. and Eernisse, D.J. 2001. Animal phylogeny and the ancestry of bilaterians: inferences from morphology and 18S rDNA gene sequences. Evol. Dev., 3: 170-205.
Peterson, K.J., Cameron, R.A. and Davidson, E.H. 2000. Bilaterian origins: significance of new experimental observations. Dev. Biol., 219: 1-17.
Peterson, K.J., Lyons, J.B., Nowak, K.S., Takacs, C.M., Wargo, M.J. and McPeek, M.A. 2004. Estimating metazoan divergence times with a molecular clock. Proc. Natl. Acad. Sci. U.S.A., 101: 6536-6541.
Peterson, K.J., McPeek, M.A. and Evans, D.A.D. 2005. Tempo and mode of early animal evolution: inferences from rocks, Hox, and molecular clocks. Paleobiology, 31(2 suppl.): 36-55.
Prave, A.R. 2002. Life on land in the Proterozoic: evidence from the Torridonian rocks of northwest Scotland. Geol., 30: 811-814.
Raff, E.C., Villinski, J.T., Turner, F.R., Donoghue, P.C.J. and Raff, R.A. 2006. Experimental taphonomy shows the feasibility of fossil embryos. Proc. Natl. Acad. Sci. U. S.A., 103: 5846-5851.
Raghu-Kumar, S. 1987. Occurrence of the thraustochytrid, *Corallochytrium limacisporum* gen. et sp. nov. in the coral reef lagoons of the Lakshadweep Islands in the

Arabian Sea. Bot. Mar., 30: 83-89.
Raup, D. 1983. On the early origins of major biologic groups. Paleobiology, 9: 107-115.
Robb, L.J., Knoll, A.H., Plumb, K.A., Shields, G.A., Strauss, H. and Veizer, J. 2004. The Precambrian: the Archean and Proterozoic Eon. *In* "A Geologic Time Scale 2004" (eds. Gradstein, F.M., Ogg, J.G. and Smith, A.G.), pp. 129-140. Cambridge University Press, Cambridge.
Rogers, J.J.W. and Santosh, M. 2003. Supercontinents in earth history. Gondwana Res. 6: 357-368.
Rutschmann, F. 2006. Molecular dating of phylogenetic trees: a brief review of current methods that estimate divergence times. Diversity Distrib., 12: 35-48.
佐藤矩行. 2004. 動物の発生と進化 Ⅰ. 無脊椎動物の発生と進化. シリーズ進化学4 発生と進化(石川統・斎藤成也・佐藤矩行・長谷川眞理子編), pp. 53-74. 岩波書店.
Seilacher, A., Grazhdankin, D. and Leguota, A. 2003. Ediacaran biota: the dawn of animal life in the shadow of giant protists. Paleontol. Res., 7: 43-54.
Shergold, J.H. and Cooper, R.A. 2004. The Cambrian Period. *In* "A Geologic Time Scale 2004" (eds. Gradstein, F.M., Ogg, J.G. and Smith, A.G.), pp. 147-164. Cambridge University Press, Cambridge.
Simpson, T.L. 1984. The Cell Biology of Sponges. 662 pp. Springer-Verlag, New York.
Steenkamp, E.T., Wright, J. and Baldauf, S.L. 2006. The protistan origins of animals and fungi. Mol. Biol. Evol., 23: 93-106.
田近英一. 2002. 地球環境と物質循環. 全地球史解読(熊澤峰夫・伊藤孝士・吉田茂生編), pp. 275-285. 東京大学出版会.
田近英一. 2004. スノーボールアース―凍りついた地球. 進化する地球惑星システム(東京大学地球惑星システム科学講座編), pp. 72-92. 東京大学出版会.
田近英一・伊藤孝士. 2002. スノーボールアース仮説. 全地球史解読(熊澤峰夫・伊藤孝士・吉田茂生編), pp. 292-307. 東京大学出版会.
Telfold, M.J. 2006. Animal phylogeny. Curr. Biol., 16: R981-R985.
Thorne, J.L., Kishino, H. and Painter, I.S. 1998. Estimating the rate of evolution of the rate of molecular evolution. Mol. Biol. Evol., 15: 1647-1657.
Welch, J.J. and Bromham, L. 2005. Molecular dating when rates vary. Trends Ecol. Evol., 20: 320-327.
Wiens, M., Mangoni, A., D'Esposito, M., Fattorusso, E., Korchagina, N., Schröder, H. C., Grebenjuk, V.A., Krasko, A., Batel, R., Müller, I.M. and Müller, W.E.G. 2003. The molecular basis for the evolution of the metazoan bodyplan: extracellular matrix-mediated morphogenesis in marine demosponges. J. Mol. Evol., 57: S60-S75.
Wray, G.A., Levinton, J.S. and Shaprio, L.H. 1996. Molecular evidence for deep Precambrian divergences among metazoan phyla. Science, 274: 568-573.
Xiao, S. and Knoll, A. 1999. Fossil preservation in the Neoproterozoic Doushantuo phosphorite Lagerstätte, South China. Lethaia, 32: 219-240.
Xiao, S. and Knoll, A. 2000. Phosphatized animal embryos from the Neoproterozoic Doushantuo Formation at Weng'an, Guizhou, South China. J. Paleontol., 74: 767-788.
Xiao, S., Zhang, Y. and Knoll, A.H. 1998. Three-dimensional preservation of algae and animal embryos in a Neoproterozoic phosphorite. Nature, 391: 553-558.
Xiao, S., Yuan, X. and Knoll, A.H. 2000. Eumetazoan fossils in terminal Proterozoic phosphorites? Proc. Natl. Acad. Sci. U.S.A., 97: 13684-13689.

Xiao, S., Shen, B., Zhou, C., Xie, G. and Yuan, X. 2006. A uniquely preserved Ediacaran fossil with direct evidence for a quilted bodyplan. Proc. Natl. Acad. Sci. U.S.A., 102: 10227-10232.

Xue, Y., Tang, T., Yu, C. and Zou, C. 1995. Large spheroidal Chlorophyta follils from the Doushantuo Formation phosphoric sequence (late Sinian), central Guizhou, South China. Acta Palaeontol. Sinica, 34: 688-706.

Zrzavy, J., Milhulka, S., Kepka, P., Bezdek, A. and Tietz, D.F. 1998. Phylogeny of the Metazoa based on morphological and 18S ribosomal DNA evidence. Cladistics, 14: 249-285.

古生代前期における魚類の進化，陸上生態系の出現と初期進化

第4章

大原昌宏・前川光司・矢部 衞

　古生代前期(カンブリア紀〜シルル紀)の海のなかでは，生物の出現と絶滅が目まぐるしく繰り返された。カンブリア紀にはバージェス頁岩動物群に代表される「生物の大爆発」が起き，奇々怪々な多様な動物が現れた(第3章)。現在見るような海洋生態系が出現したのは，オルドビス紀(4.88億〜4.44億年前)である。とくに沿岸域は，サンゴやコケムシに代表される無脊椎動物と藻類が繁栄し，底質はそれらの死骸が積もった有機物で豊富であった(フォーティ，2003)。しかし，オルドビス紀の氷河期にはそれらの多くは衰退し，腕足類，床板サンゴ，ウミユリ，コケムシなどの一部の生き残りが再び繁栄し，礁をなした。こうした環境が，有機物を濾しとって食べる底生性と寄生性の原始的な魚類(無顎類)を誕生させた。シルル紀には沿岸汽水環境にウミサソリや無顎類が栄え，デボン紀にはいると無顎類は兜をかぶった甲皮類などに多様化した。さらに顎と歯をもつ棘魚類などが現れ，魚類は大繁栄をする。この有顎の脊椎動物(顎口類)の誕生は将来の陸生脊椎動物への進化を考えると，その重要性を強調してもしすぎることはないだろう。海，陸水，陸上で多様な脊椎動物をつくりだすことになる顎と歯(角質歯ではない)に加えて，肉鰭類における肺と筋肉に包まれた鰭(四肢)は，有顎の魚類によって初めて獲得されたのである。

　シルル紀からデボン紀(4.4億〜3.59億年前)に至っても，海の生物相は豊富であった(サンゴ，二枚貝，腕足類，三葉虫など)。こうした豊富さは，石炭紀や

ペルム紀へと続く。しかし，その後，ペルム紀-三畳紀(P-T)境界における生物大量絶滅期において，これらの海生動物群のほとんど(無脊椎動物の96%)が消滅した(第6章)。

古生代前期では，陸上環境の変化も目まぐるしい。ほとんど無生物状態の大地から，シルル紀に植物が少しずつ陸化を進め，陸は緑色に変化していく。水辺にできた小規模な陸上生態系は土壌をつくりだし，さまざまな動物たちの上陸を迎え，生態系の複雑化をともないながら，さらに内陸へ向かう。石炭紀には木生シダの茂る密林にまで成長し，そのなかを両生類と原始的な爬虫類が徘徊し大型昆虫類が林間を飛び交った。ペルム紀は周期的に乾燥化と寒冷化が繰り返される気候となるが，大森林は維持され，生物が陸を満たし，多様な陸上生態系が展開した。しかし，海同様，この劇的な進化をなしとげた陸上生物たちも，P-T境界でその70%の種が姿を消した(池谷・北里，2004；第6章参照)。

本章では，古生代に起きた生物進化上のイベントのなかでも，現在の生物へ至る系譜のなかで大きな意味をもつ2つの事象「海で起きた魚類の進化」と「陸上生態系の出現」を扱う。前者では，とくに魚類が陸上脊椎動物へとつながるための形質をどのように獲得したかに焦点をあてる。後者では，陸生を獲得した節足動物群の体系的位置づけの再確認とその特徴に焦点をあてる。

1. 海で起きた魚類の進化——魚類とは

魚類とは，①水中で生活，②おもに鰓呼吸，③鰭をもつ，という特徴を示す有頭動物(ヌタウナギ類＋脊椎動物)の総称で，以下の8分類群が知られている(たとえば，Nelson, 2006)。ヌタウナギ類，ヤツメウナギ類，甲皮類(絶滅した無顎類のいくつかの分類群)，板皮類(絶滅)，棘魚類(絶滅)，軟骨魚類(サメ，エイの仲間)，肉鰭類(シーラカンスや肺魚)，条鰭類(サケ類やスズキ類など現生の魚類のほとんど)である(図1)。

Liem et al.(2001)やNelson(2006)に従って魚類の分類体系を示すと以下のようになる。

脊索動物門
　尾索動物亜門
　頭索動物亜門
　有頭動物亜門
　　　ヌタウナギ上綱
　　脊椎動物下門
　　　ヤツメウナギ上綱
　　　コノドント上綱
　　　翼甲上綱
　　　欠甲上綱
　　　Thelodus 上綱
　　　頭甲上綱
　　　顎口上綱

　もっともはじめに現れた魚類は，ヌタウナギ類 Myxini である。カンブリア紀中期バージェス頁岩層からは，最初の頭索動物にあたるナメクジウオに似たピカイア Pikaia が発見されている[注1]。オルドビス紀(ただし最古の無顎類化石ミロクンミンギアはカンブリア紀中期)に現れる無顎類 Agnatha は，このピカイアのような頭索動物を祖先としていると考えられている。最近になり，カンブリア紀初期に現れ，原索動物の捕食器官の一部と考えられたコノドント Conodont はヌタウナギ類，ヤツメウナギ類 Petromyzontiformes などよりも進化したグループという説が提出された(フォーティ，2003 参照)。これに従えば，コノドント類は頭部に甲をもつ翼甲類 Pteraspidomorphi や頭甲類 Cephalaspidomorphi などの甲皮魚類に通じる系統ということになる(図2)。

　これら無顎脊椎動物の化石は約 4.7 億年前のオルドビス紀の地層から発見されている。このうち脊椎をもつ初期の魚類でもっともよく知られているのはサカバムバスピス Sacabambaspis である。体の 1/3 ほどが骨性の甲で覆わ

[注1] 脊索動物から脊椎動物への進化経路にはローマーの説(Romer, 1966)がある。これによれば，脊索をもつホヤ類の幼生からナメクジウオのような脊索動物が現れ，さらにそれが脊椎動物へ進化した，とされる。

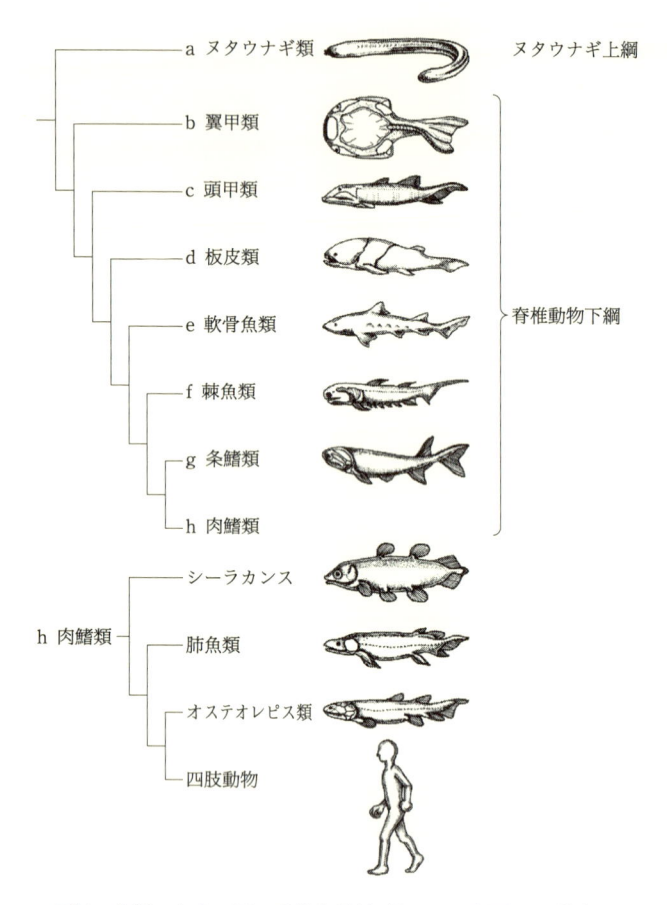

```
               ┌── a ヌタウナギ類    〜〜〜       ヌタウナギ上綱
               │
               ├── b 翼甲類         ◇
               │
               ├── c 頭甲類         ▰
               │
               ├── d 板皮類         ▰          
               │                              
               ├── e 軟骨魚類       🦈          脊椎動物下綱
               │
               ├── f 棘魚類         🐟
               │
               ├── g 条鰭類         🐟
               │
               └── h 肉鰭類

  h 肉鰭類 ┌── シーラカンス      🐟
           ├── 肺魚類            🐟
           ├── オステオレピス類  🐟
           └── 四肢動物          🚶
```

図1 魚類から人に至る系統分類(矢部, 2006 参照)。口絵参照

れ(皮膚に沈着した骨で皮骨性骨と呼ばれる),頭部の左右側面には鰓孔が一列並んでいた。口から泥を吸い,鰓孔から排出して濾しとって食べていたと考えられている(Janvier, 1996)。

さらにシルル紀後期には顎のない魚類(甲皮魚類)の記録が増える[注2]。それ

[注2] 無顎脊椎動物には以下の分類群(目)がある。骨甲目(絶滅),ガレアスピス目(絶滅),欠甲目(絶滅),ヤツメウナギ目,異甲目(絶滅),歯鱗目(テロドゥス目;絶滅),ヌタウナギ目。なお Nelson(2006)では7上綱(綱)15目に分類されている。

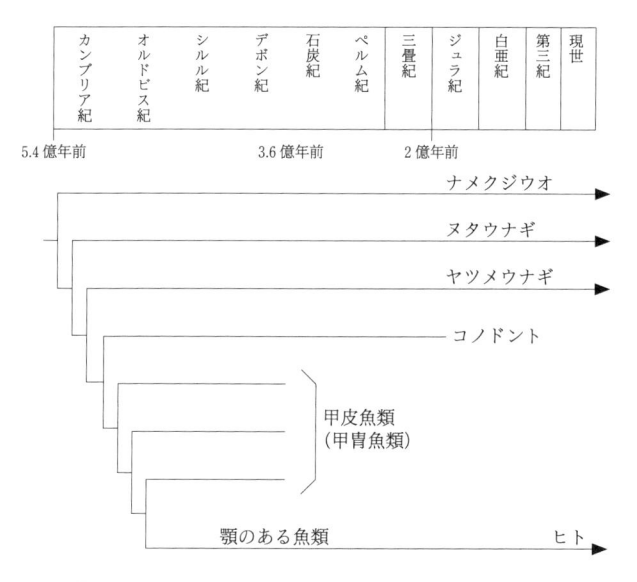

第 4 章　古生代前期における魚類の進化，陸上生態系の出現と初期進化　73

図2　魚類の系統分岐図(Zimmer, 2000 を参考に作成)

らはデボン紀に爆発的に多様化した。彼らは甲皮類(翼甲類や頭甲類)と呼ばれ，顎と骨性の脊柱を欠き，表皮にはよく発達した骨板や鱗をもつものが多かった(図1c)。彼らはこれまで陸水(淡水)で生活していたが，その後海に生活を広げたものも現れた。彼らの遊泳力はかなり低かったと考えられている。摂食方法にはいくらかの多様化が生じたようであるが，顎がないために，食物片を吸い込むことが中心であった。ヤツメウナギのように寄生性であったものもいたが，多くは水底で生活し，泥のなかから有機物をろ過して食べるものが多かった。さらに死肉をあさるものも現れた。デボン紀の末には，顎をもちより多様な摂食方法を発達させた魚類(有顎魚類)にとって代わられ，一部の現生の無顎脊椎動物(ヤツメウナギ類)の祖先―寄生性などきわめて特殊化したグループ―を除いてほとんどが絶滅した。

2. 有顎魚類の出現――顎は鰓弓が変化したもの

顎をもつ(顎口類 Gnathostomata)魚類の最初の化石は，シルル紀前期(約4.4

億年前)に現れている(矢部, 2006参照)。無顎魚類のうちのどのグループから出現したかは,化石の記録からは定かではない。顎をもつ魚類でもっとも初期のグループは棘魚 Acanthodii である。棘魚は尾鰭を除く各鰭の前縁に強い棘が発達し,胸鰭と腹鰭のあいだの体の腹側にも数対の棘をもつ(図 1f)。この棘がどのような働きをしたかは明らかではないが,後方に長く発達した棘は,より大型の魚に食べられないための防御として進化したことをうかがわせるものである。彼らの上顎の骨格は口蓋方形軟骨で構成され,下顎はメッケル軟骨(鰓弓が変化したもの,下記参照)で構成されていた。古生代中期から後期には陸水にもすんでいたが,古生代後期には絶滅した。この系統は硬骨魚類につながっていったようである。

　この顎口類の出現は,その後の進化史に多くの重要な転機をもたらした。これは陸上脊椎動物から人類につながる多くの重要な形質の獲得の第一歩となる。

顎の出現

　脊椎動物の進化史上,もっとも大きなできごとであり,革命的ともいえるのが顎の獲得である。顎の出現にはいくつかの説がある。従来の説(Romer, 1966)に従えば以下のとおりである。

　顎骨はもともと骨性の鰓弓から進化した(図3)。数対あった鰓弓の前方の1つあるいは2つがまず消失し,次の鰓弓(顎骨弓)が上顎を構成する口蓋方形骨(軟骨)と下顎を構成するメッケル軟骨に変化し,顎骨になったと考えられている(ただし,この説にはいくつかの疑問があることに注意。倉石(2004)や松井(2006)などの文献を参照のこと)。さらに後方の鰓骨弓は,将来,顎骨を頭蓋に

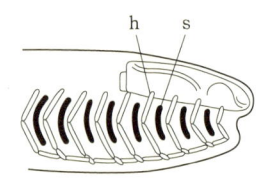

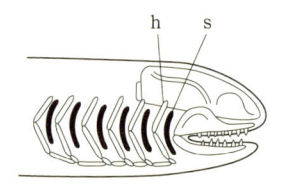

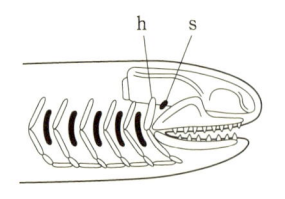

図3　脊椎動物の顎の進化の仮想図(Romer, 1966より)。h：鰓骨弓,s：鰓孔。本文参照のこと。

結びつける連結材(関節を構成する骨)に変化し，強固な関節がつくられた(舌顎骨)。後にこの舌骨弓(一部は四肢動物の舌骨になる)の一部は耳域に取り入れられた。この顎と関節の出現は，歯の出現とあわせて，魚類の食性に多様化をもたらした点で画期的であった。ただし，無顎類の鰓弓と有顎類の鰓弓は構造的に異なっており，どのような生物から顎が進化したのかは，よくわかっていない。

生態的多様化の源，歯の出現

顎の出現とほぼ同時に，ヤツメウナギなどがもつ歯(角質歯)とは異なる歯が生じた。歯は象牙質とそれを覆うエナメル質でできており，軟骨魚類に見られるような皮歯もそのような構造をもつ。このことから歯は口蓋に広がっていた皮膚の鱗(あるいは皮歯)が上・下顎と口蓋骨上で特殊化したものと考えられる。初期の顎口類はすでに多様な形態の歯をもち，このことから多様な摂食方法があったことが推察される。

初期の顎口類――肺の起源

デボン紀前期から石炭紀初期に進化し，一時期水域で優勢になったグループが板皮類 Placodermiomorphi である(図1d)[注3]。名前のとおり，板皮類は体の前半部分が骨板で覆われていた。しかし，このグループは系統的に多様で，グループとして扱うのは，あくまで便宜的なものである。これらのなかには海産の節頚類のように，巨大な頭蓋と下顎をもち，体が大きく，泳ぎが速く，捕食者になったものもいた。このうち，胴甲類は特異的な生活をしていたと考えられている。この仲間の1種 *Bothriolepis* については，その胸の甲に見られる1対の圧痕が原始的な肺の跡であると考える研究者もいる(Radinsky,

---

[注3] 板皮類には多くの分類群が含まれる。多くはデボン紀にいっせいに多様化したが，すべて絶滅した。次のような分類群が知られている。ステンシェラ目：デボン紀前期～，プセウドペタリクチス目：デボン紀前期～，アカントトラクス目：デボン紀前期～，レナニダ目：デボン紀～，ペタリクチス目：デボン紀後期～，節頚目：デボン紀後期～，プチクトドゥス目：デボン紀後期～，フィロレピス目：デボン紀後期～，胴甲目：デボン紀後期～。

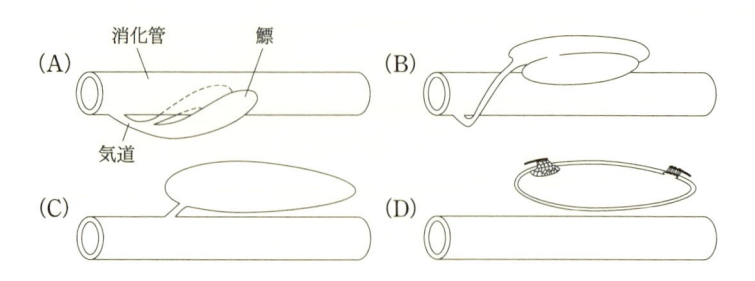

図4 (A)原始的な左右相称鰾, (B)肺魚の鰾(肺), (C)有管鰾, (D)無管鰾

1987)。彼らは現生の肺魚のように浅い水域にすみ，ときどきこの肺で空気を取り入れていたと想像される。ただし，肺は板皮類と肉鰭類の系統でそれぞれ独立に生じたようである。後者は両生類へとつながっていくことになる。さらに条鰭類では肺は鰾(うきぶくろ swim-bladder)へと変化した。鰾は浮力調節機能，呼吸，聴覚補助，発音などにかかわる器官である。肺あるいは鰾は，軟骨魚類には化石群を含め見られない(図4)。

3. 軟骨魚類と硬骨魚類——爆発的放散

軟骨魚類 Chondrichthiomorphi と硬骨魚類 Osteichthyes は，甲皮類，棘魚類，板皮類がもたなかった可動的でより効率的な(現在魚類に見られるような)尾鰭と対鰭(普通左右にある1対の鰭)を獲得した(図1e, f, g)。さらに，舌骨弓が顎骨を頭蓋と結びつけることによって，強固な関節がつくられ，摂食の仕方に多様化をもたらした。肺は鰾に変化して運動力を増し歯もさらに多様化した。こうして，それらは板皮類などと入れ替わって海，陸水のあらゆる生態系に進出することになる。

硬骨魚類は約4.1億年前に現れた。彼らは2つのグループに分化した(図1)。1つは条鰭類 Actinopterygii である。条鰭類は，鰭の皮膜を多数の骨性の鰭条(すじ)が支えている。鰭を動かす筋肉は鰭条の基部に付着し，鰭の内部には筋肉をもたない。現生の硬骨魚類の歯から類推すると，それらは捕食者であった可能性が大きい。次のグループは条鰭類に少し遅れて現れた，現生

の肺魚類 Dipnoi とシーラカンス類 Coelacanthimorpha が含まれる肉鰭類 Sarcopterygii である。肺魚類は，対鰭の内骨格が筋肉に包まれている。彼らは現生の肺魚類と同様に，肺を呼吸の補助器官として使った。さらに現生の肺魚と同じように大きな歯板をもっていたことから，二枚貝など硬い甲羅をもつ生物を食べていたと考えられる。シーラカンス類は肺魚類と同様，肺（ただし，現生のシーラカンスは鰾に脂肪が充満し，肺の機能をもたない）をもち，対鰭には内骨格と筋肉をもっていた。顎に小さな歯をもち，口蓋にも歯をもっていたことから，魚類などの捕食者であったと考えられている。

条鰭類の爆発的放散

条鰭類の最古の化石（デボン紀中〜後期，約3.8億年前）として知られているケイロレピス Cheirolepis は，すでに多様であったようである。このころの条鰭類は海産で，淡水に進出するのは，石炭紀後期からである。条鰭類が爆発的な放散を迎えるのは，約2.5億年前からである。今日見られるような柔軟な鰭が進化して遊泳力が増し，鰾はさらに多様になり浮力を増した。顎は多様に変化し，顎の関節も多様化した。歯も単なる円錐状から犬歯状，臼歯状など多様に変化した。これらは植物食，プランクトン食，魚類や大型の無脊椎動物食など，生活が多様化したことを示すものである。

条鰭類は比較的原始的形質を残す腕鰭類（多鰭類とも呼ばれる─不明なことの多い分類群），軟質類（亜綱─チョウザメ類や化石種），新鰭類（ガー目，アミア目，真骨類が含まれる）の3つに分けられる。軟質類は最初の2億年間，条鰭類のなかでは支配的であった。現在は，チョウザメなど若干の種が生き延びているのみである。次に，新鰭類が現れ，約2億〜1.3億年前まで栄えたが，今は，アミアとガー類 Lepisosteiformes が生き延びている。真骨類の先駆けとなる最古の化石は中生代三畳紀後期（約2.2億年前）のフォリドフォリス類 Pholidophoroides などが知られている。それらに代わって，真骨類は約1.3億年前から爆発的に適応放散した。5000万年前には現生の真骨魚類のグループが出現した[注4]（松井，2006）。現在，世界の淡水から海水の全水域に生息しその種数は2万3000種以上にのぼり，脊椎動物中でもっとも大きな多様化をもたらしている。

肉鰭類——四肢の起源

　条鰭類とは対照的に，肉鰭類は出現以来，生活においても形質においても大きな多様化をみせなかった。しかし，肉鰭類は陸への進出に重要な役目を果たした。シーラカンス類は淡水から海に進出して生き延びた。絶滅した肉鰭類のうちオステオレピス類 Osteolepiformes は，肺，陸生脊椎動物の上腕骨と尺骨・橈骨と相同な四肢の原型，そして内鼻孔[注5]をそなえており，約3.6億年前に進化した四肢動物の先駆け的な魚類とされる(図5)。この陸上進出へのきっかけを地球の旱魃に求める研究者もいるが，まだ想像の域を超えない。

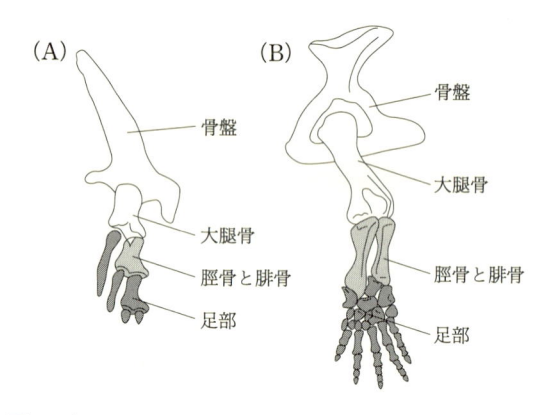

図5　肉鰭類と迷歯目両生類の前肢。
　(A)肉鰭類 Eusthenopteron, (B)迷歯目両生類 Trematops

77頁[注4] 現生の硬骨魚類を亜綱のレベルで挙げる(松井，2006による)。
　シーラカンス亜綱，肺魚亜綱，腕鰭亜綱(ポリプテルス類)，軟質亜綱(チョウザメ類)，新鰭亜綱(ガー類，アミア類，ヒオドン類，アロワナ類，カライワシ類，ソトイワシ類，ソコギス類，ウナギ類，フウセンウナギ類，ニシン類，ネズミギス類，コイ類，カラシン類，ナマズ類，デンキウナギ類，ニギス類，サケ類，カワカマス類，ワニトカゲギス類，シャチブリ類，ヒメ類，ハダカイワシ類，アカマンボウ類，ギンメダイ類，サケスズキ類，アシロ類，タラ類，ガマアンコウ類，アンコウ類，カンムリキンメダイ類，マトウダイ類，キンメダイ類，ボラ類，トウゴロウイワシ類，カダヤシ類，ダツ類，トゲウオ類，タウナギ類，カサゴ類，スズキ類，カレイ類，フグ類)

[注5] 外鼻道が口蓋のなかで開く孔をいう。これによって，口を閉じたまま呼吸が可能になり，ものを食べながら呼吸もできる。

軟骨魚類

約3.8億年前のデボン紀後期のサメ，エイなどの軟骨魚類の化石が知られている。軟骨性骨格をもつことから，原始的魚類であるというイメージがあるが，特殊な軟骨性骨格が硬骨性のものから二次的に派生した可能性があり，原始的ではないとする見解もある(コルバートほか，2004)。彼らは硬骨魚類とほぼ同じ時期のシルル紀後期に現れた。しかし，軟骨性の骨をもつために，化石になりにくく，実際にはそれより早く出現したとも考えられる。デボン紀にはそれらは多様に分化した。よく知られているのはクラドセラケ類 Cladselache であり，歯は現生の軟骨魚類と同様に生え変わりができた。しかし，これらの大半は，古生代後期には絶滅した。その後，ジュラ紀から白亜紀にはヒボダス類 Hybodontiformes が現れた。彼らは現生の板鰓類 Elasmobranchii の直接の祖先とされる(矢部，2006)。軟骨魚類の特徴は，①軟骨性の骨格とよく発達した強固な顎と対鰭をもつ，②皮歯から変化したとされる歯をもつ，③肺や鰾をもたず，④雄が交尾器をもち，⑤体内受精を行うことなどで特徴づけられる。

軟骨魚類には2つのグループが認められている。全頭類 Holocephali は石炭紀層から化石が発見されており，敷石様の歯と上顎(口蓋方形軟骨)が頭蓋に付着融合することから，現生のギンザメに近い。もう1つのグループは板鰓類であり，現生のほとんどのサメ，エイが含まれるが，現生種は約940種で条鰭類に比べて多様化していない。

4. 陸上生態系の出現——植物

古生代オルドビス紀中期からシルル紀のあいだに，植物は陸上に進出し環境を一変させた。最初の陸上植物は，コレオケーテ目 Coleochaete あるいはシャジクモ目 Chalares の藻類から分化したコケ(ゼニゴケ Liverwort のようなコケ類)と考えられている(井上，2006)。分枝した原糸体に似た体制をもつ多細胞の植物で，栄養体は配偶体だけで卵生殖で増殖していた。

オルドビス紀後期には，大規模な氷河が地表を覆い，海水面が70 cm下がり，海岸に生息する生物の50%が消失するという大量絶滅が起こった(い

わゆるオルドビス紀 – シルル紀(O – S)境界)。陸上の淡水域では乾燥化が進み，淡水域に進出していた藻類のうち，乾燥化に対して耐性をもつ形質を獲得した種類が，陸上植物へと進化したという説が有力である(グラハム，1996；井上，2006)。この時代には，二酸化炭素濃度は現在の16倍高く，酸素濃度は現在とほぼ同じであったと考えられている(Graham et al., 1995；井上，2006)。陸上は，乾燥と強光への暴露という過酷な環境である。最初の陸上進出のために，植物はいくつものハードルを越える必要があった。強烈な紫外線と乾燥に耐えるため，外側に薄いロウ質の被覆を発達させた。二次代謝化合物は紫外線フィルターとして有効である。シャジクモ類はフェノール Phenol 類やフラボノイド Flavonoid，フェニールプロパノイド Phenyl propanoid，クチクラのポリエステル Polyester (これは抵抗性高分子と呼ばれる。詳細は第5章コラム)を適応的に獲得し，それらを使って紫外線遮断層を発達させ，さらに乾燥にも強いクチクラ層を進化させた(井上，2006)。ただし，オルドビス紀には成層圏にオゾン層が形成されていて，地表に降り注ぐ紫外線は弱められていたと考えられ(西田，1998)，それが植物の上陸に有利に働いたとされる。さらに水分を保ちつつガス交換を行うために気孔をシダ植物において進化させ(コケ類にはない)，地中から水分と栄養分を吸収する短い根をそなえ，リグニン Lignin (第5章コラム)で維管束をつくりだし，多様な維管束植物へと進化していった。

5. 陸上生態系の出現――動物

植物が陸上を覆いつつあるなか，動物も陸上へ進出した。しかし，植物に比べ動物の初期陸化の証拠は少ない。現生の動物には32の門 phylum が認められているが，このうち13門が陸上への進出に成功した(表1)。しかし，そのうち寄生者として哺乳類などの体内で生活しているものが3門あり，陸上環境に適応したものは10門にすぎない。数mmに満たない動物，あるいは寄生動物の化石は望むべくもなく，古生代の陸生動物の化石が十分に残っているのはわずか2門，節足動物門と脊椎動物門のみである。陸生脊椎動物の進化については第6章に詳しい。以下，節足動物門の陸化について分類群別

表1 現生陸上動物が含まれる動物門。□：海産，○：淡水性，■：陸生，◇：水生寄生性，◆：陸生寄生性

分 類 群	化 石 記 録
扁形動物門 Platyhelminthes	
渦虫綱 Turbellaria	□○■(湿った陸上)
吸虫綱 Trematoda	◇◆(両生類，爬虫類，甲殻類，軟体動物，脊椎動物に寄生)
条虫綱 Cestoda	◆(脊椎動物に寄生)
紐形動物門 Nemertea	□○◇■(湿った陸上)
腹毛動物門 Gastrotricha	□○■(腐食した植物遺骸など)
鉤頭動物門 Acanthocephala	□◇◆(海獣，海鳥に寄生)
類線形動物門 Nematomorpha	○◆(昆虫に寄生)
線形動物門 Nematoda	□○◇■◆
緩歩動物門 Tardigrada	□○■
有爪動物門 Onychophora	■(□：化石種はすべて海産)
舌形動物門 Pentastoma	◆(脊椎動物に寄生)
節足動物門 Arthropoda	(□○◇■◆ 【化石】表2参照)
鋏角亜門 Chelicerata	□■◆
大顎亜門 Mandibulata	□○■◆
軟体動物門 Mollusca	
介殻亜門 Conchifera	
腹足綱 Gastropoda	□○◇■ 【化石】*
環形動物門 Annelida	
貧毛綱 Oligochaeta	□○■ 【化石？】
蛭(ヒル)綱 Hirudinoidea	□○◇■◆
脊索動物門 Chordata	
脊椎動物亜門 Vertebrata	□○■ 【化石】

*陸生腹足類(陸貝)の最古の化石は，古生代石炭紀後期のCoal measureから見つかったMaturipupaとされている。

に述べる。

古生代の陸上節足動物(表2)

　節足動物 Arthropoda は，まず海中で多様化した。カンブリア紀後期からオルドビス紀前期に節足動物が陸上を歩いた跡と考えられる化石がカナダのオンタリオから発見され，水陸両生の Euthycarcinoids と考えられ，最古の節足動物の陸化の記録とされている(MacNaughton et al., 2002)。デボン紀にはいると，トビムシ，ダニ，カニムシ，ムカデ，ヤスデの化石が見いだされていることから，オルドビス紀中期からシルル紀の植物の陸への進出後，デ

表2 陸生節足動物門の綱一覧と化石記録(Edgecombe and Giribet, 2007; Grimaldi and Engel, 2005)。□:海産, ○:淡水性, ■:陸生, ◇:水生寄生性

分類群	化石記録
節足動物 Arthropoda	
鋏角亜門 Chelicerata	
蛛形綱 Arachnida	■(表3参照)
大顎亜門 Mandibulata(多足類+汎甲殻類)	
Euthycarcinoidea	○■　古生代カンブリア紀後期〜中生代三畳紀中期
多足類 Myriapoda	
唇脚綱(ムカデ)Chilopoda	■　古生代シルル紀後期〜現在
結合綱(コムカデ)Symphyla	■　新生代始新世中期〜現在
少脚綱(エダヒゲムシ)Pauropoda	■　新生代始新世中期〜現在
倍脚綱(ヤスデ)Diplopoda	■　古生代シルル紀中期〜現在
汎甲殻類 Tetraconata, Pancrustacea(甲殻類+汎六脚類)	
甲殻類 Crustacea	□○■
軟甲綱(エビ綱)Malacostraca	□■
真軟甲亜綱 Eumalacostraca	
等脚目(ワラジムシ)Isopoda	□■　古生代石炭紀?〜現在
汎六脚類 Panhexapoda	
六脚上綱 Hexapoda	○■◇(表4参照)
内顎綱 Entognatha	
昆虫綱 Insecta(Ectognatha)	

ボン紀初期に節足動物の陸上での進化・放散が始まったと考えられている。古生代の陸生節足動物の化石記録は,蛛形綱,唇脚綱,倍脚綱,昆虫綱,軟甲綱(ワラジムシ)の分類群にわたる。

蛛形綱 Class Arachnida——蜘蛛形類, 鋏角類(表3)

もっとも祖先的なサソリが陸に上がり,その後,現在の蛛形綱に分化したという考えと,それぞれすでに水中で分化が起こっており,数回にわたって上陸したという考えがある。しかし,後者を支持する化石の証拠はない(小野,1996)。

蛛形綱は,現生は14目が知られるが,そのうち12目が古生代からの化石記録がある。記録のない2目も,すでに古生代には分化していた可能性が高く,蛛形綱は古生代以降あまり分化していないということになる。

サソリ目はシルル紀前期の化石があり,1mに達するものもある。しかし,

表3 陸生蛛形綱(クモ綱 Arachnida)の目別一覧と化石記録(Grimaldi and Engel, 2005)。■：陸生

分　類　群	化 石 記 録
蛛形綱(クモ綱)Arachnida	■
亜綱 Micrura	
コヨリムシ目 Palpigradi	新生代第三紀〜現在
コスリイムシ目 Haptopoda	古生代石炭紀【絶滅】
ワレイタムシ目 Trigonotarbida	古生代デボン紀〜石炭紀【絶滅】
(マルワレイタムシ目 Anthracomardi)	古生代石炭紀【絶滅】
クモ目 Araneae	古生代石炭紀(デボン紀？)〜現在
ウデムシ目　Amblypygida	古生代石炭紀後期〜現在*
サソリモドキ目 Uropygida	古生代石炭紀中期〜現在
ヤイトムシ目 Schizomida	新生代第三紀〜現在
クツコムシ目 Ricinulei	古生代石炭紀〜現在
ダニ目 Acari	古生代デボン紀〜現在
亜綱 Dromopoda	
ムカシザトウムシ目 Phalangiotarbida	古生代石炭紀後期【絶滅】
ザトウムシ目 Opiliones	古生代石炭紀〜現在
サソリ目 Scorpiones	古生代シルル紀前期〜現在[*2]
カニムシ目 Pseudoscorpionida	古生代デボン紀〜現在
ヒヨケムシ目 Solifugida	古生代石炭紀前期〜現在

*デボン紀に体の一部の化石あり？
[*2]陸上化はデボン紀から

　シルル紀から石炭紀にかけてのサソリは水生であり(Rolfe and Beckett, 1984)，重力に対抗する必要がなく，これが巨大になった理由であろう。陸上化はデボン紀になってから起こったとされている。クモ目にもっとも近縁と考えられるワレイタムシ目は，デボン紀から知られているが，クモ目の最古の化石は石炭紀からとなる。クモ目が多様化するのは白亜紀である。ダニ目は，スコットランドのライニーチャート Rhynie chert をはじめとした数カ所のデボン紀の化石から知られている。白亜紀や第三紀には化石に普通に見られるほどに繁栄する。カニムシはデボン紀，ヒヨケムシとザトウムシは石炭紀前期，サソリモドキは石炭紀中期，ウデムシは石炭紀後期(デボン紀にウデムシの体の一部と考えられる化石もある)からそれぞれ知られる。クツコムシ目は現生ではアメリカとアフリカの赤道付近にのみ生息する目であるが，石炭紀には現在よりも多様化していたことがわかっている。
　ヤイトムシは漸新世，コヨリムシは鮮新世から最古の化石が知られるが，

小型の生物のため化石が残りにくく,古生代に分化していた可能性もある。

多足類(表 2)

多足類は 4 綱に分類され,すべて陸生である。古生代石炭紀からペルム紀まで生息していたアースロプレウラ亜綱 Arthropleuridea は,最大の陸生節足動物で体長 1.5～2 m のヤスデだった。湿地や湿度の高い林床などにすんでいたようで,乾燥化にともない絶滅したと考えられている。4 綱すべてが現在も生存しているが,亜綱レベルでは絶滅しているグループも多い。唇脚綱(ムカデ)と倍脚綱(ヤスデ)は,古生代シルル紀後期から知られる *Crussolum* と中期の *Cowiedesmus eroticopodus* が,それぞれ最古の化石記録である (Sierwald and Bond, 2007; Edgecombe and Giribet, 2007)。結合綱(コムカデ)と少脚綱(エダヒゲムシ)は,数 mm の小型の生物で,ドミニカ琥珀(新生代始新世中期)とバルト琥珀(新生代始新世中期)からそれぞれ知られているが,核タンパクコード遺伝子(*EF-1d*, *Pol II*, *EF-2*)で推定される系統の分岐順序から考えると古生代にも生息していた可能性が高い(Regier et al., 2005)。

六脚類(六脚上綱=内顎綱+昆虫綱;図 6,表 4)

シルル紀初期の陸域にはまず藻類が進出した。その「藻類の園」へイシノミのような昆虫類の祖先が進出し陸化したと考えられている。現生のイシノミも藻類のみを餌としている(町田,2006)。初期の昆虫類の 5 目(カマアシムシ目,トビムシ目,コムシ目,イシノミ目,モヌラ目[注6])はこのように水際の湿度の高い環境で藻類などを食べていた。デボン紀からはトビムシ目とイシノミ目,そしてより高次の昆虫の大顎の化石[注7] が知られている。

[注6] 従来モヌラ目(ムカシシミ目)とされていたものは,大型ではあるがイシノミの幼虫の可能性がある(Rasnitsyn, 1999; Grimaldi and Engel, 2005)

[注7] 最古の昆虫化石は,デボン紀初期のスコットランドのライニーチャートから発見された有名なトビムシの 1 種 *Rhyniella praecursor* と,あまり注目されてこなかった昆虫破片(大顎周辺のみの化石)*Rhyniognatha hirsti* である(Hirst and Maulik, 1926)。最近,後者のホロタイプが再検討され(Engel and Grimaldi, 2004),大顎の関節丘が 2 つあること,大顎が三角形で短小であることから,カゲロウよりもさらに進化した有翅昆虫の可能性が高いことが指摘された。従来知られていた有翅昆虫化石よりも少なくと

第 4 章　古生代前期における魚類の進化，陸上生態系の出現と初期進化　85

　その後，石炭紀にはいり，シミ目，そして翅をもったアケボノスケバムシ目，ムカシアミバネ目，ムカシカゲロウ目，カゲロウ目，ディクリプテラ目，トンボ目，オオトンボ目，ゲロプテラ目の旧翅類 Paleoptera と呼ばれる昆虫類が現れる。そこでは，2つの関節部分をもつ強固な大顎を獲得し，ほかの昆虫の捕食やより堅い植物の摂食などが可能となり，食性の幅が著しく広がった。さらに2対の翅をもつことで「飛ぶ」という行動を獲得し，3次元空間へ分布を広げ生態的地位を多様にした。このように，昆虫類には，ほか

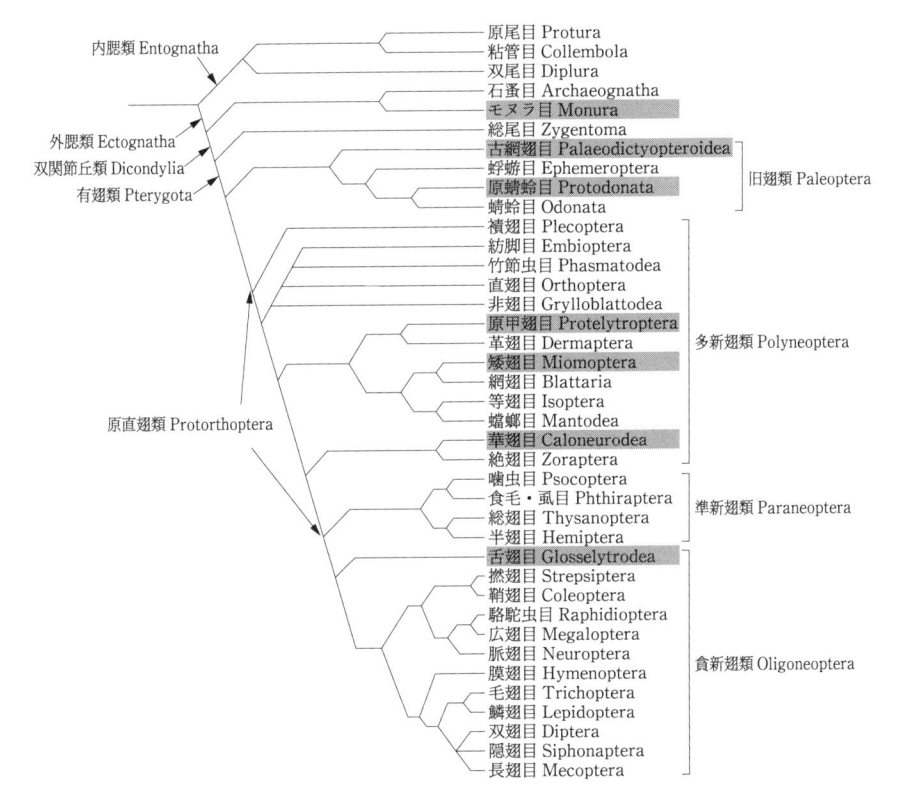

図6　六脚類の分岐図（Jarzembowski, 2003 を参考に作成）。灰色部は絶滅した目

も 8000 万年前にすでに出現していたことになるが，これは分子系統研究の「シルル紀初期に昆虫の起源が，デボン紀中期に新翅類の出現が予測される」結果（Gaunt and Miles, 2002）とも一致している。

表4 六脚上綱(内顎綱＋昆虫綱)の目別一覧と化石記録(Jarzembowski, 2003; Grimaldi and Engel, 2005；大阪市立自然史博物館，1996 を参考に作成)。

分　類　群	化　石　記　録
六脚上綱 Epiclass Hexapoda	
内顎綱 Class Entognatha	
原尾目(カマアシムシ目)Protura	？〜現在
粘管目(トビムシ目)Collembola	古生代デボン紀初期〜現在
双尾目(コムシ目)Diplura	古生代石炭紀後期〜現在
昆虫綱 Class Insecta(外顎綱 Ectognatha)	
単関節丘亜綱 Monocondylia	
古顎目(イシノミ目)Archaeognatha	古生代デボン紀中期〜現在
モヌラ目(ムカシシミ目)Monura	古生代石炭紀後期〜ペルム紀【絶滅】
双関節丘亜綱 Dicondylia	
総尾目(シミ目)Zygentoma	古生代石炭紀後期〜現在
(旧翅類 Paleoptera)	
蜉蝣目(カゲロウ目)Ephemeroptera	古生代石炭紀後期〜現在
古網翅目(ムカシアミバネ目)Palaeodictyoptera＋Permothemistida	
	古生代石炭紀後期〜ペルム紀後期【絶滅】
疎翅目(ムカシカゲロウ目)Megasecoptera	
	古生代石炭紀後期〜ペルム紀【絶滅】
明翅目(アケボノスケバムシ目)Diaphanopterodea	
	古生代石炭紀後期〜ペルム紀【絶滅】
ディクリプテラ目 Dicliptera	古生代石炭紀【絶滅】
原蜻蛉目(オオトンボ目)Protodonata	古生代石炭紀後期〜ペルム紀【絶滅】
蜻蛉目(トンボ目)Odonata	古生代ペルム紀初期〜現在
ゲロプテラ目 Geroptera	古生代石炭紀【絶滅】
(新翅類 Neoptera)	
パオリダ目 Paoliidae	古生代石灰紀前期【絶滅】
踵歩目(カカトアルキ目)Mantophasmatodes	
	新生代第三紀始新世〜現在
革翅目(ハサミムシ目)Dermaptera	中生代ジュラ紀前期〜現在
非翅目(ガロアムシ目)Grylloblattodea	古生代ペルム紀前期〜現在
古襀翅目(ムカシカワゲラ目)Protoplecoptera	
	古生代ペルム紀〜中生代白亜紀【絶滅】
襀翅目(カワゲラ目)Plecoptera	古生代ペルム紀前期〜現在
原襀翅類(アケボノカワゲラ目)Protoperlaria	
	古生代ペルム紀【絶滅】
紡脚目(シロアリモドキ目)Embioptera	新生代第三紀漸新世バルト琥珀〜現在
絶翅目(ジュズヒゲムシ目)Zoraptera	中生代白亜紀〜現在
直翅目(バッタ目)Orthoptera	古生代石炭紀後期〜現在
大翅目(オオバッタ目)Titanoptera	中生代三畳紀【絶滅】
竹節虫目(ナナフシ目)Phasmatodea	古生代ペルム紀後期〜現在
原直翅目(ムカシギス目)Protorthoptera	古生代石炭紀前期〜中生代三畳紀【絶滅】
華翅目(カロネウラ目)Caloneurodea	古生代石炭紀後期〜ペルム紀【絶滅】
原甲翅目(ムカシサヤバネムシ目)Protelytroptera	
	古生代ペルム紀【絶滅】
網翅目(ゴキブリ目)Blattaria	古生代石炭紀後期〜現在

表4 続き

分 類 群	化 石 記 録
等翅目(シロアリ目)Isoptera	中生代白亜紀前期〜現在
蟷螂目(カマキリ目)Mantodea	中生代三畳紀前期〜現在
矮翅目(ムカシチビ目)Miomoptera	古生代石炭紀後期〜中生代ジュラ紀前期【絶滅】
舌翅目(オオサヤバネムシ目)Glosselytrodea	古生代ペルム紀前期〜中生代ジュラ紀後期【絶滅】
噛虫目(チャタテムシ目)Psocoptera	古生代ペルム紀前期〜現在
食毛・虱目(シラミ・ハジラミ目)Phthiraptera	新生代第三紀始新世〜現在
総翅目(アザミウマ目)Thysanoptera	古生代ペルム紀前期〜現在
半翅目(カメムシ目)Hemiptera	古生代石炭紀後期〜現在
異翅亜目(カメムシ亜目)Heteroptera	古生代ペルム紀〜現在
同翅亜目(ヨコバイ亜目)Homoptera	古生代石炭紀後期〜現在
鞘翅目(コウチュウ目)Coleoptera	古生代ペルム紀前期〜現在
撚翅目(ネジレバネ目)Strepsiptera	新生代第三紀始新世〜現在
駱駝虫目(ラクダムシ目)Raphidioptera	古生代ペルム紀後期〜現在
広翅目(ヘビトンボ目)Megaloptera	古生代ペルム紀前期〜現在
脈翅目(アミメカゲロウ目)Neuroptera	古生代ペルム紀前期〜現在
膜翅目(ハチ目)Hymenoptera	中生代三畳紀中期〜現在
長翅目(シリアゲムシ目)Mecoptera	古生代ペルム紀前期〜現在
双翅目(ハエ目)Diptera	中生代三畳紀前期〜現在
隠翅目(ノミ目)Siphonaptera	中生代白亜紀前期〜現在
毛翅目(トビケラ目)Trichoptera	古生代ペルム紀前期〜現在
鱗翅目(チョウ目)Lepidoptera	中生代三畳紀〜現在

の節足動物とは決定的に異なる進化的なイベントが起こったのである。

　石炭紀後期には，植物の繁栄と相俟って，食植性昆虫が繁栄し，16目にまで多様化した．旧翅類に加え，翅をセミのように腹部背面に密着させ合わせ畳むことのできる新翅類 Neoptera が出現する．なかでも，カワゲラ目，アケボノカワゲラ目，ムカシカワゲラ目，バッタ目，ムカシギス目，ゴキブリ目，カロネウラ目などの後翅が前翅より大きな多新翅類 Polyneoptera が繁栄する．ペルム紀には，蛹をもつ昆虫(完全変態昆虫；内翅類 Endopterygota)が現れ，後期には現生の目とほぼ同数の30目にまで進化をとげた(Jarzembowski, 2003)．

　六脚類に属する昆虫綱の目レベルでの分化は，図7に示したとおり，石炭紀からペルム紀にかけて，そのほとんどが完成している．古生代の終わりとともに，ムカシアミバネ類 Paleodictyopterida の系統群が丸ごと絶滅するなど，

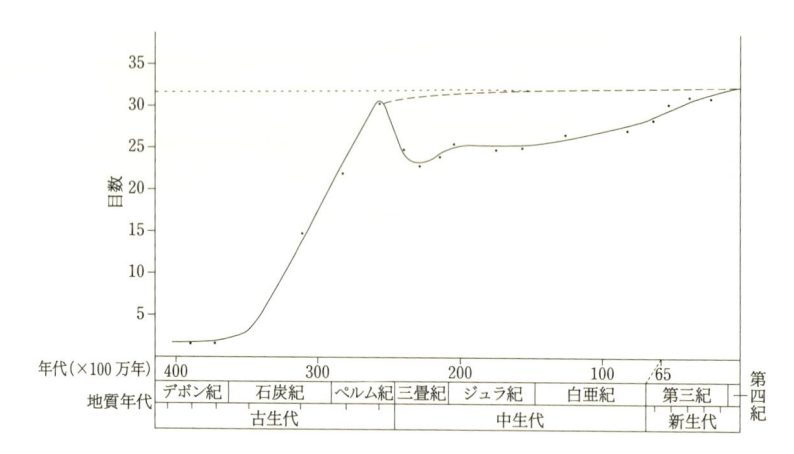

図7 時代別の六脚類の目数(Jarzembowski, 2003を参考に作成)。古生代ペルム紀にほとんどの目が出現していることがわかる。

大型の旧翅類の多くが姿を消した。その後の中生代に出現した目は，超大陸パンゲアとゴンドワナ大陸の分断が原因となったり，特殊な寄生生活(ノミやシラミ)の獲得などが要因となるもので，体制(バウプラン)にかかわるような目レベルに相当する形態の放散的進化は，古生代でのみ起こったことになる。中生代，新生代の昆虫進化は，ジュラ紀から白亜紀にかけて見られる被子植物の繁栄にともなう種レベルでの爆発的な分化に代表されるように，より低次の科，属，種レベルの分化といえる。

節足動物が陸生化するために克服したもの

大原昌宏

水中から陸上へ生息域が変わることにより，「体内の水分維持」，「ガス交換による呼吸」，「重力に対抗する運動」といった新たな属性を獲得する必要があった。節足動物では以下の方法でそれらは克服されている(クラーク，1979)。

効率的な水分保持機構
節足動物の体表は，上皮細胞の表面をクチクラが覆う構造になっている。陸生節足動物では，皮膚腺がクチクラの外側にワックス層を分泌することで，乾燥を防いでいる。相対湿度55%以上になると，クチクラに開いた100〜200Åの穴に大気中の水分が凝縮され体内に取り込むことができる。多足類，昆虫類，クモ類の消化器末端部「後腸」は，水分吸

収器官として特殊化し，食物から吸収した水分を体腔内へ送り込む．
　排出器も進化した水生節足動物の甲殻類では，窒素はアンモニアとして，鰓を通して体外へ排出される．陸生鋏角類では，窒素排出物はアンモニアではなく，主としてグアニンguanine，アラントイン allantoin として，昆虫類では尿酸（稀にアラントイン，アラントイン酸 allantonic acid，クレアチン creatine）として，消化管を通して排出される．とくに昆虫類やクモ類ではマルピーギ管(注8)が後腸と中腸の連結部に生じ，体腔内に張りめぐらされている．マルピーギ管の末端ではイオンや塩が選択的に吸収され，尿酸塩は尿酸となり沈殿する．尿素に比べ，尿酸はより少ない水で窒素濃縮が可能であり，尿酸排出は乾燥適応の結果である．

陸上での呼吸

　小型の節足動物の外皮は薄く，ガス透過性が高いため，体表から組織に十分な酸素を供給することができる．しかし，大型になるにつれ外皮が厚くなり，呼吸に特化した器官が必要となる．水生節足動物の呼吸器は鰓である．鰓は薄いクチクラで覆われ，内表面には血管がよく発達し，そこでガス交換を行う．鰓基部の血管は収縮管となり，血流を調整する．鰓の表面を流れる水量は，鰓を取り囲むひだや鰓周辺の付属肢の動きを変化させることで調整する．
　陸生節足動物には，肺書，気管，気嚢，開閉する気門が呼吸器系として存在する．肺書は，クモ類に見られ，体壁にできた腔中の内側に多数のひだ（薄い層）があり，ひだの内表面に走る血管でガス交換を行う．腔の狭い開口部は気門となっており，腔中内の空気は，特別な筋肉の動きにより気門の開閉が起こり，交換される．気管呼吸系のもっとも原始的なものは，カギムシに見られる．1つの体節に75個の気門をもち（体表全体では約1500個に及ぶ），気門は深く基底膜に達し，その近くに多数の毛細血管が伸びガス交換を行う．気門は単純な穴で開閉しないため，水分の損失は著しく，相対湿度90％以下では体重の1/3にまで達する．より発達した気管呼吸系では気門から体内へ気管が伸びる．気管はラセン状の内張りであるラセン弾糸をもち，体腔の圧力で気管がつぶれないようにしている．気管は部分的に膨張し薄い壁の気嚢となる．ガス交換は気管ではなく，末端の毛細気管細胞で行われる．気門は穴の状態から，剛毛で粒子を濾過するものや，もっとも派生的な開閉可能なものまでがある．陸生節足動物の気管呼吸器の獲得はカギムシのような原始的段階から，おそらく11回ほど独立に進化したと考えられている．

陸を歩く

　水中で繁栄した節足動物が陸に上がると，「泳ぐ」から「歩く」行動に変化しなければならない．捕食者から逃げるためには，「より速く歩く」ことも要求される．歩行に有利な脚として，①肢の先端が鋭くなって重なりをなくし，最大歩幅の運動を行う，②連続する肢の長さを違え，各肢の運動範囲が重ならないようにして干渉を避ける，③脚数を減らす，といったことが挙げられる．しかし，節足動物の場合，1，2対の脚は不都合のようで，もっとも歩行に成功しているのは昆虫やヒヨケムシ，ダニの幼生などに見られる3対，あるいはクモの4対であろう．
　水中では浮力，陸上では重力に抵抗しなければ自由な運動はできない．脚には，地面に体が密着しないように，体を地面の上方に支える役割がある．脚が長くなれば，歩行には有利であるが，地面に垂直に脚を伸ばすと体の位置が高くなりすぎて，体の支えが不安定となる．陸上節足動物では，多くの場合，S字に曲がる長い脚をもち，体重を地面に分散

(注8) 昆虫の排泄器官．通常6本をそなえる．

させ，地面に近い位置に体を脚から吊り下げる構造にして安定させている(アメンボがS字の長い脚を水面につけ体重を分散させているのをイメージするとよい)。しかしこの構造も限界があり，節足動物の体サイズが陸上で大きくなることへの制約となっている(中根，1979)。

[引用文献]

クラーク, K.U. 1979. 節足動物の生物学(北村實彬・高藤晃雄共訳). 246 pp. 培風館.
コルバート, E.H.・モラレス, M.・ミンコフ, E.C. 2004. コルバート脊椎動物の進化(田隅本生訳). 567 pp. 築地書館.
Edgecombe, G.D. and Giribet, G. 2007. Evolutionary biology of centipedes (Myriapoda: Chilopoda). Annu. Rev. Entomol., 52: 151-170.
Engel, M.S. and Grimaldi, D.A. 2004. New light shed on the oldest insect. Nature, 427: 627-630.
フォーティ, R. 2003. 生命40億年全史(渡辺政隆訳). 493 pp. 草思社.
Gaunt, M.W. and Miles, M.A. 2002. An insect molecular clock dates the origin of the insects and accords with palaeontological and biogeographic landmarks. Molecular Biology and Evolution, 19: 748-761.
グラハム, L.E. 1996. 陸上植物の起源―緑藻から緑色植物へ(渡辺信・堀輝三訳). 359 pp. 内田老鶴圃.
Graham, J.B., Dudley, R., Aguilar, N.M. and Gans, C. 1995. Implications of the late Palaeozoic oxygen pulse for physiology and evolution. Nature, 375: 117-120.
Grimaldi, D.A. and Engel, M.S. 2005. Evolution of the Insects. 755 pp. Cambridge University Press, New York.
Hirst, S. and Maulik, S. 1926. On some arthropod remains from the Rhynie chert (Old Red Sandstone). Geological Magazine, 63: 69-71.
池谷仙之・北里洋. 2004. 地球生物学―地球と生命の進化. 235 pp. 東京大学出版会.
井上勲. 2006. 藻類30億年の自然史―藻類からみる生物進化. 472 pp. 東海大学出版会.
Janvier, P. 1996. Earth Vertebrates. 393 pp. Clarendon Press, Oxford.
Jarzembowski, E.A. 2003. Palaeoentomology: towards the big picture. Acta zoologica cracoviensia, 46 (suppl. - Fossil Insects): 25-36.
川上紳一. 2000. 生命と地球の共進化. 267 pp. 日本放送出版協会.
倉石滋. 2004. 動物進化形態学. 625 pp. 東京大学出版会.
Liem, K.F., Bemis, W.E., Walker, W.F. Jr. and Grande, L. 2001. Functional Anatomy of the Vertebrates: An Evolutionary Perspective (3rd ed.). i-xvii+703 pp. Harcourt College Publishers, Orlando, Florida.
町田龍一郎. 2006. イシノミについて. 昆虫と自然, 41(9): 9-13.
MacNaughton, R.B., Cole, J.M., Dalrymple, R.W., Braddy, S.J., Briggs, D.E.G. and Lukie, T.D. 2002. First steps on land: arthropod trackways in Cambrian-Ordovician eolian sandstone, southeastern Ontario, Canada. Geology, 30(5): 391-394.
松井正文(編). 2006. 脊椎動物の多様性と系統(岩槻邦男・馬渡峻輔監修). 424 pp. 裳華房.
中根猛彦. 1979. ダチョウはなぜ飛べない. 生きものの世界(講談社現代新書544), pp. 57-63. 講談社.

Nelson, J.S. 2006. Fishes of the World (4th ed.). i-xix+601 pp. John Wiley & Sons, New York.
西田治文. 1998. 植物のたどってきた道(NHKブックス 819). 219 pp. 日本放送出版協会.
小野展嗣. 1996. クモ形類(クモ綱)総論. 日本動物大百科 8 巻 昆虫 1, pp. 12-15. 平凡社.
大阪市立自然史博物館編. 1996. 昆虫の化石―虫の4億年と人類. 第23回特別展「昆虫の化石」解説書. 60 pp. 大阪市立自然史博物館.
ポルトマン, A. 1976. 脊椎動物比較形態学(島崎三郎訳). 358 pp. 岩波書店.
ラディンスキー, L.B. 2002. 脊椎動物のデザインの進化(山田格訳). 214 pp. 海游舎.
Rasnitsyn, A.P. 1999. Taxonomy and morphology of Dasyleptus Brongniart, 1885, with description of a new species (Inesecta: Marchilidae: Dasyleptidae). Russian Entomological Journal, 8: 145-154.
Regier, J.C., Wilson, H.M. and Shultz, J.W. 2005. Phylogenetic analysis of Myriapoda using three nuclear protein-coding genes. Molecular Phylogenetics and Evolution, 34 (1): 147-158.
Rolfe, W.D.I. and Beckett, C.M. 1984. Autecology of Silurian Xiphosurida, Scorpionida, and Phyllocarida. Special papers in Palaeontology, 32: 27-37.
Romer, A.S. 1966. Vertebrate Paleontology (3rd ed.). 468 pp. The University of Chicago Press, Chicago and London.
Sierwald, P. and Bond, J.E. 2007. Current status of the myriapod Class Diplopoda (Millipedes): taxonomic diversity and phylogeny. Annu. Rev. Entomol., 52: 401-420.
Stiassny, M.L.J. et al. 1996. Interrelationships of Fishes. i-xiii+496 pp. Academic Press, San Diego.
矢部衞. 2006. 魚類の多様性と系統分類. 脊椎動物の多様性と系統(岩槻邦男・馬渡峻輔監修, 松井正文編), pp. 46-93. 裳華房.
Zimmer, C. 2000. In search of vertebrate origins: beyond brain and bone. Science, 287: 1576-1579.

古生代における陸上植物の進化
初期種子植物/裸子植物

第5章

増田道夫・沢田　健・高橋英樹

　現在，陸上植物として，コケ植物約2万種，シダ植物約1万種，裸子植物約800種，被子植物約25万種が知られている．

　植物が陸上で生活するうえで必要な適応として，①耐乾性のある細胞壁をもった「胞子」，②地中から水を吸収する「根」，③植物体からの水の蒸散を防ぐ「クチクラ」，④水と養分を茎の先まで運搬する「維管束」が不可欠だったと考えられる．このうち化石として残りやすい胞子の最古の化石は，4.7億～4.3億年前の地層から見つかっている（最古の四分胞子化石が4.7億年前，三条型胞子化石が4.3億年前に見つかっている；Kenrick and Crane, 1997；図1）．また，クチクラの化石が4.4億年前のオルドビス系から発見されている．実際の植物の上陸はシルル紀よりも早く，オルドビス紀のようである．

　最古の陸上植物の大型化石は，シルル紀の中ごろ(4.3億～4.2億年前)のクックソニア *Cooksonia* で，高さは10 cmほど，細い針金状の茎が数回立体的に二又分枝し，それぞれの先端に胞子嚢をつける．このような単純な体制は，初期の陸上植物の多くに共通した特徴である．通道組織には維管束植物に見られる道管/仮道管がない．しかし，胞子体は大型で枝分かれする．このように，コケ植物とシダ植物の中間の植物が最初に上陸した証拠がある．

　本章では，初期の種子植物，とくに古生代に出現した裸子植物のいくつかのグループに重点をおいて解説する．中生代以降に出現したグループ，そして化石の記録は少ないが，特異な裸子植物の一群であるグネツム植物門につ

いても触れることになる。

1. 初期植物の進化と地球環境

オルドビス紀中期に現れたとされる陸上植物は，古生代半ばに，その当時の地球環境・気候に影響を受けながら急速に進化した。その結果，逆に地球環境を大幅に変えたとも考えられている。陸上植物が出現したきっかけは，地球の寒冷化による淡水域の乾燥化であるという仮説がある(Graham et al., 1995；第4章)。その後には，温暖な環境条件下で進化が促進された。水辺に進出した維管束をもたない前維管束植物 Protracheophytes から，デボン紀初期には原始的な維管束植物であるリニア植物門 Rhyniophyta（原維管束植物とも呼ばれる）が派生した（図1）。デボン紀中期には，さらに維管束植物の多様化が進み，大型化し複雑な生殖器官がつくられるようになった。また，陸上土壌が形成され始めたのもこの時代からで，中部デボン系では根の化石がはい

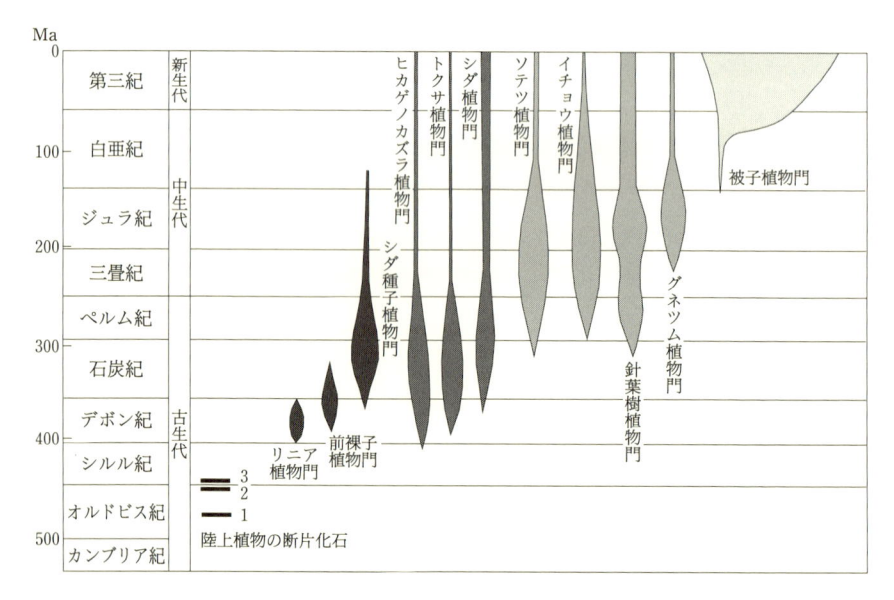

図1 おもな陸上高等植物の出現（絶滅）年代（戸部，1994；高橋，2006を参考に作成）と，最古の陸上植物の断片化石の年代（Kenrick and Crane, 1997）。1：四分胞子（470 Ma），2：クチクラ（440 Ma），3：三条型胞子（430 Ma），Ma：×100万年前

りこんでいる古土壌の地層なども発見されている(Kerp et al., 2001)。つまり，根・茎などの器官の分化した植物種が出現していたことが示唆される。

デボン紀後期には，さらに陸上植物の巨大化が進み，高さ 20 m を超す前裸子植物 Progymnospermophyta や，小葉類(ヒカゲノカズラ植物 Lycophyta)，トクサ植物 Sphenophyta において木本タイプが出現している。とくに，裸子植物の直接的な祖先と考えられている前裸子植物は，茎に形成層をつくり二次肥大成長を行うといった，現在の'木'の特徴を明らかにもっていた。それらは地球史上初めての森林を水辺に形成する。これが陸上生態系の始まりであるといってよい。もう１つ重要なことは，原始的な種子となる前胚珠 preovule をもつ植物が，デボン紀後期ファメヌ階 Famenian に現れた。モレスネチア *Moresnetia* やエルキンシア *Elkinsia* という前胚珠の化石が 3.7 億年前の地層から発見されている。さらに陸上植物は，発達した胚珠を石炭紀になってから獲得する(種子の進化については次節で詳述する)。植物は種子をもったことで，乾燥した陸域内部へと分布域を拡大することが可能になり，陸上生態系は大陸の広い範囲を埋めていくことになる。

デボン紀後期に現れた森林は，地球の大気組成に大きな影響を及ぼすことになった。1 つは，陸上に拡大した森林植生による光合成によって大気中の酸素(O_2)濃度が増加し，二酸化炭素(CO_2)の濃度が減少したことである(Berner and Canfield, 1989; Berner, 1997)。2 つめは，森林土壌が広範囲で形成された結果，岩石の風化作用 weathering が促進され，大気中の CO_2 濃度の減少にさらに拍車をかけたことである。つまり，岩石の風化の過程で，大気中の CO_2 がケイ酸塩鉱物を構成するカルシウムやマグネシウムと反応して消費され，その濃度の減少が起こった。このような状況は，デボン紀後期からペルム紀にかけて，長期にわたって持続し，この時代の大気組成は高 O_2/低 CO_2 の濃度条件であった。とくに，O_2 濃度は地球史を通じてもっとも高く，石炭紀の最高時には大気中の 35% を占めるまでに達していた(現在は 21%)。これほどの O_2 濃度の高い条件下では，野火(森林火災)が発生しやすくなることが指摘されている(Watson et al., 1978)。実際に野火によって生じたと推測される木炭 charcoal の化石が石炭系の堆積岩からよく見つかることから，その時代の陸上生態系における野火の頻発を主張する研究者がいる(Scott and

Jones, 1994; Falcon-Lang, 2000)。ただし，堆積物中の木炭が野火・火災の証拠として十分であるか，続成過程で生じないかなど，検討が必要であろう。また，高 O_2 濃度下で適応した陸上植物は，その組織において化学的・構造的性質を変化させて耐燃焼性を強化していた可能性も指摘されている(ベアリングとウッドワード，2003)。陸上植物の進化と耐燃焼性との関係は興味深い。一方，大気の低 CO_2 条件は，温室効果の低下を介して地球の寒冷化を引き起こした。石炭紀後期には寒冷化が進み，大陸には永続的な氷床が形成されたと考えられている(古生代後半の古気候については，第6章を参照)。

　上述したような森林形成によって引き起こされた大気 CO_2 濃度の低下について，当時の木本植物が堆積後に分解されずに効率よく埋蔵されたことが原因であるとする研究者もいる(Robinson, 1990)。木本植物に由来する有機物，とくに抵抗性高分子(本章コラム)が分解されずに大量に埋積し，大気 CO_2 を岩石圏に貯蔵したという主張である。具体的な抵抗性高分子としてリグニン lignin が挙げられている。木本植物の木質部はセルロース cellulose とともにリグニンが主要成分である。現在の生態系では木材を分解する微生物が豊富に存在するが，石炭紀にはそれを分解する生物が少なかったと推察されている(Robinson, 1990)。そのために木材の分解が抑制されて埋蔵量が増加した。これは石炭紀における石炭 coal の蓄積に貢献したともいわれている。木質植物と，それを構成する抵抗性高分子を分解する微生物との関係の進化が，地球史オーダーでの大気 CO_2 濃度変化を決める要素になっているという仮説は興味深い。ただし，ベアリングとウッドワード(2003)は，微生物がリグニンを分解するための生化学的経路を長い時間獲得しえなかったということに否定的である。彼らは，石炭紀を含む古生代後半に陸上植物に由来する有機物が大量に埋蔵されたことは認めるが，その理由は，泥炭を形成できる湛水条件が赤道域に形成されることで説明できると主張している。

　古生代後半の高 O_2/低 CO_2 濃度条件下で，種子植物とその植物相はさらに進化・発達した。森林形成による正のフィードバックである。最初に現れた種子植物はシダ種子植物 Pteridospermophyta(詳しくは後述)であり，この植物が古生代後半の陸上植生の主役となる(図1)。デボン紀後期〜石炭紀初期の前裸子植物やヒカゲノカズラ植物の森林に，裸子植物 gymnosperm である

シダ種子植物が進入した。その後の石炭紀後期からの気候の寒冷化と，それにともなう海水準低下や陸域の乾燥化による湿地・湛水域の減少で，前裸子植物やヒカゲノカズラ植物などの無種子植物が衰退した。一方で，耐乾燥性や休眠といった種子の特性を活かして，シダ種子植物が植生を席巻するようになった。さらに，石炭紀末期には現生種につながるタイプの裸子植物が台頭し始める(図1)。初めにソテツ植物 Cycadophyta が出現し，針葉樹(球果)類の原始的な特徴をもつコルダ木(コルダイテス Cordaites)やボルチア目 Voltziales も現れる。乾燥化がさらに進んだペルム紀には裸子植物が優勢になっていく。

2. 種子(胚珠)の成立

　種子の本体は受精前の胚珠であり，胚珠に種子の基本的構造を見ることができる。植物個体(胞子体)上にある胚珠は，珠心と珠皮からなる。珠心はシダ植物(胞子段階の維管束植物)の大胞子嚢に相当し，珠皮はそれを包んだ組織である。珠心のなかにある大胞子母細胞(被子植物の胚嚢母細胞と相同である)が減数分裂を行って，大胞子四分子を形成する。4個の大胞子のうち，合点側の1個を残してほかの3個は退化する。残った1個の機能大胞子が発生して雌性配偶体になる(遊離核分裂を繰り返した後に，細胞質分裂を行って多細胞になる)。胚珠の先端には珠孔という孔があり(珠皮に孔があいている)，花粉(小胞子，未成熟の雄性配偶体)の入り口になっている。花粉室に付着した花粉が発芽して精細胞を生じ，雌性配偶体の造卵器のなかの卵と受精を行う。その受精卵が発達して，胚になり，胚珠全体は種子になる(図2)。

　陸上植物において種子が形成されるためには，以下の2つの条件が必要だったと考えられる。①大小の違いのない同型胞子が，大きさに差のある異型胞子へと進化する。②大胞子嚢が裂開しない。①に関して，植物体が不明な胞子化石が，デボン紀の地層から多数見つかっている。デボン紀前期では小さい胞子が多く，その大きさには変化が少ない(直径10〜60 μm)のに対して，デボン紀中期になると，大きさの変化が激しくなり，200〜400 μm の大きな胞子が出現する。このことから，デボン紀前期の胞子はおそらく同型胞子性で，デボン紀中期になって異型胞子性が確立したのであろうと推定される。

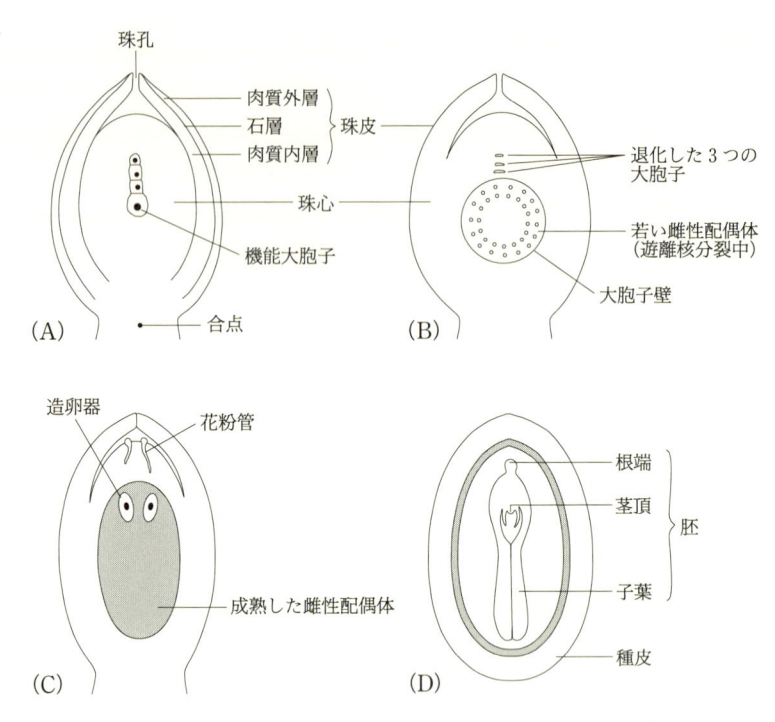

図2 裸子植物の胚珠と種子の構造（縦断面にて模式的に示す）。(A)胚珠。1列に並んだ大胞子四分子のうち、合点側の1個が雌性配偶体になる、(B)遊離核分裂中の雌性配偶体、(C)2つの造卵器をもつ成熟した雌性配偶体、(D)完成した種子

　大胞子をつくる大胞子嚢は珠心に相当し，小胞子嚢は雄しべの葯に相当する。大胞子は数が限られ，小胞子は多数生産される。②の大胞子嚢が裂開しないことに関して，胞子段階(無種子)植物では，胞子はつねに胞子嚢の裂開により外にはじき出されるが，種子植物では，大胞子は裂開しない大胞子嚢(珠心)につくられ，外に飛び出すことがない。さらに以上のような条件下では，小胞子(花粉)は風媒・虫媒など何らかの方法により胚珠まで運ばれ，珠孔を通って精細胞を卵細胞まで送り込まなければならなかった。被子植物で見られる花粉管は，精細胞を卵細胞まで誘導させる装置ともいえる。

　裸子植物とは，胚珠が大胞子葉(＝心皮)によって包まれていない(胚珠が子房によって保護されていない)状態の植物群である。これに対して被子植物では，胚珠が心皮で包まれ，子房と呼ばれる保護部分があるのが特徴である。これ

を被子性と呼ぶ。種子の起源を探ることは，胚珠の起源を探ることであり，胚珠の起源は珠皮の起源を探ることである。

テロム説による胚珠の成立

　テロム説とは，Zimmermann(1952)が提唱した茎と葉の分化に関する学説で，古生物学的証拠に基づいて考えだされたものである。大葉の起源の説明としてよく引用されるこの仮説は，維管束植物の植物体は，古生マツバラン類のもっとも単純な体制のリニア Rhynia に似たものから派生したと考える。リニアは茎の直径が1〜5 mmくらいの草本で，根と葉を欠き，二又分枝を繰り返す枝系からなっている。二又分枝する枝系の最末端の枝をテロム telome と呼び，このテロムが，以下のように変化することによって大葉が完成することになる。二又分枝する軸系において，①枝系の一方が以後の成長を止めることによって，主軸と側枝に分化し，②側枝の配列が平面化し，放射相称から左右相称になり(立体的分枝から同一平面上で分枝するようになり)，③側枝間合着と膜はりによって葉身が形成された(西田，1998の図9；ギフォードとフォスター，2002の図3-7)。

　同様に胚珠の起源もテロム説によって説明されている。大胞子嚢と小胞子嚢に分化して(異型胞子化)大胞子嚢の数が減り(1枚の胞子葉＝テロムあたり)，また，大胞子葉の数が減り(テロム群が不稔化して)，それらが癒合して(葉状構造になり)，胚珠を包み込む珠皮になったという仮説である。この仮説はゲノモスペルマ Genomosperma，ユーリストマ Eurystoma，スタムノストマ Stamnostoma の化石標本(スコットランド産，石炭紀)によって証明されている(西田，1998の図12；ギフォードとフォスター，2002の図15-11)。デボン紀後期のエルキンシア Elkinsia とそれよりやや時代が新しいアルカエオスペルマ Archaeosperma では，胚珠をさらに囲むテロムが胚珠の外側に見られる(戸部，1994の図7.2)。これを椀状体と呼んでいる。

3. 種子植物の系統分類

シダ種子植物門 Pteridospermophyta
(1) シダ種子植物目 Pteridospermales

古生代の石炭紀からペルム紀に生育していた，シダ型の葉と裸子植物型の種子をもっていた植物で，すでに多様に分化していた。

リギノプテリス科 Lyginopteridaceae

おもな形態属(器官属)morphogenera として(命名規約上，化石分類群は形態分類群 morphotaxa として扱われてもよい。形態分類群は生活史の1つの段階を示していてもよい)，下記が知られている。

茎：リギノプテリス *Lyginopteris*, トリスチキア *Tristichia*, テトラスチキア *Tetrastichia*, ヘテランギウム *Heterangium*

葉：スフェノプテリス *Sphenopteris*, ジプロテマ *Diplothema*

胚珠(種子)：ラゲノストマ *Lagenostoma*, グネトプシス *Gnetopsis*

小胞子葉(小胞子嚢)：クロッソテカ *Crossotheca*, テランギウム *Telangium*

これらのうち，リギノプテリス，スフェノプテリス，ラゲノストマ，ならびにクロッソテカは同一植物の器官と考えられている。

リギノプテリス属はいくらか蔓性で，大型の羽状複葉を生じ，おそらく周りの植物に支えられて生育していたのではないかと考えられている。茎の直径は3～4m，真正中心柱である。軟木質の比較的少量の材[注1,2]の二次木部には仮道管があり，その放射壁には多列の有縁壁孔があり，皮層外層には網状の繊維がある。

[注1] 木本植物の茎における木質部。形成層の活動によってつくられる二次木部が主体で，道管，仮道管，木部繊維，木部柔組織などから構成されている。

[注2] 軟木質材 manoxylic wood と硬木質材 picnoxylic wood。裸子植物の材には2つのタイプが見られる。①軟木質 mano(ギリシャ語で薄い，ゆるい意味)材は，二次木部環が比較的小さく，仮道管部と大量の柔組織からなっている。シダ種子植物，キカデオイデア植物，ソテツ植物に見られる。②硬木質 picno(ギリシャ語で厚い，密な意味)材は，二次木部が大きく発達し，仮道管部が多く，柔組織が少ない。化石・現生針葉樹，イチョウ植物にこのタイプの材が見られる。

小胞子嚢は葉片上に生じるか，あるいは扁平化した葉身の軸に集合して生じる(Bold et al., 1987 の図 25-14；ギフォードとフォスター，2002 の図 15-3C)。胚珠はラゲノストマという器官属名をもち，長さ 5.5 mm，直径 4.4 mm と小さい。胚珠の周りには，デボン紀後期に出現し，原始的な胚珠をもつエルキンシアとアルカエオスペルマに見られた椀状体がある(ギフォードとフォスター，2002 の図 15-3D, E)。椀状体の先端部は 8〜10 枚の裂片に分かれており，それらには維管束がはいっている。椀状体の外面には腺があり，昆虫を誘引する役割を果たしていたのかもしれない。珠皮は 1 層で，維管束が通り，先端部を除いて珠心と癒合している。先端部には，ラゲノストムと(珠心)嘴状体が花粉室をつくっている。いわゆるハイドラスペルマ型生殖が行われていたのであろう。

メデュローサ科 Medullosaceae

おもな形態属として，以下が知られている。

茎：メデュローサ *Medullosa*，スットクリフィア *Sutcliffia*

葉：アレトプテリス *Alethopteris*，ネウロプテリス *Neuropteris*

胚珠(種子)：パキテスタ *Pachytesta*，ステファノスペルマム *Stephanospermum*

小胞子葉(小胞子嚢)：コドノテカ *Codonotheca*，ウィットレセヤ *Whittleseya*

これらのうち，メデュローサ，アレトプテリス(あるいはネウロプテリス)，ならびにパキテスタは同一植物の器官といわれている。

この科は，石炭紀前期からペルム紀にかけて知られ，一般にやや高木(高さ 3〜8 m)で，大型の羽状複葉を生じる。メデュローサ属は茎の化石につけられた名前だが，現在では一般に植物体全体に対して使われる(図 3A)。

小胞子嚢は葉身の軸に集合して生じ，かつ基部か全体にわたって側面で癒合し，単体胞子嚢群を形成する(図 3B)。隣り合う胞子嚢の側壁が合着し，かつ胞子嚢群全体が 1 つの房室中にはいっているものを単体胞子嚢群という。胚珠はパキテスタという器官属で(図 3C)，大きさは 1 cm 以上，普通 2〜3 cm のものが多いが 10 cm を超えるものもある(図 3C)。この胚珠は，珠皮と珠心が離れており，珠皮(1 枚)と珠心に維管束が通っている。椀状体はない。

グロッソプテリス目 Glossopteridales

おもにペルム紀と三畳紀に生育し，インド，南米，南アフリカ，オースト

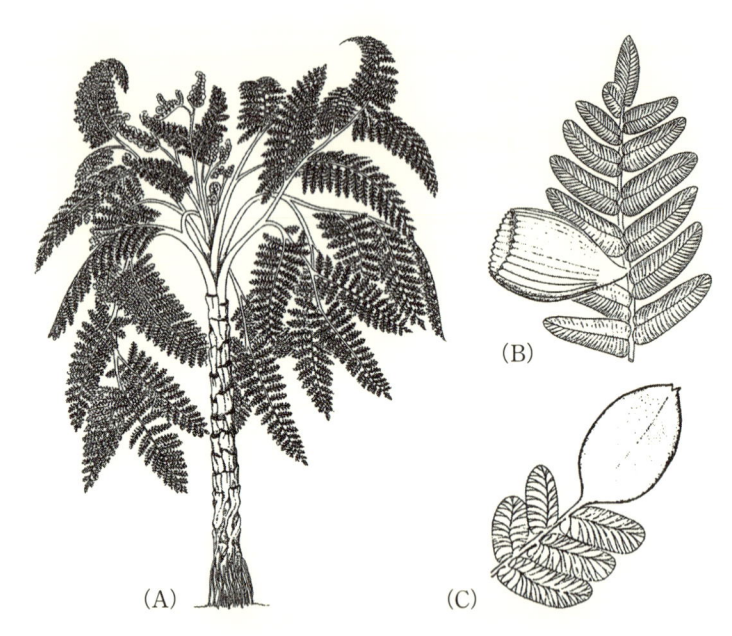

図3 シダ種子植物メデュローサ科(Stewart and Delevoryas, 1956)。(A)メデュローサ・ノエイ *Medullosa noei* の復元図(高さ3.5〜4.5m)、(B)小胞子嚢穂(単体胞子嚢群)、(C)種子

ラリア、南極から化石が見つかっており、ペルム紀に南半球にあったゴンドワナ大陸植物相の主要な構成要素であった。被子植物の祖先候補の1つとされてきた。その所属も研究者によってさまざまで、歴史的にはソテツ植物、針葉樹植物、そして被子植物にいれられてきた。

多くの属が記載されており、代表的なグロッソプテリス属 *Glossopteris* は復元図(図4A)に示すように、舌状の単葉をもち、葉には網状脈がある(図4B)。小胞子嚢は小胞子葉の中脈に集合してつく(図4C)。大胞子葉に生じた胚珠は、大胞子葉によって取り囲まれている(図4D, E)。これは雌しべの原型といえる構造である。

(2) カイトニア目 Caytoniales

三畳紀後期から白亜紀前期に生育していた。このグループも被子植物の祖先候補の1つとされてきた。

器官属として別々に記載された、サゲノプテリス *Sagenopteris*(葉)、カイト

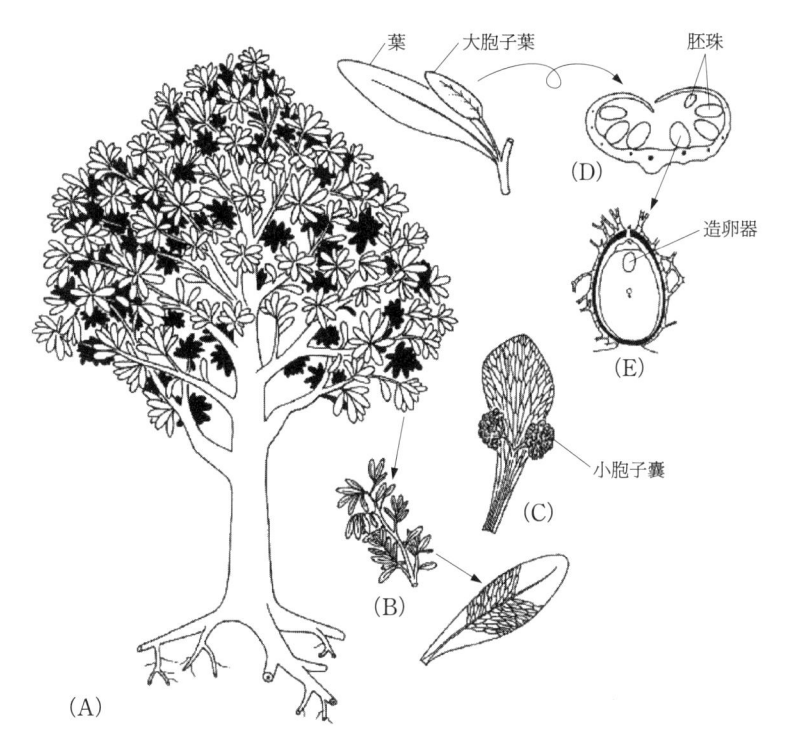

図 4　シダ種子植物グロッソプテリス（Gould and Delevoryas, 1977）。(A)全体の模式的復元図，(B)葉をつけた枝と葉，(C)2つの小胞子嚢を生じた小胞子葉，(D)反曲して巻いている大胞子葉，(E)胚珠の縦断面

ニア *Caytonia*（胚珠または種子）ならびにカイトナントス *Caytonanthos*（小胞子葉または小胞子嚢）が同一植物として確認されている。

　カイトニアの茎の内部構造はほとんど知られていない。羽状または掌状に切れ込んだ葉をもっていた。小胞子嚢は小胞子葉の最終裂片に集合してつくか，または癒合して垂れ下がった細長い単体胞子嚢群となった（ギフォードとフォスター，2002の図15-8C, D）。大胞子葉は左右2列に椀状体を生じている（図5A）。椀状体は拳状に折れ曲がり，柄の側に（唇弁状の）開口部があり，なかには十数個の小さな胚珠を包み込んでいた（図5B）。花粉が椀状体のなかにはいって，胚珠の珠孔部に達していることが確認されている。一見，被子植物の雌しべのようであるが（雌しべと相同の器官である），受粉様式は裸子植物型

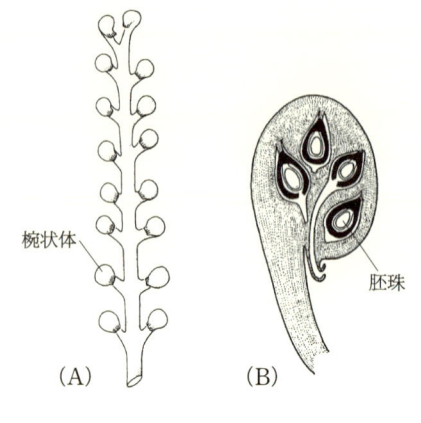

図5 シダ種子植物カイトニアの生殖器官の構造（A：Thomas, 1925；B：Harris, 1933）。(A)カイトニア・ナトルスチイ *Caytonia nathorsti* の大胞子葉。椀状体を2列に生じている，(B)カイトニア・トマシイ *Caytonia thomasi* の拳状に折れ曲がった椀状体の縦断面

であり，子房状の構造をしているが，柱頭がない。この雌しべ状構造に柱頭が完成すれば，被子植物といってもよい。カイトニアの化石が見つかった新赤色砂岩が堆積したのは，当時熱帯圏の砂漠地帯だったらしい。そうなると，子房状の構造は乾燥への対策として進化した可能性がある。

　余談になるが，シダ種子植物類の研究を間接的に推進したのは2人の日本人研究者，イチョウの精子を発見した平瀬作五郎とソテツの精子を発見した池野成一郎であるといわれる。彼らは1896年に裸子植物の精子を世界で初めて発見し，当時の学会を驚かせた。これらの発見によって裸子植物（裸子段階の維管束植物）とシダ植物（胞子段階の維管束植物）の類縁関係が密接なものとして理解されるようになった。そして，それ以前に，部分的な化石として見つかっていたシダ植物型の葉とソテツ型の幹と種子の化石が同じ地層から出現することの意味についての追求が本格的に行われるようになった。シダ型の葉＋ソテツ型の幹＋種子をもつ植物，すなわち，シダ植物とソテツの中間的植物の実体を確かめる研究が進み，シダ種子植物門として認識されたのである。

キカデオイデア門 Cycadeoidophyta

　絶滅したグループで，中生代ジュラ紀と白亜紀に生育していた（同じ時代にソテツ類も生育していた）。全体の印象はソテツ類に似ている（ギフォードとフォスター，2002の図15-12）。決定的な違いは，気孔の形成様式[注3]と維管束の葉へ

のはいり方である．ソテツ類では，幹から分かれて葉にはいる維管束(葉跡)は皮層中をまわって反対側の葉にはいるが，キカデオイデアでは幹の維管束から分出後ただちに葉にはいる．

　ウイリアムソニア科 Williamsoniaceae とキカデオイデア科 Cycadeoidaceae が知られている．生殖器官は1つの軸の先端に形成される．下から苞葉，大型の小胞子葉，その上に退化して棒状になった大胞子葉が多数生じ(その先端に1個の胚珠をつける)，大胞子葉のあいだには不稔性鱗片が存在する(戸部，1994の図8.6, 8.7)．1つの軸上に，下から苞葉(花被に相当)，小胞子葉(雄しべに相当)，多数の大胞子葉(雌しべに相当)が配列しているようすは，モクレン目の花に似ている．

　仮道管の構造も原始的な被子植物と同じタイプである(階紋仮道管)ことから，昔から被子植物の祖先候補の1つとして注目されてきた．棒状に退化した大胞子葉が，再び成長して胚珠を包み込む状態の化石が見つかれば，一躍有力な被子植物の祖先候補となる．

ソテツ植物門 Cycadophyta

　現生のソテツ植物門としては11属約160種が知られている．化石では，ペルム紀前期に出現し，三畳紀後期からジュラ紀にかけて世界中に大繁栄していた証拠がある．ペルム紀前期にアルカエオキカス *Archaeocycas*，ファスマトキカス *Phasmatocycas*，三畳紀後期になるとレプトキカス *Leptocycas*，ジュラ紀になるとベーニア *Beania* などが出現する(Bold et al., 1987の図25-26, 25-27, 25-28)．

[104頁(注3)] 裸子植物の気孔形成様式は，おもに2つである．①単唇型 haploceilic(simple-lipped) type は，孔辺細胞始原細胞が分裂して2個の孔辺細胞になる．この場合，孔辺細胞を取り囲む表皮細胞が副細胞として機能する．現生ならびに化石針葉樹(コルダイテス目を含む)，シダ種子植物目，ソテツ目，イチョウ目，マオウ目のマオウ属が挙げられる．②複唇型 syndetoceilic (compound lipped) type は，孔辺細胞始原細胞が2回分裂して，2個の副細胞を生じる．その後，2個の副細胞のあいだに残った始原細胞が1回分裂して2個の孔辺細胞になる．副細胞はさらに1回分裂する．このタイプの特徴は，2個の孔辺細胞と4個の副細胞が同じ親細胞に由来することである．キカデオイデア門，マオウ目のグネツム属，ウェルウィッチア属が挙げられる．

木本であるが茎の二次木部は少なく，茎の成長はきわめて遅いため，樹齢がわかりにくい。シダ植物に似た羽状複葉をもち，雌雄異株で大きな円錐形の胞子嚢穂をもつ。精子を形成することで現生の裸子植物のなかではイチョウ植物門とともに異色である。ソテツの精子は直径 400 μm にも達する大きなもので，種皮外層は赤く肉質であることでも知られる。

イチョウ植物門 Ginkgophyta

現生のものはただ1種イチョウ *Ginkgo biloba* のみであるが，この群の化石は世界中から発見され，とくにジュラ紀に栄え，その後はほとんどの種が絶滅してしまった。1目2科からなる約10属の化石属を含んでいる。ペルム紀前期のトリコピチス *Trichopitys* は二又分枝した細い葉を側生し，その葉腋から伸びた短い茎上に胚珠が形成される(戸部，1994の図9.12A-C)。二又分枝した葉は，その後中生代にはいってしだいに癒着の度を増し，バイエラ *Baiera*，アルクトバイエラ *Arctobaiera*，ギンゴイテス *Ginkgoites* を経て，扇形葉が完成したものと考えられる。イチョウ属の化石は三畳紀後期の地層から見つかり始め，イチョウ属は現存する種子植物のなかでもっとも古い属とみなされている。

ソテツとは違い，形成層の活発な働きにより二次木部を形成し大木となる。枝には長枝と短枝とがある。葉身は扇形で，葉柄からはいった2本の維管束は規則的な二又分枝を繰り返す。イチョウの花粉はソテツと同様に精子を形成することで有名である。両者のこの類似点は進化の段階がほぼ同じレベルにあることを示すもので，系統的に同じ系列にあることを意味するものではない。雄性胞子嚢穂は全体が2cmほどのブドウの房状のもので，雌性胞子嚢穂は，短い柄の先に2個の胚珠をつけただけの簡単なものである。種皮外層は肉質となる。

針葉樹植物門 Coniferophyta

現生裸子植物でもっとも一般的なのは針葉樹植物(マツ科，スギ科，ヒノキ科，イチイ科など51属550種)である。針葉樹の歴史は石炭紀まで遡ることができる。

(1)コルダイテス目 Cordaitales

　石炭紀の初めに出現し，石炭紀前期からペルム紀に大きな森林を形成した証拠がある。灌木または高木(高さ30 m で下部の幹直径が1 m)であった(ギフォードとフォスター，2002の図17-44)。葉は帯状で，現生の針葉樹の葉とは異なって大きく，長さ1 m に達するものがあったという。茎には多量の硬質の二次木部を形成していた。コルダイテス *Cordaites* は，最初は葉の器官属名であったが，現在では樹木全体にこの属名が使われている。

　生殖器官をもった部分の化石をコルダイアントゥス *Cordaianthus* と呼ぶ。小胞子嚢と胚珠は，苞葉をともなった有限成長の軸に形成される。小胞子嚢軸(小胞子嚢シュート；図6A)はラセン状に配列した多数の不稔鱗片葉をもち，先端部の5～10枚に小胞子嚢をつけていた(1枚の稔性鱗片葉あたり6個)。

　胚珠をつける生殖シュートもラセン状に配列した鱗片葉をつけ，先端部の4～6枚に，1個(鱗片葉が二又に分枝した場合には2個)の胚珠を生じていた(図6

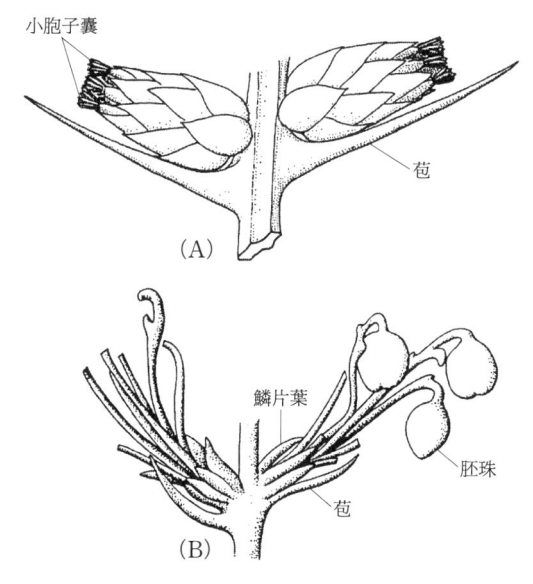

図6　針葉樹植物門コルダイテスの生殖器官(A：Delevoryas, 1953；B：Taylor and Millay, 1979)。(A)苞に脇生する2つの小胞子嚢シュートをつけた生殖枝の一部，(B)胚珠をつけた2つの生殖シュートを生じている生殖枝の一部。不稔鱗片葉と有柄の胚珠は苞に脇生

B)。珠皮は3層で，中層は厚壁細胞からなっていた。

コルダイテス目の系統に関する決定的証拠は得られていない。あくまで推定であるが，コルダイテス目の祖先は，単葉，よく発達した二次木部，真正中心柱が共通するデボン紀後期の前裸子植物アルカエオプテリス目である可能性が高い。コルダイテス目は，次に説明するボルチア目の祖先であろう。

(2)**ボルチア目** Voltziales

石炭紀後期から三畳紀に生育していた。このグループには，現生針葉樹の種鱗の先駆的構造が見られることから，現生針葉樹の祖先であるとされている。栄養器官の形態と構造は，現生のナンヨウスギ科 Araucariaceae に似ている。

レバキア属のうち，レバキア・ピニフォルミス *Lebachia piniformis* の若い雌性球果では(図7A)，先端が2裂した苞葉がラセン状に配列しており，その腋に短い生殖シュートを発達させた。生殖シュートの鱗片葉は先端の1枚を除いて不稔であった。稔性鱗片葉(＝生殖鱗片，大胞子葉)は，柄と胚珠(球果軸に対して左右相称)からなる。コルダイテスの生殖シュートの単純化とみなせる。レバキア・ロッカルディ *Lebachia lockardii* の生殖シュートは25～30枚の不稔鱗片を生じ，その基部に1または2枚の稔性鱗片があった(図7B)。各々の稔性鱗片には，1個の倒生胚珠が頂生していた。花粉室から花粉粒も見つかっている。エメスチオデンドロン・フィリシフォルメ *Emestiodendron filiciforme* では，鱗片の数が減って，すべてが稔性鱗片である(図7C)。

ペルム紀後期から中生代初期の地層から産出する化石属は，生殖シュートの単純化がいっそう進んで，現代型種鱗(苞鱗‐種鱗複合体)へのさらなる進化的移行段階を示している。

プソイドボルチア・リーベアーナ *Pseudovoltzia liebeana* の生殖シュートは，部分的に癒合した5枚の鱗片からなり，背腹性をもつ「種鱗」を形成した。中央の鱗片(裂片)と2枚の側生鱗片には，1個の倒生胚珠がそれぞれの基部に生じていた(図7D, E)。苞(苞鱗)は腋生した生殖シュートとほぼ中央部まで癒合していた。しかし，種鱗へはいる維管束と苞鱗へはいる維管束は癒合していない。このことは，プソイドボルチア・リーベアーナの祖先型では，苞鱗と生殖シュートは癒合していなかったことを示唆している。三畳紀のボル

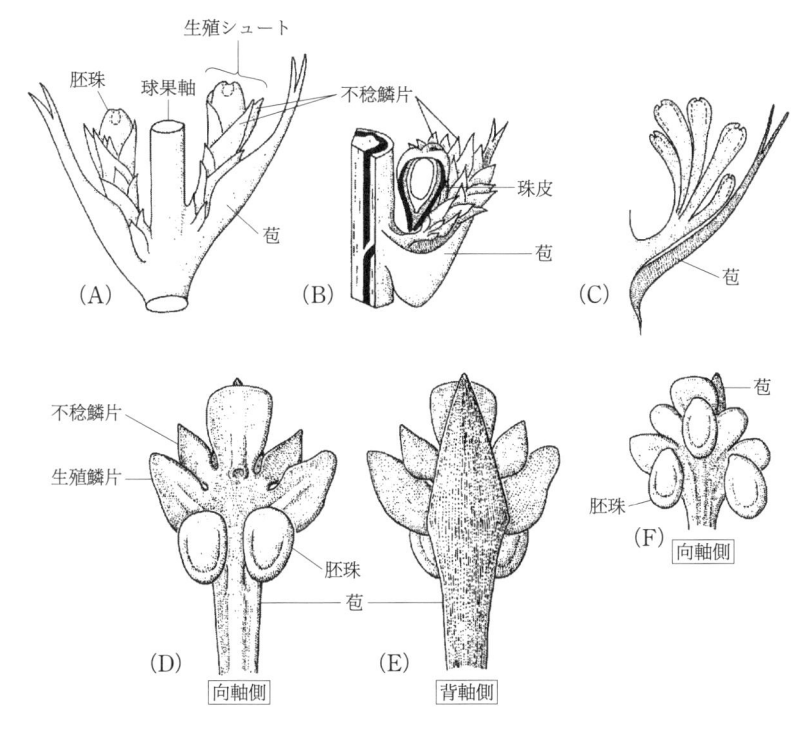

図7 ボルチア目(針葉樹植物門)の若い雌性球果(A・C・F：Schweitzer, 1963；B：Mapes and Rothwell, 1984)。(A)レバキア・ピニフォルミス，(B)レバキア・ロッカルディ，(C)エメスチオデンドロン・フィリシフォルメ，(D)・(E)プソイドボルチア・リーベアーナ(中央鱗片の胚珠は取り除いてある)，(F)ボルチア属の一種 *Voltzia* sp.

チア属の種鱗は，部分的に癒合した5枚の鱗片と3個の倒生胚珠からなり，柄は苞鱗と合着していた(図7F)。

グネツム植物門 Gnetophyta

グネツム属 *Gnetum*，マオウ属 *Ephedra*，ウェルウィッチア属 *Welwitschia* の3属からなる小さな植物群である。木部には被子植物と同様に仮道管と道管があり，被子植物の姉妹群であるとの解釈もある。各々の属に対して，独立した目が設定されているほど離れている。

グネツム属は一般につる性で，現在熱帯地域に約35種生育している。葉

は普通，狭楕円形で，被子植物(双子葉植物)の葉によく似ている。枝上に胞子囊がつき，胞子囊穂を形成する。多くは雌雄異株となる。ジュラ紀の中期から後期にかけてフィリテス *Phyllites* など，双子葉植物のクスノキに似た葉の化石が見つかっているが，グネツム属の葉との区別は難しく，むしろグネツム属に関連した化石かもしれない。

マオウ属は退化した鱗片状の葉をもつ小低木で，現在世界の乾燥地に40種ほど分布している。被子植物の重複受精に似た現象が見られ，被子植物の重複受精と相同な現象だとの意見もあるが異論もある。道管をもつ材化石として，ジュラ紀中期のスヴェヴィオキシロン *Svevioxylon* の報告がある。被子植物の白亜紀以前の化石とされることもあるが，マオウ属との区別は不可能と考えられる。

ウェルウィッチア属はただ1種がアフリカのナミブ砂漠に生育しており，枝分かれしない低木で，雌雄異株であり，一生のうちで普通葉が長線形の2枚しか形成されず，その異様な形態から「奇想天外」という和名がつけられている。

[引用文献]

Abbott, G.D., Ewbank, G., Edwards, D. and Wang, G.-Y. 1998. Molecular characterization of some enigmatic Lower Devonian fossils. Geochim. Cosmochim. Acta, 62: 1407-1418.

Berner, R.A. 1997. The rise of land plants and their effect on weathering and atmospheric CO_2. Science, 276: 544-546.

Berner, R.A. and Canfield, D.E. 1989. A new model for atmospheric oxygen over Phanerozoic time. Am. J. Sci., 289: 333-361.

ベアリング, D.J.・ウッドワード, F.I. 2003. 植生と大気の4億年(及川武久監修). 454 pp. 京都大学学術出版会.

Bold, H.C., Alexopoulos, C.J. and Dellevoryas, T. 1987. Morphology of Plants and Fungi (5th ed.). 912pp. Harper & Row, New York.

de Leeuw, J.W. and Largeau, C. 1993. A Review of macromolecular organic compounds that comprise living organisms and their role in kerogen, coal and petroleum formation. *In* "Organic Geochemistry" (eds. Engel, M.H. and Macko, S.A.), pp. 23-72. Plenum Press, New York.

Delevoryas, T. 1953. A new male cordaitean fructification from the Kansas Carboniferous. Amer. J. Bot., 40: 144-150.

Ewbank, G., Edwards, D. and Abbott, G.D. 1996. Chemical characterization of Lower Devonian vascular plants. Org. Geochem., 25: 461-473.

植物化石の抵抗性高分子

沢田　健

　陸上高等植物の表皮や樹皮などの疎水的で硬い組織を構成する高分子量有機物は，抵抗性高分子 resistant polymer(resistant macromolecule)と呼ばれる。抵抗性高分子は細胞壁や植物体に物理的強度を付与したり，微生物や昆虫の作用に対して植物体に抵抗性を与えるなどの働きをもつ。このような有機物は，植物体が死んで堆積した後の腐敗・微生物分解や続成作用に対しても抵抗性があり，古代堆積物中でもよく保存されている。近年，植物化石の抵抗性高分子を有機化学や生化学の技術を用いて分析することから，植物化石種の同定や，古植生あるいは生息した当時の古環境や古気候を復元する研究が行われている。

　植物体の抵抗性高分子は，木質を構成する主要成分の1つであるリグニン lignin(図8)，表皮・クチクラを構成するクチン cutin, コルク質を構成するスベリン suberin, 花粉・胞子の外壁を構成するスポロポレニン sporopollenin などがある。とくにリグニンは，セルロースとともに植物体の骨格を形成する主要成分であり，地球環境に普遍的に存在し，環境化学や地球化学において陸上高等植物のトレーサーとして広く使われる重要な有機分子である。リグニンは図のようなメトキシフェノール methoxyphenol を単量体とする巨大分子である。これまでのリグニンの古生物学的研究は，細胞壁の肥厚組織(リグニンは細胞壁に沈着して二次壁(膜)といわれる硬い細胞壁を形成する)を形態学的に判別することから行われている。もっとも古いものでデボン紀初期のリニア類からリグニン(組織)が見つかっている。

　植物化石中の抵抗性高分子は，厳密にいうと，生体の分子構造がそのまま残っているのではなく，堆積後の続成過程における脱官能基反応や再縮重合によって構造が変化した部分も存在する。そんな構造のなかから，残された生体情報を解読することにより古植物の復元が実現する。たとえば，ゾステロフィルム Zosterophyllum やプシロフィトン Psilophyton などのデボン紀初期の植物化石(Ewbank et al., 1996)や，維管束植物につながるコレオケーテ目に似たデボン紀初期の Parka や Pachytheca 化石(Abbott et al., 1998)，針葉樹につながる原始的な種子植物であるコルダイテス化石(Mösle et al., 2002)などの抵抗性高分子の分子組成を調べることから，古代植物の復元やそれらの系統関係が論じられている。

　抵抗性高分子がなぜ注目されるのか―植物の種類などを同定するにはDNAやタンパク質を調べればよいではないかと思われるかもしれない。しかし，地質時代の植物化石にはそれらはまったく残されていない。ごく稀な例として，約2000万年前の中新世の湖底堆積物中に保存されたモクレン化石から葉緑体DNAを取り出したという研究(Golenberg et al., 1990)が報告されているが，本当に化石に由来するDNAなのかは論争中である。また，堆積物や石油・石炭には陸上植物由来の低分子量の脂質分子も含まれている。それらは典型的なバイオマーカー(第2章コラム)の1つであり，堆積物中の鉱物粒子に付着したり，原油中に溶けて残存しているものと考えられている。残念ながら，植物化石，とくに年代の古い化石からはこのバイオマーカー分子も検出されないことが多い。植物化石の続成過程で低分子量化合物であるバイオマーカーは失われてしまうからである。つまり，DNAやバイオマーカーでは解読しえない情報を，抵抗性高分子から得ることができるのである。抵抗性高分子の研究は，古植物学，さらに陸上植生と物質循環を論ずる生物地球化学的研究や陸域環境および生態系の進化史の研究においてブレークスルーになりうると考えられる。

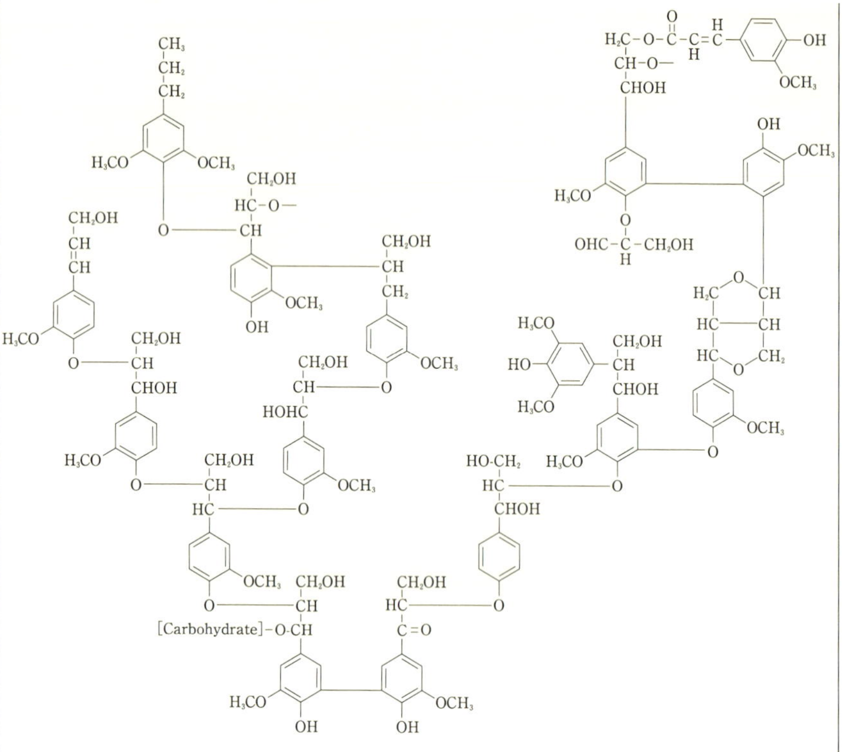

図8　リグニンのモデル構造式(de Leeuw and Largeau, 1993)

Falcon-Lang, H.J. 2000. Fire ecology of the Carboniferous tropical zone. Palaeogeogr. Palaeoclimatol. Palaeoecol., 164: 339-355.
ギフォード, E.M.・フォスター, A.S. 2002. 維管束植物の形態と進化(原書第3版, 長谷部光泰・鈴木武・植田邦彦監訳). 643 pp. 文一総合出版.
Golenberg, E.M., Giannasi, D.E., Clegg, M.T., Smiley, C.J., Durbin, M., Henderson, D. and Zurawski, G. 1990. Chloroplast DNA sequence from a Miocene *Magnolia* species. Nature, 344: 656-658.
Gould, R.E. and Delevoryas, T. 1977. The biology of *Glossopteris*, evidence from petrified seed-bearing and pollen-bearing organs. Alcheringa, 1: 387-399.
Graham, J.B., Dudley, R., Aguilar, N.M. and Gans, C. 1995. Implications of the late Palaeozoic oxygen pulse for physiology and evolution. Nature, 375: 117-120.
Harris, T.M. 1933. A new member of the Caytoniales. New Phytol., 32: 97-114.
Kenrick, P. and Crane, P.R. 1997. The origin and early evolution of plants on land. Nature, 389: 33-39.

Kerp, H., Hass, H. and Mosbrugger, V. 2001. New data on *Nothia aphylla* Lyon 1964 ex El-Saadawy et Lacey 1979, a poorly known plant from the Lower Devonian Rhynie Chert. *In* "Plants Invade the Land" (eds. Gensel, P.C. and Edwards, D.), pp. 52-82. Columbia University Press, New York.

Mapes, G. and Rothwell, G.W. 1984. Permineralized ovulate cones of *Lebachia* from Late Palaeozoic limestones of Kansas. Palaeontology, 27: 69-94.

Mösle, B., Collinson, M.E., Scott, A.C. and Finch, P. 2002. Chemosystematic and microstructural investigations on Carboniferous seed plant cuticles from four North American localities. Rev. Palaeobot. Palynol., 120: 41-52.

西田治文. 1998. 植物のたどってきた道. 219 pp. 日本放送出版協会.

Robinson, J.M. 1990. Lignin, land plants, and fungi. Biological evolution affecting Phanerozoic oxygen balance. Geology, 15: 607-610.

Schweitzer, H.J. 1963. Der weibliche Zapfen von *Pseudovoltzia liebeana* und seine Bedeutung für die Phylogenie der Koniferen. Palaeontographica, 113(B): 1-29.

Scott, A.C. and Jones, T.P. 1994. The nature and influence of fire in Carboniferous ecosystems. Palaeogeogr. Palaeoclimatol. Palaeoecol., 106: 96-112.

Stewart, W.N. and Delevoryas, T. 1956. The medullosan pteridosperms. Bot. Rev., 22: 45-80.

高橋正道. 2006. 被子植物の起源と初期進化. 506 pp. 北海道大学出版会.

Taylor, T.N. and Millay, M.A. 1979. Pollination biology and reproduction in early seed plants. Rev. Paleobot. Palynol., 27: 329-355.

Thomas, H.H. 1925. The Caytoniales, a new group of angiospermous plants from the Jurastic rocks of Yorkshire. Phil. Trans. R. Soc. Lond. B, 213: 299-363.

戸部博. 1994. 植物自然史. 188 pp. 朝倉書店.

Watson, A.J., Lovelock, J.E. and Margulis, L. 1978. Methanogenesis, fires and the regulation of atmospheric oxygen. Biosystems, 10: 293-298.

Zimmerman, W. 1952. The main results of the telome theory. Palaeobot., 1: 456-470.

第6章

超大陸の形成と生物大量絶滅
古生代中〜後期の大量絶滅と，両生類の出現・進化

沢田　健

　地球史においてたびたび起こったカタストロフ的な生物大量絶滅mass extinctionについて，近年，地球科学分野の研究者を中心に活発に調査・解析が行われ，新しい発見や話題，議論が世のなかに提供されている。本章はその生物大量絶滅事件のうち，古生代に起こった2つの絶滅事件について解説し，それが起こるに至る古生代中〜後期の地球環境・気候変動や大陸分布の背景と，その時代の生物進化として特筆すべき，両生類の出現と進化について紹介する。

1. 古生代中期に起こった生物大量絶滅

　初めに，デボン紀後期に起こった生物大量絶滅事件から説明したい。これは，デボン紀後期のフラスヌ階Frasnian末期からファメヌ階Famenian(3.85億〜3.59億年前)にかけて，とくに両階の境界期(F‐F境界：3.75億年前)に劇的に起こった事件であり，顕生代における5大絶滅事件の1つに数えられるカタストロフ的な大量絶滅であったと考えられている(図1)。
　デボン紀には，その前の時代に陸上に進出を果たした植物がさらに進化し，小〜中型のシダ植物などの種子をもたない植物(無種子植物)として河口デルタ域のような水辺環境に分布したと考えられている(第5章)。デボン紀は「魚類の時代」とも呼ばれ，海域から淡水域へと分布を広げた魚類の進化が

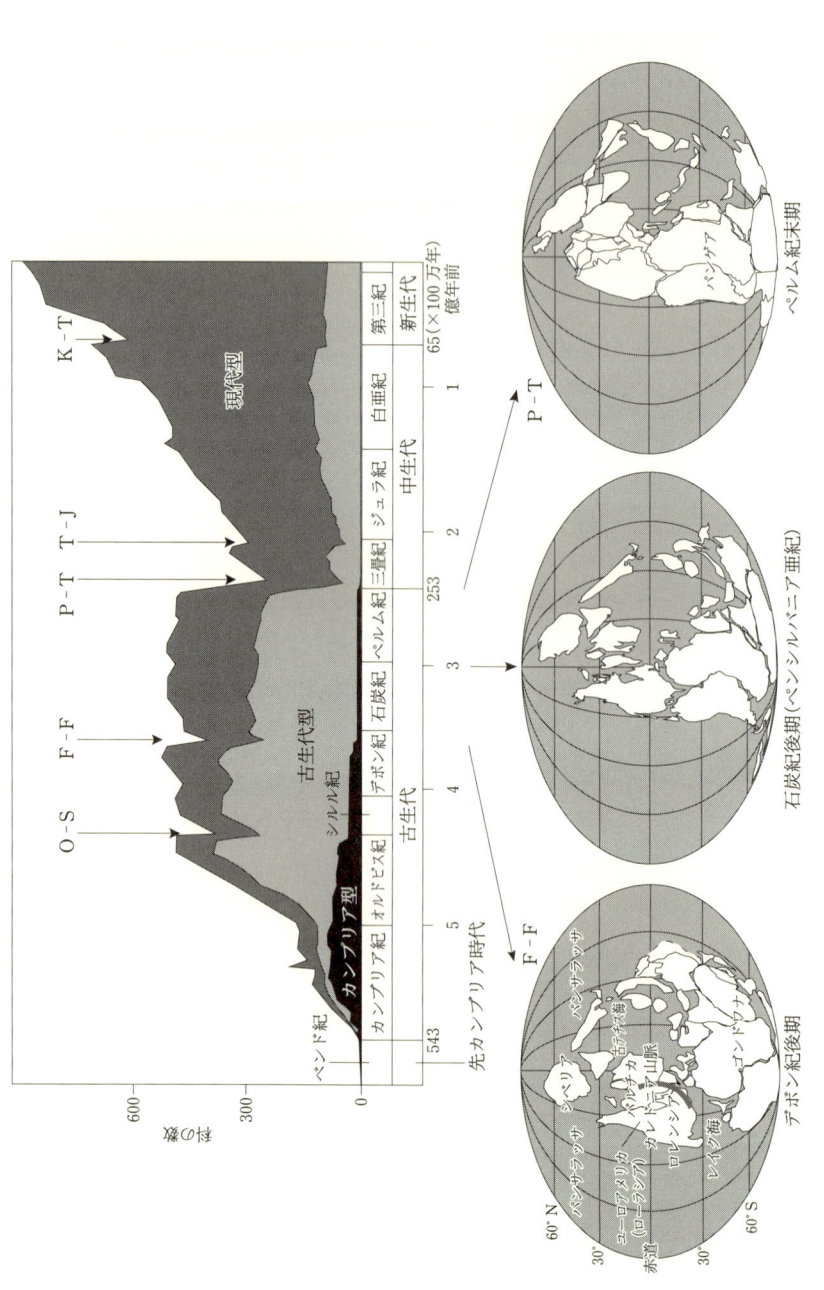

図1 顕生代における生物多様性の変化（Sepkoski, 1989 を参考に作成）と大陸分布（Scotese and McKerrow, 1990；ベアリングとヴッドフォード, 2003 を参考に作成）。口絵参照

特徴的な時代である(第4章)。低緯度域(熱帯域)の浅海域では，ストロマトライトが混在した珊瑚礁が大規模に形成されたことがわかっている(Sepkoski and Hulver, 1985)。珊瑚礁には熱帯性の多種多様な生物が生息し，まさに古生代における生物パラダイスともいえる環境が存在していた。それらの生物がデボン紀後期に大打撃を受けたのである。デボン紀後期に絶滅したおもな生物は，古生代型のサンゴや腕足類(おもにペンタメリ属 Pentamerids)，アンモナイト(ゴニアティテス属 Goniatites)，三葉虫，コノドント，アクリターク，筆石，原始的な魚類(板皮類など)であり，それらの85％が絶滅したと考えられている(Algeo et al., 2000)。その原因としてフラスヌ階末期に環境・気候の激変が起こり，低緯度の生態系に深刻なダメージを与えたことが考えられている。しかし，一方で高緯度や深海に生息する生物相はほとんど影響を受けなかったことがわかってきた。むしろ，あるものは，F‐F境界期の後に低緯度の浅海域に移動したと考えられている(Stearn, 1987; Copper, 1998)。

　デボン紀後期の生物大量絶滅は，ヨーロッパ地域に分布するフラスヌ階末からF‐F境界の地層の上下においては，「Kellwasser事件」と呼ばれて記録されている。その「Kellwasser層準」は，海成の黒色石灰質頁岩(泥灰岩)層と石灰岩層からなり，上部と下部の2つに分けられる。層序学的には，F‐F境界は上部Kellwasser層準の頂上部にあたる。このKellwasser層準の地層中に含まれる炭酸塩鉱物の安定炭素同位体比$\delta^{13}C$の年代変動曲線から，地層の対比が行われ，かつ環境激変のイベントの記録が読み取られている。ヨーロッパ各地のKellwasser層準や世界中のそれに相当する層準において，炭酸塩の$\delta^{13}C$値が正の方向にシフトすることがわかり，かつそれが2つのピークをもつことがわかってきた(Joachimski and Buggisch, 1993)。炭酸塩鉱物の$\delta^{13}C$値は，それが堆積した当時の海水中の炭酸(無機炭素)の$\delta^{13}C$値であり，生物活動での炭酸固定による有機物の生産量または埋積量にコントロールされて変化する。このKellwasser層準における$\delta^{13}C$値の正のシフトは，大量の有機物の埋積によって^{12}Cが海水から選択的に取り除かれ，その結果，海水中の炭酸において^{13}Cの割合が相対的に増した($\delta^{13}C$値の正方向への増加)ことによって起こったと解釈されている。また，地層中の有機物の$\delta^{13}C$も，2つの正のピークがあることが報告されている(Joachimski et al., 2002)。この

$\delta^{13}C$ シフトが，世界中のフラスヌ階末期層準で同様のパターンを見せることは，F‐F境界期をピークとしたフラスヌ階末期の環境激変が地球の広い範囲で起こったことを示す証拠である。また，ファメヌ階の末期，とくにデボン紀と石炭紀の境界期に大きな環境変化があったことを強調する研究者もいて，これは「Hangenberg事件」とも呼ばれている。絶滅した科の数はF‐F境界期のように鋭く科の数は減少していないものの(図1)，ファメヌ階末期も環境激変の期間であったと考えられている(Streel et al., 2000)。

F‐F境界の大量絶滅の原因となった環境激変について，地球の急激な寒冷化が有力視されている。それは大陸氷河の発達をうながすほどの気温低下であったと推定されている。古生代後半は全地球的に寒冷な時代と考えられているが，氷河が存在したことを証拠づける氷河性堆積物や地形が見つかるのは石炭紀の地層からである。しかし，海水準の低下の記録がフラスヌ階末期にあり，氷河が有意な規模で形成されたと解釈できる。この時代に氷河性堆積物などの記録がないのは，その氷河期が短期間(10万年？)であったからだと説明されている(Streel et al., 2000)。この寒冷化は，とくに熱帯域の生物相に甚大な影響を与えた。赤道域の胞子化石(中粒胞子 miospore)の研究(Streel et al., 2000)によると，フラスヌ階はかなり気温の高い気候で，フラスヌ階後期はその最盛期にあったとされている。その暑い気候からいっきに気温が低下したため，温暖な環境に適応していた生物が気候変化に対して順化できずに絶滅したと推定されている。

海洋における無酸素水塊の拡大をF‐F境界の大量絶滅の原因とする仮説もある(Joachimski and Buggisch, 1993)。無酸素水塊が低緯度の浅海域に特徴的に発達し，そこにすむ定着性の生物を絶滅に追い込んだというものである。海洋底の無酸素化は有機物の埋積量の増加によって底層水塊中の酸素(O_2)が消費されて引き起こされる。一方で，有機物の埋積量の増加は大気や海洋表層から温室効果ガスである二酸化炭素(CO_2)を除去・隔離するため，温室効果の低下すなわち寒冷化が起こる。寒冷化と海洋の無酸素化は密接に関連していた可能性が高い。

F‐F境界の寒冷化と海洋無酸素化の要因についてはいまだわかっていない。幾人かの研究者は，地球外小天体の衝突によって引き起こされたと提唱

している(Wang et al., 1996; Claeys et al., 1992)。ベルギーのF‐F境界層において，小天体衝突によって生じた可能性のあるガラス小球体 glass spherule が濃集する層準が発見されているのである(Claeys et al., 1992)。その形態と化学組成は，隕石が高速で衝突した際に地球上の堆積物などが融解してできるテクタイト tektite と呼ばれる鉱物に似ているという。しかし，ガラス小球体が小天体衝突の決定的な証拠というものではなく，また，ガラス小球体の濃集層がF‐F境界層の上位に位置することから，生物大量絶滅との関連性は低いとする意見が主流である。火成活動の活発化を原因に求める説もあるが，科学的証拠は得られていない。

2. 古生代中・後期における超大陸形成と気候

過去の大陸分布は，プレートの移動シミュレーションと陸上生物化石の群集の分布からおおよそ推定され，古生代中〜後期の分布も具体的に復元されている(Scotese and McKerrow, 1990)。それによると古生代中〜後期(デボン紀〜ペルム紀)の大陸配置は現在とまったく異なっていた。図1に示すように，デボン紀では，赤道を挟んで大部分を南半球の低緯度域に横たえるローラシア大陸 Laurasia，その南(つまり，南半球中・高緯度域)にゴンドワナ大陸 Gondwana が存在していた。ローラシア大陸は別名をユーロアメリカ大陸 Euroamerica といい，現在の北米とヨーロッパ，さらにヒマラヤ以北のアジアが集まった超大陸である。一方，ゴンドワナ大陸は現在の南極，オーストラリア，南米，アフリカ，インド，アラビア半島などからなる超大陸である。両大陸のあいだは完全に開いていて，レイク海 Rheic Ocean が広がっていた。北半球の中・高緯度には現在のシベリアや中国にあたる部分がそれぞれ陸塊になって分布していた。現在の太平洋よりもはるかに広大な超大洋パンサラッサ Panthalassa がすでにデボン紀から広がっていて，とくに北半球のほとんどは海洋に占められていたといってよい。超大洋パンサラッサは古生代後期を通じてさらに拡大していく。大陸が局所に集まり，海洋域がきわめて広いという特異な分布は，現在とはだいぶ異なる海洋・大気循環を生みだしていた可能性が高い。石炭紀後期(ペンシルバニア亜紀[注1]：約3億年前)になると，

ローラシア大陸は北に移動し北半球に分布域を広げ，かつゴンドワナ大陸は時計方向に回転しながらローラシア大陸に接近する(Scotese and McKerrow, 1990；ベアリングとウッドワード，2003)。デボン紀にあったレイク海は消滅するが，両大陸のあいだには海峡が残り，完全には一体化していなかったと考えられている。古生代末期のペルム紀になると，ローラシア大陸とゴンドワナ大陸は一体化し，かつ北半球にあった現在のシベリアや中国にあたる陸塊も合体し，巨大な超大陸パンゲア Pangea を形成する。超大陸パンゲアはまさにその時代唯一の大陸塊となった。

　古生代における陸塊の移動と集積は，長周期の気候変動にも深くかかわっていたと考えられている。シルル紀後期から始まっていたカレドニア造山運動は，デボン紀にはいると大山脈を形成することになる。シルル紀前期において，ローラシア大陸は西にロレンシア，東にバルチカと分かれていた。カレドニア造山運動とは，基本的にはロレンシアとバルチカの衝突によって起こった造山運動である。この造山運動によって，ローラシア大陸の当時の赤道域から南半球低緯度域において(現在のスカンジナビアからスコットランド，アパラチアなどにあたる地域)南北方向にカレドニア山脈が形成された。大山脈が低緯度域にできたことによって大気循環が活発化して，そのふもとに降雨をもたらし，河川や三角州(デルタ)地帯が広く分布するようになったと考えられている。そのデルタ地帯において，古生代中期を代表する動植物相が育まれたのである。その後の古生代後期においてさらなる大陸の合体が起こるが，気候は大局的には寒冷であったと推定されている(Ridgwell, 2005)。石炭紀前期の地層から氷河性堆積物の証拠が見つかっており，とくにゴンドワナ大陸において大陸氷河が発達したと考えられている。また，内陸部では寒冷化にともなって乾燥帯が広がり，酸化鉱物によって赤みがかった砂岩層(旧赤色砂岩 Old Red Sandstone と呼ばれる)を残すこととなった。ペルム紀はさらに顕著な氷床が永続的に大陸に分布し，きわめて寒冷な気候であった。

119頁(注1) 北米では，石炭紀をミシシッピー紀 Mississippian とペンシルバニア紀 Pennsylvanian に区別する。しかし，"Geological Time Scale 2004"(Gradstein and Ogg, 2004; Gradstein et al., 2004)に従って，それらを「亜紀」とし，石炭紀前期，後期をそれぞれミシシッピー亜紀，ペンシルバニア亜紀とする。

古生代後期における寒冷化は，大気中のCO_2濃度の低下による温室効果の減少によるものと考えられている(Berner, 1997；ベアリングとウッドワード, 2003)。Berner(1997)は，陸上植物の分布域の拡大によってCO_2の固定の増加と風化作用の活性化が引き起こされ，その結果，大気中のCO_2濃度が減少したという仮説を提唱した。一方，古生代中～後期で，大気中のO_2濃度は地球史を通してもっとも高かったと推定されている(Berner, 2002；ベアリングとウッドワード, 2003)。これも，陸上植物が出現したことによる陸域での光合成の発生・増加の結果であると考えられている。石炭紀後期からペルム紀半ばまでのピーク時には，O_2は地球大気の約30%を占めるまでに達していたと推定されている。これは現在の約1.5倍になる。この高O_2，低CO_2の大気組成は古生代中～後期の気候や生物の生理に大きな影響を与えたと考えられている。ところが，古生代末期のペルム紀後期には，大気組成の急激な変化(O_2濃度の減少，CO_2濃度の増加)が起こるのである。

3. 古生代における両生類の出現――脊椎動物の陸上進出

古生代中～後期における生物進化の重要なトピックは，両生類Amphibiaが出現し，進化・適応放散したことである。両生類が出現したときから，脊椎動物の進化の舞台はこれまでの海洋，淡水などの水圏のみの生息環境から陸地というまったく異なる環境に移ることになる。まさに，飛躍的に新しい進化的発展の進路にはいったことになる。しかし，脊椎動物が水域から陸上への進出を果たすにはいくつものハードルを越えなければならなかった。陸上へ進出するための重要な形質・機能である肺呼吸，重力を支える体格，陸上での移動能力，耐乾燥性を脊椎動物がどのように獲得していったのかを順を追って説明したい。

肺については，淡水域に進出した魚類が，沿岸で起こる水塊の貧(無)酸素化や陸域の乾燥化・旱魃に対して生き延びるために発達させた器官であると考えられている。ただし，淡水域に進出する前の原始的な海棲魚類から，肺に似た器官をもち始めていたという説が有力である。初めの硬骨魚はシルル紀に出現したが，このような魚類はより速く，かつ長時間遊泳する能力を得

るために鰓呼吸だけでなく，それを補う器官として原始的な肺を獲得した(第4章)。さらに，現在のおもな硬骨魚である条鰭類は肺器官を鰾 swim-bladder へと進化させたと考えられている(第4章)。そして，同じ硬骨魚のなかでも肺魚などの肉鰭類は，原始的な肺からさらに高度な空気呼吸のできる肺を発達させた魚類である。デボン紀の肉鰭類，オステオレピス上科 Osteolepiformes が両生類にもっとも近縁な魚類であると考えられていて，そのなかでもユーステノプテロン属 Eusthenopteron が両生類に直接つながる系統の第1候補に挙げられている。ユーステノプテロンはデボン紀後期フラスヌ階の地層から発見されている。この魚類は，おそらく現在の肺魚のように水面に口をだし，空気を肺に直接取り込む呼吸を行っていたと推測されている。また，ユーステノプテロンやその近縁種が生息したと考えられているローラシア大陸の赤道～低緯度域には(Daeschler and Shubin, 1995)，デボン紀後期フラスヌ階においてカレドニア大山脈のふもとに湿潤なデルタ地帯が形成されていて，そこが肺呼吸の高度化をもたらす進化の場になったと考えられる。山麓のデルタ地帯は間断的に乾燥化・旱魃が起こり，また，水域の縮小などの影響で水塊の貧(無)酸素化が起こる。そのような環境に進出したユーステノプテロンなどの肉鰭類が，酸欠した湿地帯の水塊のなかで高度な肺を獲得したというシナリオは十分ありうるだろう。

重力を支える強力な肢の発達は，ユーステノプテロンから約1000万年後に現れたイクチオステガ Ichtyostega から見られる。ただし，イクチオステガの前に，魚類と両生類の中間的動物であるアカンソステガ Acanthostega という重要な動物がいる。アカンソステガとイクチオステガは東グリーンランドのデボン紀後期ファメヌ階の同じ地層から発見された(図2)。アカンソステガは頭蓋骨の後ろ側に尖ったツノ状の突起があり，それが'棘の(アカンソ)頭蓋骨後部(ステガ)'という名前の由来である。アカンソステガの化石骨は，鰭ではなく腕と手，そして，原始的な首をもつ。つまり頭蓋骨は体から独立しているのである。これらの特徴は両生類的であるが，一方で肋骨や手首が未発達で，腕(肢)はあるものの，その構造は陸上では体を支えられないほど脆弱であった。したがって，アカンソステガは水中のみに生きる動物であったと考えられている(Clack, 2002a; Ahlberg et al., 2005)。そのような水中動物で

代	紀	世	階	両生類・それにつながる脊椎動物	年代(×100万年)
古生代	ペルム紀	キスラル世		 セームリア  / エリオプス	←299
	石炭紀	後期(ペンシルバニア亜紀)	バシュキール階	フォリデルペトン	←318
			サープクホフ階		
		前期(ミシシッピー亜紀)	ビゼー階	バラネルペトン	←342
			トゥルネー階	 ペデルペス	←359
	デボン紀	後期	ファメヌ階	 イクチオステガ  / アカンソステガ	←F-F境界 364
			フラスヌ階	 ユーステノプテロン	

図2 古生代における両生類の進化(コルバートほか,2004を参考に作成)

あるアカンソステガが腕をもった理由について，前述したカレドニア山脈のふもとのデルタ地帯の環境が大きく影響したという最近の Ahlberg らの仮説[注2]を紹介する．デルタ地帯の水辺には水生植物が生い茂り，さらに，近年の古植物学の研究から，デボン紀後期には水辺に森林が形成されていたこ

[注2] 現時点で，Ahlberg らはこの議論に関する(きちんとした)論文を発表していない．NHK 取材班が取材により彼から直接聞いた話をもとに出版した本(NHK 地球大進化プロジェクト，2004)において紹介されている．興味深い説なので，本章ではそれを参考にして紹介する．

とがわかってきた(西田，2004)。その森林から葉や枝が大量に水辺に落ちて，水中の動物の行く手を妨げていた環境が想像される。そのような環境で水生植物や枝・葉を掻き分けて効率的に移動するために手と腕が発達したという説である。実際，アカンソステガは湿地帯に生えるような植物の化石を多く含む地層から発見されている。つまり，脊椎動物は上陸を果たす前に，腕(肢)と手を獲得していたということになる。手・腕をもったアカンソステガはよりスムーズに水辺を移動しながら，小動物を餌として捕食していた。これは，直立した小さい歯をもつという特徴から推察されている。また，逆にアカンソステガは，より大型の捕食者から身を守るために，水生植物や枝のある空間に逃げ込んでいたかもしれない。そのような場所は，植物由来の堆積有機物の分解などによって水中の貧(無)酸素化が起こりやすく，肺による空気呼吸ができる動物の選択圧が増したに違いない。デルタ地帯の水辺は，アカンソステガやそれに似た動物にとってすみよい環境であったと推察される(注2参照)。

　イクチオステガは，丈夫な四肢と骨格をもった，もっとも原始的な両生類と考えられている。イクチオステガとアカンソステガは同層準から発見されていることから，両者が同時期に水辺の浅瀬などの似た環境にすんでいた動物であったと考えられている。イクチオステガはアカンソステガと違い，頑丈な骨格でつくられた腕をもち，頑丈な肋骨が発達している。これらの特徴から重力に対して内臓を守ることが可能だったと考えられている。また，後ろに反り返った刀のような大きい歯の特徴から，比較的大型の動物に食らいつく，まさに肉食性動物であったと推定されている。アカンソステガと似た環境にいながら骨格などに違いがあるのは，捕食する獲物が異なることによる生活場の微妙な差などによると推察されている。イクチオステガは初めて上陸を果たした四肢動物であるが，手足を使ってスムーズに歩行するという意味での上陸はできていなかったことが指摘されている。Ahlberg et al. (2005)は，イクチオステガの後肢が鰭のような形態を残していたことを提示している。それは現在のオットセイのヒレのようなもので，とても陸上を歩行できるものではなかったという。おそらくは，水辺で上半身を陸上に現し，多少這って移動する程度の上陸しかできていなかった可能性が高い。基本的

には，イクチオステガも水中生活者だったという考え方が現在は主流である。

陸上での移動能力を獲得したのは，ペデルペス Pederpes が最初であったと提唱されている(Clack, 2002b)。ペデルペスは，アカンソステガやイクチオステガと同じイクチオステガ目のワッチェーリア科 Whatcheeria に属する原始的両生類で，スコットランド西部の石炭紀前期(ミシシッピー亜紀)トゥルネー階の石灰質砂岩層から発見された(図2)。'石の(ペデル)足(ペス)' と名づけられたように頑丈な骨格の足をもつことが特徴的で，その足(肢)で力強く陸上を歩行していたと推定されている。また，ペデルペスの手や足の化石を見る

肢は魚類で進化した——ミッシング・リンク発見

栃内　新

　魚類が両生類へと進化して陸へ上がったことについて異論は聞かない。しかし，魚類と両生類ではあまりにも体の構造に違いがある。グリーンランドで化石が見つかっている最初に上陸したと考えられている両生類のイクチオステガや，それよりさらに原始的で陸に上がらなかったと考えられているアカンソステガはすでに両生類として指(7本，8本もある)，手首，肘をそなえた立派な肢をもっている。また，前肢を支える肩帯や後肢を支える腰帯，それに内臓を保護する肋骨も発達しており，上陸へそなえた骨格はほぼ完成している。ところが，ラトビアで発掘されたもっとも両生類に近縁であると考えられている肉鰭類魚の Panderichthys の化石を見ると，ヒレの根元が筋肉質で太くなりそのなかにある骨も太くなってきているものの，指はもちろんのこと手首や肘もない。もちろん，肋骨はほとんど発達しておらず，水からでて生活できるとはとても考えられない。

　そのようなことから，この魚類と両生類の進化のあいだを埋めるような動物(ミッシング・リンク)の化石の発見が待ち望まれていた。2004年にカナダの北方の北極域にあるエルズミア島 Ellesmere Island で化石の発掘が進み，2006年に Nature に2本の論文(Daeschler et al., 2006; Shubin et al., 2006)として発表されたティクターリク・ロゼー Tiktaalik roseae という動物は，解剖学的には間違いなく魚類として分類されるものでありながら，曲げることのできる肘と手首と原始的な「指」までももっていることが示されている。内臓を保護するための肋骨の発達も認められ，左右に曲げることのできる首もある。また，鼻の先端の上向きに開いた鼻孔の存在から，おそらく肺呼吸もしていただろうと推測されている。ティクターリクが発見されたことのもつ意味は大きく，魚類が両生類に進化してから陸に上がるための形態的進化が進んだのではなく，まだ魚類のうちに陸に上がるための進化が進んだことをはっきりと示している。

　現在は北極圏にある発掘地域は，ティクターリクが生息していた3.7億年前ごろのデボン期後期には赤道付近の浅い淡水域だったと考えられている。上陸の準備を整えた体をもち，暖かい浅い水場で生活するティクターリクの子孫が陸に上がることになった直接の理由としては，水中には彼らを襲う凶暴な肉食の魚類がたくさんいたことと，陸上には彼らの餌となる昆虫をはじめとするたくさんの餌があったことではないかと想像されている。

と，太く頑丈な5本の指をもつ。原始的な四肢動物の指の数は，アカンソステガが8本，イクチオステガが7本と，現在の動物の基本である5本とは異なっていた。人類を含む現在の高等動物に見られる5本指の規則性も，デボン紀後期から石炭紀初期の水辺で起こった四肢動物の適応放散，淘汰の結果として選択されたものであるといえるだろう。

乾燥に対する耐性については，両生類はその能力を獲得できなかった。水から離れて陸上の乾燥した環境で水分を保持するためには，丈夫な皮膚をつくらなければならない。陸上生活における耐乾性の問題を解決するのは，四肢動物が爬虫類になってからである。

このようにして，脊椎動物は上陸を果たし，陸上生態系に生活する環境を拡大したのである。さらに，ここで一言加えておくことは，ユーステノプテロンからアカンソステガ，イクチオステガへの進化がF-F境界期をまたいで起こったことである。両生類の誕生とデボン紀後期の環境激変・生物大量絶滅との関係を論じた研究はいまだないが，新自然史科学としては今後興味深いテーマになりうるだろう。

4. 両生類の系統分類と自然史科学

両生類の系統分類は現在でも不明瞭な部分が多い。その大きな理由は，カエルやイモリなどの現生両生類と化石両生類の関係がよくわかっていないからである。両生類は歯や椎骨の形態などで迷歯亜綱，空椎亜綱，平滑両生亜綱に分類されるが，最近では`真の'両生類の系統である蛙形類 Batrachomorpha と爬虫類へつながる爬虫形類 Reptiliomorpha という分類も提案されている(Benton, 2005)。ここでは，松井(2006)，Clack(2002b)，コルバートほか(2004)の考え方(図3)をもとに，両生類の各綱について説明する。

迷歯亜綱 Labyrinthodontia

迷歯という特徴的な歯(表面のエナメル質が内部の象牙質へはいりこみ，断面の構造が迷路状に見える歯)をもつ化石両生類の分類群である。迷歯は魚類の肉鰭類オステオレピス上科ももつ。前述したイクチオステガ目や，分椎目，炭竜目，

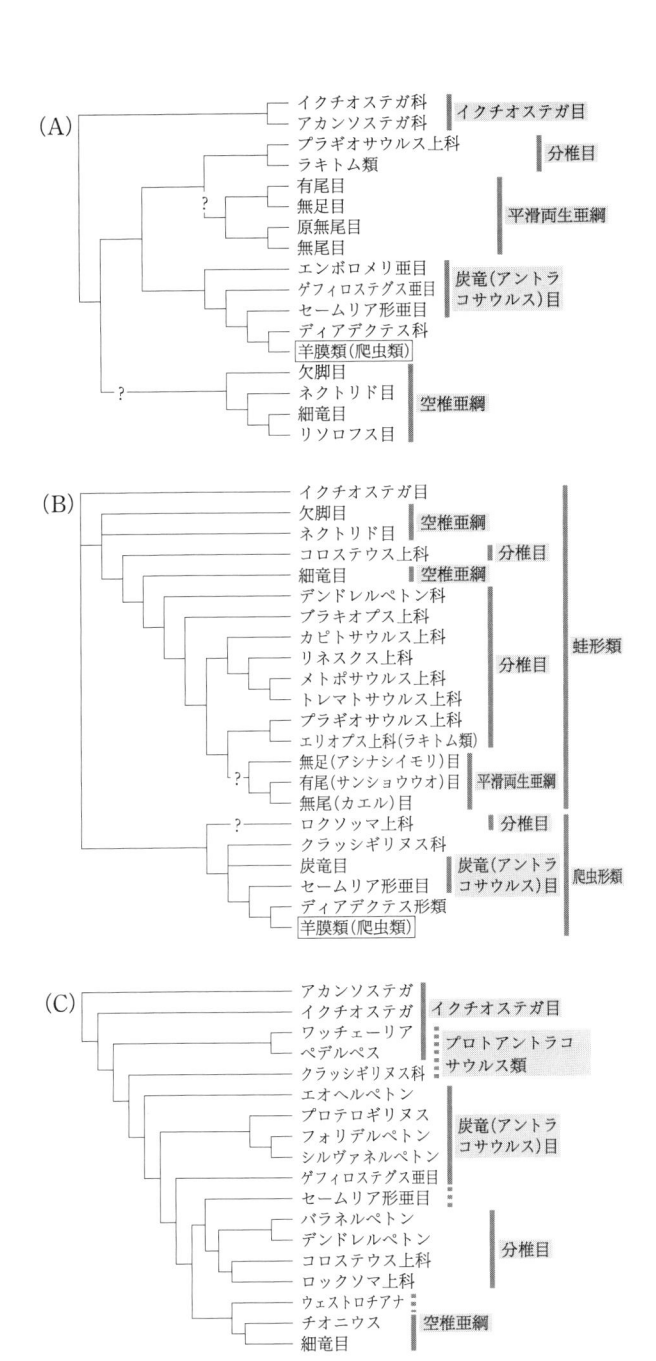

図3 両生類の系統分類（A：コルバートほか，2004；B：松井，2006；C：Clack, 2002b を参考に作成）

そのほかの1科(クラッシギリヌス科)に分類される。迷歯亜綱はペルム紀末に多くの種が絶滅したが，デボン紀～三畳紀に繁栄した。分椎目の1属(ブラキオプス上科)のみが白亜紀前期まで生き延びた。クラッシギリヌス科 Crassigyrinidae は所属不明の石炭紀初期の化石両生類で，細長い胴体に幅広い鰭をもつ特異な形態をしている。これを原始的な炭竜目に近縁なプロトアントラコサウルス類に分類する研究者もいる(Panchen, 1985)。

(1) **分椎目** Temnospondyli

分椎目は，イクチオステガ目の直接的な末裔であり，古生代型両生類の主流の分類群である。石炭紀前期～白亜紀前期と長い時間，水辺環境に存続したが，とりわけ石炭紀後期～ペルム紀に繁栄をきわめた。分椎目の椎骨においては，側椎心は間椎心のあいだにはまる小さな骨塊となっており，神経弓が間椎心と側椎心の両方で支えられるラキトム型椎骨と呼ばれる構造をしていた(図4)。

もっとも早くに出現した分椎目は，松井(2006)ではコロステウス上科 Colosteoidea，Clack(2002b)ではデンドレルペトン科 Dendrerpeton となっている。デンドレルペトン科バラネルペトン *Balanerpeton* の化石は石炭紀前期ビ

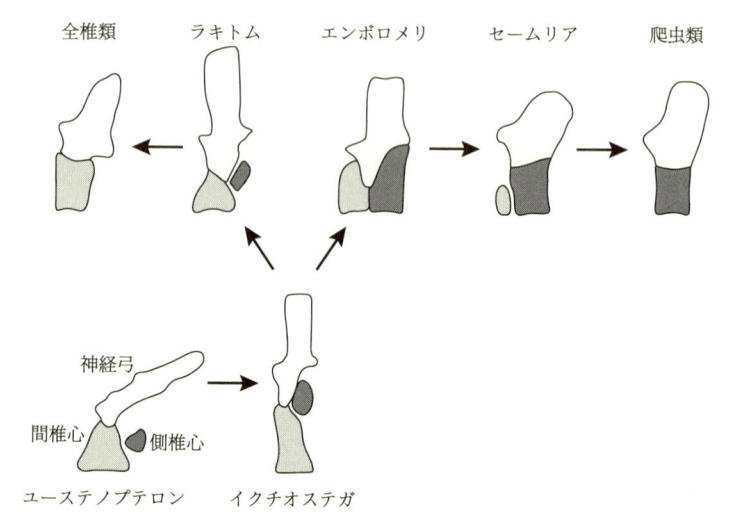

図4 椎心の変化と系統(奥野，1989；松井，1996；コルバートほか，2004を参考に作成)

ゼー階 Visean から発見されている(図2)。前述したペデルペスの次の時代の代表的な両生類であるといえる。

ペルム紀前期に繁栄したラキトム類(エリオプス上科 Eryopoidea)は，古生代後期の四肢動物の主役の1つであったといえる。水辺環境に適応したラキトム類は大型化していき，石炭紀後期からペルム紀前期の生態系における食物連鎖の頂点に達していた。その典型例がエリオプス属 *Eryops* である(図2)。体長が2mにもなり，大きく頑丈な頭骨に鋭い歯の並ぶ大きな口をもち，水辺の小型動物を捕食していたに違いない。また，ラキトム類のカコプス属 *Cacops* は，頑丈な四肢，退化した尾，さらに背中を覆う頑丈な骨性装甲の被覆をもつ特徴的な種類である。この属はもっとも陸上生活に適応した化石両生類と考えられている。

デボン紀末期に上陸を果たした両生類は，その後の時代にほとんどの分類群が水中生活に戻ってしまったと考えられている。陸上環境に踏み止まったのは，分椎目，とくにラキトム類だけであったといえる。ラキトム類はペルム紀のあいだ，水辺を含む陸域のもっとも優勢な動物であったが，その末期にはすべてが絶滅した。それは，この時代における爬虫類の台頭と関連している可能性が高い。ラキトム類と近縁のトレマトサウルス上科 Trematosauridae が三畳紀前半まで存続するが，これは海洋へ進出した両生類であり，陸上からはその系統は姿を消すことになった。そして，トレマトサウルスも三畳紀中に絶滅した。

(2)**炭竜**(アントラコサウルス)**目** Anthracosauria

炭竜目はイクチオステガ目の系統を引く動物群であり，デボン紀末期には出現していた。これは，爬虫類へとつながる分類群である。炭竜目は一般的に分椎目と対比されると考えられているが，分椎目を派生させた前駆の分類群という考え方もある(Clack, 2002b)。この目にはエンボロメリ亜目とセームリア形亜目の2つのおもな系統がある。

エンボロメリ亜目 Embolomeri は，間椎心と側椎心はほとんど同じ大きさで，これらに神経弓が連結するという特徴的な椎骨の構造をもつ(図4)。また，四肢が小さく弱々しいので，水生生活者だったと推定されている(奥野，1989；コルバートほか，2004)。この種類から，爬虫類へとつながる系統が発し

たという。つまり，爬虫類は陸上生活から再度水中へ戻った両生類から生じたことになる。エンボロメリ亜目はプロテロギリヌス *Proterogyrinus* などが石炭紀前期から出現しているが，初期爬虫類もそのすぐ後の石炭紀半ばに出現したと考えられている(コルバートほか，2004)。上部石炭系バシュキール階 Bashkirian から見つかったフォリデルペトン *Pholiderpeton* あたりが爬虫類の直接的な祖先の候補に挙げられるかもしれない(図2)。石炭紀のあいだに起こった両生類から爬虫類への，推察されている進化のシナリオは次のとおりである。爬虫類の特徴は耐乾燥性の高い有羊膜卵をもち，乾燥した陸域からも発生できることであるが，エンボロメリのある種がこの羊膜卵の原始的なタイプの卵を産みだした。水中より陸上で産卵したほうが敵が少なくて有利であるので，水辺の陸上へ産卵するようになった。卵から孵化するときは陸上だが，幼生から成体は水中で生活する。そのうちに，成体がまた陸上生活者になる「2度目の上陸」が起こった。有羊膜卵を獲得した2度目の上陸者(爬虫類)はさらに陸域内部へ進出していく。これはローマーの思索のみから提唱された仮説(Romer, 1966)である。イクチオステガの最初の上陸は成体が行ったが，2度目の上陸は卵からということである。また，爬虫類が，陸上で繁栄していた分椎目ではなく，水中生活者に戻ったエンボロメリ亜目から発して，生態系における地位を逆転していくという。この仮説は科学的検証データが必要であるが，興味深い説といえよう。

セームリア形亜目 Seymouriamorpha はペルム紀末期に繁栄した群で，代表としてセームリア属 *Seymouria* がある(図2)。両生類と爬虫類の中間的動物に位置づけられている。セームリア形亜目の椎骨は，側椎心が間椎心よりかなり大きい，というより間椎心がほとんど失われているという特徴がある。これは椎骨が神経弓と側椎心のみからなる爬虫類の特徴に近い(図4)。一方，頭骨は両生類的な形態である。セームリアは米国テキサス州セーモア町の下部ペルム系から発見された。初期爬虫類の化石は石炭系で見つかっているので，セームリアは祖先形が次の時代まで存続していた例であるといえる。

空椎亜綱 Lepospondyli

欠脚目，ネクトリド目，細竜目，リソロフス目，そのほかの2科を含む化

石両生類の分類群である。空椎亜綱は石炭紀前期からペルム紀前期にローラシア大陸に分布し，迷歯亜綱と河川や沼沢など陸水域を共有していたと考えられる。ほとんどが小型動物で，同時期に繁栄したラキトム類などの大型の分椎目に捕食されていたと推定される。この仲間は，椎骨が脊索を取り巻く糸巻き状の円柱として形成され，神経弓と合体する全椎型と呼ばれる構造をしている（図4）。

欠脚目 Aistopoda とネクトリド目 Nectridia は，それぞれヘビとサンショウウオ，イモリに似ている。ネクトリド目には，ペルム紀前期に生息したディプロカウルス *Diplocaulus* というブーメランのような扁平な三角形の頭蓋骨をもつ奇妙な形態の両生類が含まれる。細竜目 Microsauria やその近縁とされるリソロフス目 Lysorophia は多様な形態をもち，生息環境もさまざまであったと考えられている。

平滑両生亜綱 Lissamphibia

現生両生類の分類群であり，無足目，有尾目，無尾目，原無尾目（化石両生類）の4目からなる。現生3目の起源や化石両生類の関係はいまだによくわかっていない。Benton(2005)の仮説によると，空椎亜綱が元々の起源で，それから分椎目が分岐し，最後に平滑両生亜綱が生じたという（図3）。現生3目は古生代両生類に共通の起源をもつというのが主流の考え方であるが，それぞれ異なる独自の起源から進化したという説もある(Carroll and Holmes, 1980)。これらの直接の祖先型の化石は，すべて中生代ジュラ紀の地層から発見されている。

有尾（サンショウウオ）目 Urodela は，現生両生類のなかで尾をもつという原始的な形態をとどめた群である。ジュラ紀中期までに出現していたカラウルス類 Karauroidea が直接的な祖先であると考えられている。無尾（カエル）目 Anura の最古の直接的な祖先の化石は下部ジュラ系から発見されたムカシガエル科 Leiopelmatidae の *Vieraella* であり，現生のカエルとほとんど同じ骨格をもつ。つまり，カエル類はジュラ紀から現在までの約2億年を，ほとんど姿を変えずに生き継いでいるということになる。原無尾目 Proanura はトリアドバトラクス属 *Triadobatrachus* のみを含む。化石はマダガスカル北部の

下部三畳系から発見された。頭骨はカエル類に酷似しているが、胴体が長く尾もある。この化石が現時点で唯一の古生代型両生類と現生両生類がつながっていることの証拠となっている。無足(アシナシイモリ)目 Gymnophiona は四肢を失い地中生活に適応した群である。化石は胴長の短い脚をもつエオカエキリア科 Eocaeciliaidae が下部ジュラ系から発見されている。

　両生類化石はほかの脊椎動物に比べて発見される頻度が少なく、化石に基づく古生物学的な研究はまだ途上の段階である。しかし、水辺環境にしか生息できない両生類特有の制限は、陸水域における古生態系の時空間的な広がりを復元するための最良の情報源となりうるだろう。実際に、古生代型両生類の適応・放散は、超大陸の低緯度域の水辺環境の拡大や大陸同士の分離・結合と密接に関連していたという考え方(Daeschler, 2000)があり、両生類の古地理学・地球科学的研究の潜在的意義を示すものであると思われる。

5. ペルム紀‐三畳紀境界期の環境大激変と生物大量絶滅

　ペルム紀‐三畳紀(P‐T)境界期に起こった生物大量絶滅については、昔から地質学や古生物学などの専門家のあいだでよく知られていた。Sepkoski (1989)によると、P‐T境界を挟んで当時の海生無脊椎動物の約85％が絶滅したとされ、地球史のなかで最大級の大量絶滅事件であったことが示されている(図1)。それがどのような要因で、具体的に何が起こったのかについては、比較的最近、中国やヨーロッパ、日本、カナダに分布するP‐T境界層の研究によって説明されるようになった。

　P‐T境界は、中国南部地域に分布する煤山(メイシャン Meishan)が国際標準模式であり、三畳紀前期初頭の示準化石であるコノドント *Hindeodus parvus* の出現する層準と定義されている。その上下に位置する火山灰層のジルコンのU‐Pb年代からこの境界は2.51億年前と決定されている(Bowring et al., 1998)。この煤山のP‐T境界層では、多数の生物種が同時に姿を消していることが顕著に認められる(Jin et al., 2000)。絶滅した代表的な生物は、三葉虫やフズリナ、古生代型四射サンゴ、ウミユリなどである。ところが、生物の大量絶滅は、P‐T境界より前のペルム紀グァダルプ世 Guadalupian

とロピンギ世 Lopingian$^{(注3)}$ の境界 (G‒L 境界) から起こったことが明らかにされている (Stanley and Yang, 1994; Kaiho et al., 2005)。すなわち G‒L 境界の絶滅期から三畳紀中期初めまでの約 2000 万年という長期間，地球規模で環境・気候が不安定化した「暗黒時代」が続いたと考えられ，(狭義の) P‒T 境界は，一連のペルム紀後期 (ロピンギ世) 〜三畳紀中期初めの不安定環境の時代のなかでの，環境激変と生物大量絶滅のクライマックス期であるといえる (図 5)。

日本とカナダにおける付加体中の深海層状チャートにはこの長期間にわたる極限環境の変遷が記録されている (Isozaki, 1997)。それらの層状チャートは，かつての超大洋パンサラッサの表層に生息した珪質プランクトンである放散虫の遺骸により形成された堆積岩である。普通，チャートは赤色であるが，ロピンギ世になると灰色に変わり，P‒T 境界付近は灰色泥岩，さらに P‒T 境界から三畳紀前期は有機質の黒色泥岩層に変わる (図 5)。この変化は放散虫の生産量が減少したため，P‒T 境界を挟んでチャートが堆積しなくなり，代わりに植物プランクトンなどに由来する有機物が大量に堆積したと解釈されている。顕著な有機物の堆積は，海洋底層において低 O_2 濃度の還元条件下で有機物分解が抑制されるために起こることが知られている。したがって，超大洋で堆積した有機質泥岩層は，まさに全海洋規模での海洋無酸素化の証拠ととらえられている。また，堆積物中の 2 価鉄 (Fe^{2+}) の相対濃度 (久保ほか，1996) や硫黄同位体比 $\delta^{34}S$ (Kajiwara et al., 1994) の変化などにより，灰色チャート層堆積期から海洋が還元的であったことも支持されている。この一連のチャート層に通常の赤色チャートが再び現れるのは，三畳紀中期になってからである。Isozaki (1997) では，ペルム紀末〜三畳紀中期初めの約 2000 万年間のなかでも P‒T 境界を挟むチャートが堆積しない (泥岩層の堆積する) 期間には無酸素水塊がもっとも拡大したと考えた。それを「超酸素欠

$^{(注3)}$ "Geological Time Scale 2004" (Gradstein and Ogg, 2004; Gradstein et al., 2004) では，ペルム紀は前期，中期，後期とせずに 3 つの世 epoch，キスラル世 Cisuralian，グァダルプ世 Guadalupian，ロピンギ世 Lopingian に分けている。しかし，文献に引用される編年は前期，中期，後期であることも頻繁で，ペルム紀においては統一されていない感がある。

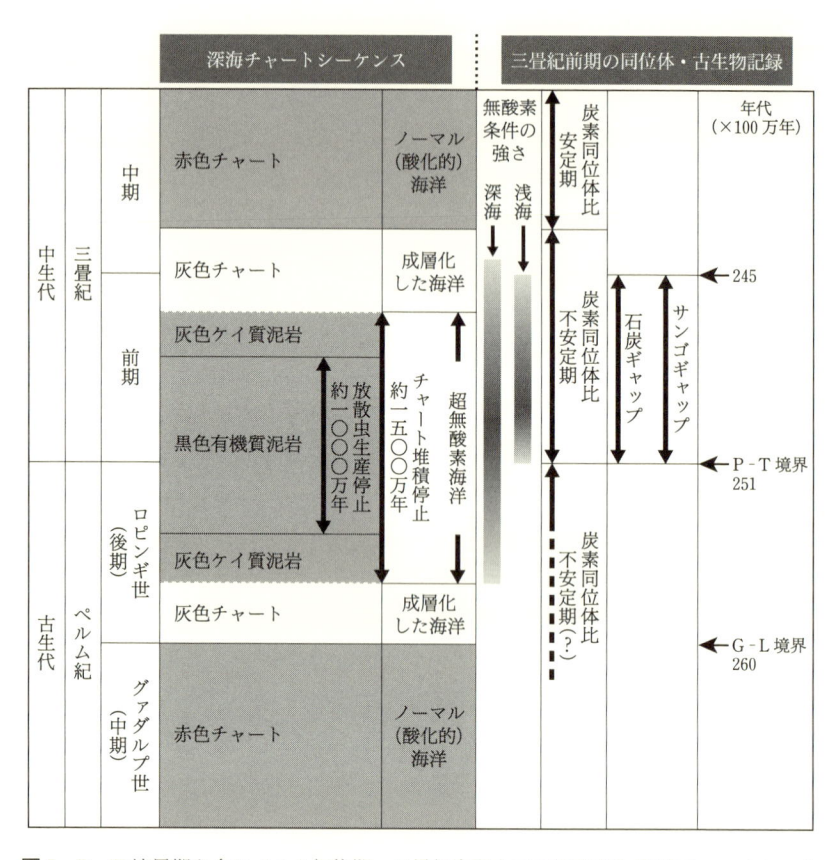

図5 P-T境界期を含むペルム紀後期〜三畳紀中期までの環境変化(深海チャートシーケンス：Isozaki, 1997, 三畳紀前期の同位体・古生物記録：Payne et al., 2004; Knoll et al., 2007を参考に作成)

乏事件Superanoxia」と呼び，継続期間を約1000万年と推定している。さらに，大気中のO_2濃度も，P-T境界では急激に減少したことが提唱されている(Berner, 2002)。前述したように，古生代中・後期は地球史を通じてもっとも大気O_2濃度が高かったが，その後の中生代前半は低O_2濃度の時代が続くと考えられている。O_2濃度の減少にともなって，大気CO_2濃度が急激に増加し，急激な温暖化が起こったと推察されている(Berner, 2002)。

炭酸塩のδ^{13}C値の変動記録からも，ペルム紀末期〜三畳紀前期の長期間にわたって不安定な環境が継続したことが示されている(図5；Payne et al.,

2004)。煤山などのP－T境界層において，顕著な負のスパイクが確認されている(Bowring et al., 1998)。その後の時代も$δ^{13}C$値は正負ともに目立ったスパイクがいくつか現れ，三畳紀前期を通して変動し続ける。その変動要因についてはよくわかっていない。やっと三畳紀中期初めに一定の$δ^{13}C$値のまま持続する安定した時代になる(Payne et al., 2004)。

　このような環境および気候の大激変をもたらした原因・引き金の有力な候補として，超大陸での洪水玄武岩による火成活動が挙げられている(Knoll et al., 2007)。世界最大規模のシベリア洪水玄武岩 Siberian Traps の噴出年代がP－T境界期であること(Wignall, 2001)や，中国南部やインド北部の玄武岩の噴出がペルム紀末期に起こったことが知られている。これらの洪水玄武岩に関連した火成活動の活発化は，大量の火山性ガスやエアロゾルを大気へと放出し，その影響で酸性雨，大気の高CO_2条件による炭酸過剰 hypercapnia や急激な温暖化，またはエアロゾルの日射の遮断による急激な寒冷化を引き起こしたと考えられる(Wignall, 2001)。また，火山性ガスにはハロゲンなどの有毒ガスが含まれているので中毒も発生する。これらが殺傷メカニズムとして働き，生物が大量絶滅したと考えられている(Knoll et al., 2007)。全海洋規模の無酸素化は，火成活動の活発化に関連して，それによる気候・海洋条件の変化や温暖化による海水のO_2溶解度の低下の結果として起こった可能性が高い。とくにP－T境界のクライマックス時には海洋の無酸素水塊が有光層まで達していたという(Grice et al., 2005)。また，無酸素水塊において硫酸還元による大量の硫化水素(H_2S)が発生し，これが有毒ガスとして生態系を破壊することもありうる。しかし，ペルム紀後期〜三畳紀前期にわたる約2000万年もの長期間，海洋を無酸素状態で維持し続けるメカニズムはわかっていない。

　磯崎(2002)では超大陸における火成活動の活発化について，地球深部で起こったマントルプルーム mantle plume の上昇に起因しているという壮大な仮説を提案している。ペルム紀における超大陸パンゲアの形成の結果，海洋プレートがパンゲアの下に蓄積されていく。それら低温で重い海洋プレートがコアまで落下を始める(コールド・プルーム)。すると，それを補うようにマントル底層から高温で軽いマントルの塊が押しだされるように上昇する。この

ような巨大なプルームをスーパープルームと呼ぶが，それがカタストロフ的な火成活動を引き起こしたというシナリオである。ただし，磯崎らは火成活動について，シベリアトラップなどの洪水玄武岩ではなく，爆発的に噴火する酸性火山活動を重視している。現時点では思索のみの仮説であるが，地球表層の環境・気候・生態系の変化と地球内部の進化を結びつけた大変興味深い仮説であり，科学的実証が待たれる。

　超大陸での火成活動の活発化以外に，P－T境界の環境激変の引き金として，地球外小天体の衝突を挙げる研究者もいる(Becker et al., 2004; Kaiho et al., 2001)。この仮説では，衝突した候補地(現在の北西オーストラリア沖)が主張されている(Becker et al., 2004)が，現在は否定的な意見が多い。

　また，P－T境界期に海洋堆積物中のメタンハイドレートが急速に融解して大気にメタンが放出されたという主張もなされている(Berner, 2002)。これはP－T境界で観察された炭酸塩の$\delta^{13}C$値の負のスパイクを説明するために，低い$\delta^{13}C$値をもつメタンが大量に放出されたと推察する説である。また，メタンハイドレートではなく石炭由来の熱分解メタンの放出を唱える研究者もいる(Knoll et al., 2007)。ペルム紀末のシベリアには石炭層(Tungusskaya炭層)があり，これがシベリアトラップによって熱分解してメタンを大量に大気へと放出させたという(Racki and Wignall, 2005)。しかし，前述したように$\delta^{13}C$の変動は三畳紀前期を通して長期間で起こっていることが判明したので，地質学的には短時間スケールで起こるメタンの放出・蓄積サイクルを原因とすることでは，その変動を説明できないと，最近では考えられている。

6. カタストロフ地球における生態系とその復活

　ペルム紀後期〜三畳紀中期初め(あるいはP－T境界)の生物大量絶滅時のカタストロフ的な地球においても，生態系が完全に失われていたわけではない。P－T境界期の極限環境下で生き延びている生物や生態系の様相や挙動を解明するために，古生物学や地球化学の研究が進められている。さらに，地球環境が回復する段階での生態系や生物相の復活プロセスを復元しようと

する研究も始まっている。そのような研究は，極限環境下における生態系や生物活動についての，事例を通しての本質的な情報を提供するものであり，生物の環境に対する耐性の限界もしくは潜在力，また進化の促進にかかわる自然史科学の重要なテーマが含まれている。

　この史上最悪の環境激変期における生態系には次のような特徴がある(Knoll et al., 2007)。①生物多様性が著しく失われた。②海生動物が全般的に小型化した。③堆積物における生物擾乱 bioturbation が減少した。P‒T 境界から三畳紀前期において，石炭とサンゴが堆積しない時期が長く続くことが知られていて，それぞれ石炭ギャップ coal gap，サンゴギャップ reef gap と呼ばれている(Knoll et al., 2007；図5)。ただし，サンゴについては骨格をもたないサンゴ unskeletonized coral は生き延びている。これらのギャップは陸上植生やサンゴの生産の極端な低下によるもので，陸上や沿岸域の生態系の荒廃を示している。また，前述した深海チャート層の欠如はチャートギャップ chert gap とも呼ばれている。

　一方，最近のバイオマーカー(第2章コラム)の研究から，P‒T 境界絶滅期の特異的な生態系が復元されている。Pancost らのグループでは，中国南部煤山の P‒T 境界層で真正細菌が生合成するホパン hopane の分析を行い，ランソウ(シアノバクテリア)に由来する2-メチルホパンが顕著に検出されることから，P‒T 境界絶滅期ではランソウが優先する海洋生態系であったことを提案している(Xie et al., 2005)。また，2-メチルホパンの相対濃度に2つの極大スパイクが認められたことから，絶滅のクライマックスが2回起こっていたことを推察した。Grice et al. (2005)では，煤山と西オーストラリアの P‒T 境界層から，イソレニエレタン isorenieratane などの緑色硫黄細菌 Chlorobiaceae のみがもつ補助色素由来の化合物を検出した。緑色硫黄細菌は代謝に H_2S を利用し，硫黄を生産し，かつ無酸素条件の光合成を行い，O_2 の豊富な通常の海水では生育できない。つまり，無酸素条件で H_2S が有光層まで拡大した環境の典型的な指標生物種である。この緑色硫黄細菌に由来するバイオマーカーが P‒T 境界層準から高濃度で検出されたことから，中国南部と西オーストラリアが当時位置していた古テチス海において，海洋表層の無酸素，さらには高硫黄条件 euxinic の水塊が広く分布していたことが証拠

づけられた。緑色硫黄細菌を主とする生態系による活発な硫黄生産は，有毒な条件を生み，生物絶滅を促進させたと考えられる。

陸上生態系については，P-T境界層中の有機物の熱分解分析[注4]，とくにジベンゾフラン dibenzofuran の分析から復元されている。熱分解により生じるジベンゾフランは陸上植物や土壌の多糖類(Sephton et al., 2005)または地衣類の代謝成分(Radke et al., 2000)に由来すると考えられている。北東イタリアや煤山のP-T境界層でジベンゾフランが顕著に検出されたことから，陸上生態系も打撃を受けて森林などの被覆が減り，陸上土壌の効率的な侵食が起こり，海底での土壌由来成分の堆積量が増したと推論されている(Sephton et al., 2005; Sawada et al., 2012)。さらに，筆者ら(Sawada et al., 2012)は，この時代におけるジベンゾフラン増加の解釈について，おもに地衣類が占める陸上生態系が広がっていた可能性も指摘している。Visscher らのグループは花粉・胞子化石などの分析を行い，P-T境界絶滅期における陸上での菌類の繁栄(Visscher et al., 1996)や，針葉樹植生を主とする森林生態系の破壊とその後の草本性のヒカゲノカズラ植物 Lycopsida の優勢を提示している(Looy et al., 2001; Visscher et al., 2004)。また，P-T境界期において，オゾン層の深刻な破壊による地表への紫外線照射量の増加が，陸上植物の突然変異を頻繁に引き起こしていたと推察している(Visscher et al., 2004)。

P-T境界を挟んだペルム紀末期から三畳紀前期における大気 O_2 濃度の急激な低下に対して，陸上の脊椎動物はその変化にうまく適応したと考えられている(Huey and Ward, 2005)。たとえば，P-T境界期を生き延びた爬虫類獣弓目リストロサウルス Lystrosaurus は，大きくて厚い樽形の胸や短い内鼻孔など，低酸素条件で有利な効率的に酸素を体内に取り込める形態的特徴をもっていたとされる(Retallack et al., 2003)。また，三畳紀初めに低酸素条件下での効率的な呼吸機能である気嚢システムなどの進化が促進されたと考えられている(第8章)。

[注4] 堆積物(岩)に含まれる有機物のほとんどは難分解性(抵抗性)高分子有機物である(第5章コラム)。このような有機物を高温で熱分解させて検出器(質量分析計など)により分解成分を分析することにより，有機物がもつ起源生物の情報などが得られる。木材や植物化石などにも応用されている。

P-T境界の大量絶滅期後の三畳紀前期においても不安定な環境が続いた。結局，生態系が復活したのは三畳紀中期からであると考えられている(Payne et al., 2004)。復活したというより，別世界に変わっていたといったほうがよいだろう。古生代型の生物がほとんど姿を消し，現生型の生物にとって代わられていたのである。とくに海洋での一次生産者の植物プランクトンの種類が劇的に変化した。ペルム紀末期までは緑色の藻類である緑藻やプラシノ藻が主であったが，黄色の藻類の渦鞭毛藻が三畳紀前期に現れ，その後，ハプト藻(三畳紀後期)や珪藻(ジュラ紀末)が現れて海洋一次生産者の主役となっていく(Falkowski et al., 2004)。緑色はクロロフィルa，黄色はクロロフィルaとcの色素に由来し，黄色の藻類は紅藻の二次共生によって生まれた二次植物プランクトンである。陸上植生も，三畳紀前期末ごろに草本性ヒカゲノカズラ植物から木本性の裸子植物に置換され，森林が復活していった(Looy et al., 1999)。P-T境界を生き残ったリストロサウルスは，三畳紀前期の環境の回復とともにほかの爬虫類に主役を譲ることになった。陸上はその後の裸子植物，さらに被子植物へ，また恐竜の時代へと移り変わっていく。

[引用文献]

Ahlberg, P.E., Clack, J.A. and Blom, H. 2005. The axial skeleton of the Devonian tetrapod *Ichthyostega*. Science, 437: 137-140.

Algeo, T.J., Scheckler, S.E. and Maynard, B. 2000. Effects of the Middle to Late Devonian spread of vascular land plants on weathering regimes, marine biota, and global climate. *In* "Plants Invade the Land" (eds. Gensel, P.C. and Edwards, D.), pp. 213-236. Columbia University Press, New York.

Becker, L., Poreda, R.J., Basu, A.R., Pope, K.O., Harrison, T.M., Nicholson, C. and Iasky, R. 2004. Bedout: a possible end-Permian impact crater offshore of northwestern Australia. Science, 304: 1469-1476.

Benton, M.J. 2005. Vertebrate Paleontology (3rd ed.). 472 pp. Blackwell Publishing, Australia.

Berner, R.A. 1997. The rise of land plants and their effect on weathering and atmospheric CO_2. Science, 276: 544-546.

Berner, R.A. 2002. Examination of hypotheses for the Permo-Triassic boundary extinction by carbon cycle modeling. Proc. Natl. Acad. Sci. U.S.A., 99: 4172-4177.

ベアリング，D.J.・ウッドワード，F.I. 2003. 植生と大気の4億年(及川武久監訳). 454 pp. 京都大学学術出版会.

Bowring, S.A., Erwin, D.H., Jin, Y.G., Martin, M.W., Davidek, K. and Wang, W. 1998. U/Pb zircon geochronology and tempo of the end-Permian mass extinction. Science,

280: 1039-1045.
Carroll, R.L. and Holmes, R. 1980. The skull and jaw musculature as guides to the ancestry of salamanders. Zool. J. Linn. Soc., 68: 1-40.
Clack, J.A. 2002a. The dermal skull roof of Acanthostega, an early tetrapod from the Late Devonian. Trans. R. Soc. Edinb., 93, 17-33.
Clack, J.A. 2002b. An early tetrapod from Romer's Gap. Nature, 418: 72-76.
Claeys, P., Casier, J.G. and Margolis, S.V. 1992. Microtektite glass at the Frasnianr-Famennian boundary in Belgium: evidence for an asteroid impact. Science, 257: 1102-1104.
コルバート, E.H.・モラレス, M.・ミンコフ, I.C. 2004. 脊椎動物の進化(田隅本生訳, 原著第5版). 567 pp. 築地書館.
Copper, P. 1998. Evaluating the Frasnian/Famennian mass extinction: comparing brachiopod faunas. Acta Palaeontol. Pol., 43: 137-154.
Daeschler, E.B. 2000. Early tetrapod jaws from the late Devonian of Pennsylvania, USA. J. Paleont., 74: 301-308.
Daeschler, E.B. and Shubin, N. 1995. Tetrapod origins. Paleobiology, 21: 404-409.
Daeschler, E.B., Shubin, N.H. and Jenkins, F.A.Jr. 2006. A Devonian tetrapod-like fish and the evolution of the tetrapod body plan. Nature, 440: 757-763.
Falkowski, P.G., Katz, M.E., Knoll, A.H., Quigg, A., Raven, J.A., Schofield, O. and Taylor, F.J.R. 2004. The evolution of modern eukaryotic phytoplankton. Science, 305: 354-360.
Gradstein, F.M. and Ogg, J.G. 2004. Geologic time scale 2004: why, how, and where next! http://www.stratigraphy.org/scale04.pdf, 7 p.
Gradstein, F.M., Ogg, J.G. and Smith, A.G. (eds.) 2004. A Geologic Time Scale 2004. xix+589 pp. Cambridge University Press, Cambridge.
Grice, K., Cao, C., Love, G.D., Böttcher, M.E., Twitchett, R.J., Grosjean, E., Summons, R.E., Turgeon, S.C., Dunning, W. and Jin, Y. 2005. Photic zone euxinia during the Permian-Triassic superanoxic event. Science, 307: 706-709.
Huey, R.B. and Ward, P.R. 2005. Hypoxia, global warming, and terrestrial Late Permian extinctions. Science, 308: 398-401.
Isozaki, Y. 1997. Permo-Triassic boundary superanoxia and stratified superocean: records from lost deep sea. Science, 276: 235-238.
磯崎行雄. 2002. P‐T境界―史上最大の大量絶滅事件. 全地球史解読(熊澤峰夫・伊藤孝士・吉田茂生編), pp. 458-482. 東京大学出版会.
Jin, Y.G., Wang, Y., Wang, W., Shang, Q.H., Cao, C.Q. and Erwin, D.H. 2000. Pattern of marine mass extinction near the Permian- Triassic boundary in south China. Science, 289: 432-436.
Joachimski, M.M. and Buggisch, W. 1993. Anoxic events in the late Frasnian: Causes of the Frasnian-Famennian faunal crisis? Geology, 21: 675-678.
Joachimski, M.M., Pancost, R.D., Freeman, K.H., Ostertag-Henning, C. and Buggisch, W. 2002. Carbon isotope geochemistry of the Frasnian-Famennian transition. Palaeogeogr. Palaeoclimatol. Palaeoecol., 181: 91-109.
Kaiho, K., Kajiwara, Y., Nakano, T., Miura, Y., Kawahata, H., Tazaki, K., Ueshima, M., Chen, Z. and Shi, G.R. 2001. End-Permian catastrophe by a bolide impact: evidence of a gigantic release of sulfur from the mantle. Geology., 29: 815-818.

Kaiho, K., Chen, Z.-Q., Ohashi, T., Arinobu, T., Sawada, K. and Cramer, B.S. 2005. A negative carbon isotope anomaly associated with the earliest Lopingian (Late Permian) mass extinction. Palaeogeogr. Palaeoclimatol. Palaeoecol., 223: 172-180.

Kajiwara, Y., Yamakita, S., Ishida, K., Ishiga, H. and Imai, A. 1994. Development of a largely anoxic stratified ocean and its temporary massive mixing at the Permian/Triassic boundary supported by the sulfer isotope record. Palaeogeogr. Palaeoclimatol. Palaeoecol., 111: 367-379.

Knoll, A.H., Bambach, R.K., Payne, J.L., Pruss, S. and Fischer, W.W. 2007. Paleophysiology and end-Permian mass extinction. Earth Planet. Sci. Lett., 256: 295-313.

久保健一・磯崎行雄・松尾基之. 1996. チャートの色調と堆積場の酸化・還元条件—^{57}Fe メスバウアー分光法によるトリアス紀深海チャート中の鉄の状態分析. 地質学雑誌, 102: 40-48.

Looy, C.V., Brugman, W.A., Dilcher, D.L. and Visscher, H. 1999. The delayed resurgence of equatorial forests after the Permian-Triassic ecologic crisis. Proc. Natl. Acad. Sci. U.S.A., 96: 13857-13862.

Looy, C.V., Twitchett, R.J., Dilcher, D.L., Konijnenburg-Van Cittert, J.H.A. and Visscher, H. 2001. Life in the end-Permian dead zone. Proc. Natl. Acad. Sci. U.S.A., 98: 7879-7883.

松井正文. 1996. 両生類の進化. 302 pp. 東京大学出版会.

松井正文. 2006. 両生類にみる多様性と系統. 脊椎動物の多様性と系統(岩槻邦男・馬渡峻輔監修, 松井正文編), pp. 94-116. 裳華房.

NHK 地球大進化プロジェクト. 2004. NHK スペシャル 地球大進化3—大海からの離脱. 143 pp. NHK 出版.

西田治文. 2004. 森はいつできたか. NHK スペシャル 地球大進化3—大海からの離脱(NHK 地球大進化プロジェクト編), pp. 118-123. NHK 出版.

奥野良之助. 1989. さかな 陸に上る—魚から人間までの歴史. 427 pp. 創元社.

Panchen, A.L. 1985. On the amphibian *Crassigyrinus scoticus* Watson from the Carboniferous of Scotland. Phil. Trans. R. Soc. Lond. B, 309: 461-568.

Payne, J.L., Lehrmann, D.J., Wei, J.Y., Orchard, M.J., Schrag, D.P. and Knoll, A.H. 2004. Large perturbations of the carbon cycle during recovery from the end-Permian extinction. Science, 305: 506-509.

Racki, G. and Wignall, P.B. 2005. Late Permian double-phased mass extinctions and volcanism: an oceanographic perspective. *In* "Understanding Late Devonian and Permian-Triassic Biotic and Climatic Events: Towards an Integrated Approach" (eds. Over, D.L., Morrow, J.R. and Wignall, P.B.), pp. 263-297. Elsevier, Amsterdam.

Radke, M., Vriend, S.P. and Ramanampisoa, L.R. 2000. Alkyldibenzofurans in terrestrial rocks: Influence of organic facies and maturation. Geochim. Cosmochim. Acta, 64: 275-286.

Retallack, G.J., Smith, R.M.H. and Ward, P.D. 2003. Vertebrate extinction across the Permian-Triassic boundary in Karoo Basin, South Africa. Geol. Soc. Amer. Bull., 115: 1133-1152.

Ridgwell, A. 2005. A mid Mesozoic revolution in the regulation of ocean chemistry. Mar. Geol., 217: 339-357.

Romer, A.S. 1966. Vertebrate Paleontology. 476 pp. The University of Chicago Press, Chicago.

Sawada, K., Kaiho, K. and Okano, K. 2012. Kerogen morphology and geochemistry at the Permian-Triassic transition in the Meishan section of South China: Implication for palaeoenvironmental change. Jour. Asian Earth Sci., 54/55: 78-90.

Scotese, C.R. and McKerrow, W.S. 1990. Revised world maps and introduction. *In* "Palaeozoic Palaeoceanography and Biogeography" (ed. McKerrow, W.S. and Scotese, C.R.), Geological Society Memoir, 12: 1-21.

Sephton, M.A., Looy, C.V., Brinkhuis, H., Wingnall, P.B., de Leeuw, J.W. and Visscher, H. 2005. Catastrophic soil erosion during the end-Permian biotic crisis. Geology, 33: 941-944.

Sepkoski, J.J.Jr. 1989. Periodicity inextinction and the problem of catastrophism in the history of life. J. Geol. Soc. London, 146: 7-19.

Sepkoski, J.J.Jr. and Hulver, M.L. 1985. *In* "Phanerozoic Diversity Pattern" (ed. Valentine, J.W.), pp. 11-39. Princeton University Press, Princeton, NJ.

Shubin, N.H., Daeschler, E.B. and Jenkins, F.A.Jr. 2006. The pectoral fin of *Tiktaalik roseae* and the origin of the tetrapod limb. Nature, 440: 764-771.

Stanley, S.M. and Yang, X.N. 1994. A double mass extinction at the end of the Paleozoic Era. Science, 266: 1340-1344.

Stearn, C.W. 1987. Effect of the Frasnian-Famennian extinction event on the stromatoporoids. Geology, 15: 67-71.

Streel M., Caputo, M.V., Loboziak, S. and Melo, J.H.G. 2000. Late Frasnian- Famennian climates based on palynomorph analyses and the question of the Late Devonian glaciations. Earth-Sci. Rev., 52: 121-173.

Visscher, H., Brinkhuis, H., Dilcher, D.L., Elsik, W.C., Eshet, Y., Looy, C.V., Rampino, M.R. and Traverse, A. 1996. The terminal Paleozoic fungal event: evidence of terrestrial ecosystem destabilization and collapse. Proc. Natl. Acad. Sci. U.S.A., 93: 2155-2158.

Visscher, H., Looy, C.V., Collinson, M.E., Brinkhuis, H., Van Konijnenburg-Van Cittert, J.H.A., Kürschner, W.K. and Sephton, M.A. 2004. Environmental mutagenesis at the time of the end Permian ecological crisis. Proc. Natl. Acad. Sci. U.S.A., 101: 12952-12956.

Wang, K., Geldsetzer, H.H.J., Goodfellow, W.D. and Krouseand, H.R. 1996. Carbon and sulfur isotope anomalies across the Frasnian-Famennian extinction boundary. Geology, 24: 187-191.

Wignall, P.B. 2001. Large igneous provinces and mass extinctions. Earth-Sci. Rev., 53: 1-33.

Xie, S.C., Pancost, R.D., Yin, H.F., Wang, H.M. and Evershed, R.P. 2005. Two episodes of microbial change coupled with Permo/Triassic faunal mass extinction. Nature, 434: 494-497.

第7章 中生代における爬虫類の進化
爬虫類の起源から恐竜へ

小林快次・栃内　新

　元来，「爬虫類 Reptilia」という分類は現生のトカゲ，カメ，ワニ，ヘビなどを含む脊椎動物の1グループを指すことから始まった。その後，中生代に繁栄し絶滅していった恐竜，翼竜，魚竜など多くの化石種が「爬虫類」として分類され，その進化が議論されるようになった。古生代のペリコサウルス類 Pelycosaurs や獣弓類 Therapsids は「爬虫類」に含まれることもあるが，その後の研究によると，これらは哺乳類へ進化していく動物で，「爬虫類」とは違うものであることがわかった(Reisz, 1986)。また，「爬虫類」とは別の動物群であると考えられていた鳥類は，現在では恐竜類から進化したものであると考えられ，分岐学上，鳥類は恐竜類に含まれる(Ostrom, 1976; Gauthier, 1986; Sereno, 1998)。つまり，鳥類は分岐学上，「爬虫類」に含まれることとなる。また先ほどから「爬虫類」をカギカッコ書きにしているには理由がある。慣用句としての"爬虫類"は，鳥類を含まない動物群を指すため，側系統[注1]となり単系統群(ある祖先とその子孫すべてを含む種の集合体)ではないことがわかる。そのため，分岐単系統群のみを分岐群と認める分岐学の立場からは「爬虫類」は分類群とは認められず，カギカッコ書きにしている(古生物学の分野では分岐学的考え方が主流を占めている)。

[注1] ある祖先から生まれた子孫を構成要素とするグループから1つもしくは複数の子孫が取り除かれたグループのことをいう。

中生代に生息していた動物を理解することは、「爬虫類」の進化を考えるうえで重要である。この章では、前半では「爬虫類」の定義、その起源と繁栄、現生の爬虫類がどのように進化してきたかを紹介し、後半では恐竜の進化と生態について解説する。

1.「爬虫類」の起源

「両生類」から「爬虫類」へ

古生代中期の脊椎動物は、四足動物として水中から水際へ生活圏を変えていく。陸上での生活にともなう骨格系の発達、感覚・運動器官の適応、肺呼吸をはじめとする生理的飛躍をなしとげる。この陸上での生活を獲得した四足動物が「両生類」である(第6章)。そして、この「両生類」がとった次のステップは、「爬虫類」となるための完全な陸上生活の獲得だった。それは、誕生から死までの生活サイクルのなかで、水と決別することを意味し、とくにもっとも重要だったのは、水中ではなく陸上で産卵し、卵を孵化させる構造、すなわち、有羊膜卵を獲得することだった。有羊膜卵は、半浸透性の卵殻膜 chorion をもつ。卵殻膜は、内部に含まれる水分を保ちながら、酸素や

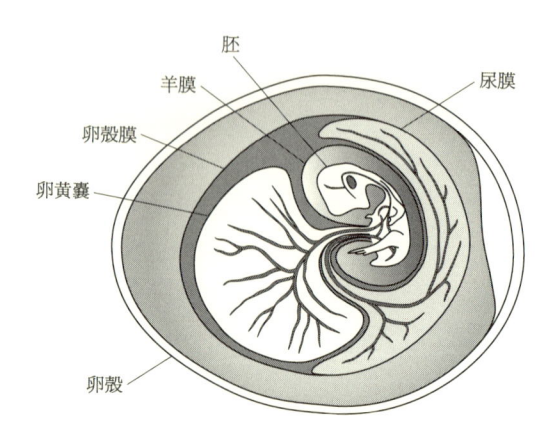

図1 半浸透性の卵殻をもつ有羊膜卵の構造。胚は羊膜に包まれ、卵黄嚢に含まれた栄養分が胚に供給され、排泄物が尿膜に蓄積される。

二酸化炭素を通気することができる。卵殻膜の内部にある胚は羊膜に包まれ，孵化するまでのあいだ，閉ざされた卵のなかで栄養を補給するための卵黄嚢 yolk sac と，排泄物の蓄積のための尿膜 allantois をもつ（図1）。これらの構造により，有羊膜類は，水辺から離れた生活を可能とした。また，有羊膜卵をもつ動物には，「爬虫類」，鳥類，哺乳類が含まれ，この単系統群を有羊膜類 Amniota と呼ぶ(Gauthier et al., 1988)。

有羊膜類以前の爬虫型類

有羊膜類とそのほかいくつかの絶滅動物群を含む，Reptiliomorpha という単系統群が定義されている。以前の「Reptilia」とは違う意味で使われており，Reptiliomorpha は爬虫型類と訳すことができる。その起源は石炭紀かそれ以前にあると考えられている(Carroll, 1964, 1969)。有羊膜類になりきっていない〝両生類〟と爬虫型類 Reptiliomorpha の中間的動物の代表的なものとして，セームリア類 Seymouriamorpha が挙げられる（第6章）。北米やドイツのペルム紀の地層から発見されたセームリア属は，陸生の動物であるが(Berman et al., 2000)，ロシアのセームリア類は水生の生活をしていたと考えられ，原始的な爬虫型類の生活体系はすでに多様化していたことがわかる。

有羊膜類 Amniota

有羊膜類は，爬虫型類同様，石炭紀かそれ以前に起源をもつと考えられる。最古の有羊膜類は，カナダ・ノバスコシア州の石炭紀の地層（約3億年前）から発見されているハイロノマス *Hylonomus* とパレオティリス *Paleothyris* である(Carroll, 1964, 1969)。これらは体長20 cmほどしかなく，ほかの原始的な四足動物と違い小さい頭をもっていた。ノバスコシアから発見された化石は，空洞になった木の根の部分に落ちて死に絶えたものとされ，非常に保存状態が良い。ハイロノマスやパレオティリスの顎は，原始的な四足動物に比べて丈夫で，顎には発達した歯が並び，昆虫などを食べていたと考えられる。また，耳骨は大きく，聴力はあまりなかったが低周波数の音を聴く能力はあったようである。おそらく現生の植物食のトカゲによく似た生活様式をもっていたと考えられている(Benton, 2005)。

2. 単弓類，無弓類と双弓類

石炭紀中期に地球上に出現した有羊膜類は，後に哺乳類を生む単弓類 Synapsida，カメなどを生む無弓類 Anapsida，そして，恐竜，ワニ，鳥類を生む双弓類 Diapsida に分岐する（図2）。それぞれのグループの特徴は，頭骨の眼窩の後方にいくつ孔が空いているかということであり，孔が1つだけのものは単弓類，孔がないものは無弓類，孔が2つのものは双弓類である（図2）。有羊膜類はまず，単弓類と，後に無弓類と双弓類になっていく動物類とに分岐する。

単弓類 Synapsida

単弓類が出現するのは石炭紀中期以前で，その後ペルム紀になると繁栄し，陸上を支配していく。以前，単弓類のなかのある生物類について「哺乳類型

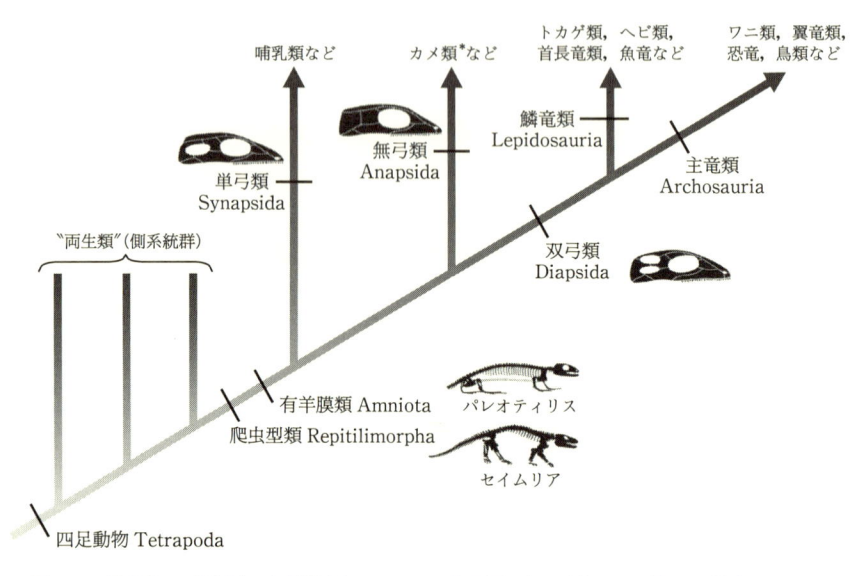

図2 四足動物の系統樹。有羊膜類は，おもに単弓類，無弓類，双弓類から構成されている。双弓類には鱗竜類や主竜類が含まれる。＊：近年ではカメ類が双弓類であるといわれている（本文参照）。

爬虫類」という言葉が使われたことがある．これは，哺乳類と爬虫類の両方の特徴をもちあわせていることから名づけられた．しかし，現在ではこの「哺乳類型爬虫類」は，単系統をつくらない側系統群であることがわかり，分岐学的な名前ではない(Hopson, 1991)．「哺乳類型爬虫類」は，原始的な単弓類と表現するのが正確である．ペルム紀に大繁栄した原始的な単弓類は，肉を嚙み切る鋭い歯をもったものや，植物食に適したものもおり，さまざまな生活様式に適応していた．しかし，それらのほとんどがペルム紀 - 三畳紀の大量絶滅により姿を消した．三畳紀になると別の単弓類が繁栄し始め，キノドン類 Cynodontia というより進化した動物が出現し，このキノドン類がさらに進化して哺乳類となっていく．哺乳類はジュラ紀には出現したと考えられるが，白亜紀の終わりまでは恐竜に生活圏を追いやられていた．しかし，白亜紀終わりの大量絶滅によって恐竜が姿を消したとたんに，哺乳類は爆発的に繁栄する．

無弓類と双弓類 Anapsida and Diapsida

私たちが現在「爬虫類」と呼ぶ動物(カメ，トカゲ，ヘビ，ワニなど)や鳥類は，無弓類と双弓類に分類される．単弓類同様，無弓類も双弓類も石炭紀以前に出現したと考えられる．原始的な無弓類にメソサウルス科 Mesosauridae が，原始的な双弓類としてアラエオスケリス類 Araeoscelidia が知られている(Modesto, 1999; Reisz, 1981)．

メソサウルス科は，1 m ほどの大きさでアフリカや南米のペルム紀後期から発見され，水生の動物として知られている．そのほかの原始的な無弓類もペルム紀の地層から発見されている．この無弓類の進化の流れによってカメ類が進化してきたと長年考えられてきた．しかし，近年の研究によってカメ類は双弓類であることが示唆されている．カメ類の頭に無弓類のように孔がないのは，二次的に進化したもので，本来は双弓類であるという考えである(Rieppel and DeBraga, 1996; Zardoya and Meyer, 1998；平山，2007)．原始的なカメ類として，ドイツの三畳紀後期の地層から見つかっているプロガノケリス *Proganochelys* が知られ，この時点ですでに体には甲羅をもっていた(Gaffney and Meeker, 1983)．また，最古のウミガメとしてサンタナケリス *Santanachelys*

がブラジルの白亜紀前期の地層から見つかっている(Hirayama, 1998)。私たち人間を含む四足動物では,肩や腰の骨が肋骨の外側についているが,カメ類は,肋骨に形取られる甲羅のなかに肩や腰の骨をおさめている。カメ類は白亜紀終わりの大絶滅をも生き延び,現在では300種近く存在している。

　双弓類は,石炭紀の化石が少ないため,初期の進化過程があまりよくわかっていないが,アメリカ合衆国のカンザス州の地層からスピノアイクアリス *Spinoaequalis* とペトロラコサウルス *Petrolacosaurus* が発見されている(Reisz, 1981)。両種ともアラエオスケリス類に属し,スピノアイクアリスは水生動物,ペトロラコサウルスは陸生動物だと考えられている。三畳紀にはいると,鱗竜類 Lepidosauria と主竜類 Archosauria の2つの双弓類のグループが繁栄を始める。

3. 鱗竜類 Lepidosauria

　もっとも古い鱗竜類の化石はムカシトカゲ類 Sphenodontia で,三畳紀の地層から発見されている。鱗竜類は,ジュラ紀中期になると繁栄してトカゲ類 Squamata が出現し,また白亜紀前期にも繁栄をとげてヘビ類 Serpentes が出現する。鱗竜類は,首長竜類,魚竜類,モササウルス類に分化し,陸上だけではなく海のなかにも生活圏を広げていった。

　首長竜類 Plesiosauria は,プレシオサウルス類 Plesiosauroidea とプリオサウルス類 Pliosauroidea の2つに大きく分けられる(O'Keefe, 2002)。プレシオサウルス類は,長い頸と小さい頭をもつ。このグループには,二次的に首を短くしたポリコティリス科 Polycothilidae も含まれる。プリオサウルス類は,短い首と大きな頭が特徴的である。首長竜類の手足は鰭状になっており,海中での生活に適応していた。首長竜類の化石は日本からも発見され,北海道は有名な化石産地として知られている。北海道から発見された標本では,アンモナイトの一部(顎骨)が胃の内容物として残っていることから,首長竜がアンモナイトを食べていたことがわかっている(Sato and Tanabe, 1998)。さらに,胃には胃石をもち,おもりとして使っていたと考えられる。

　魚竜類 Ichthyopterygia は,外見はイルカのような姿をしているが,進化し

た魚竜類の泳ぎ方はマグロに似ていたと考えられる。前後の足は首長竜と同様に鰭化し，泳ぎに優れていた。このグループは三畳紀に出現し，ジュラ紀にもっとも繁栄した(McGowan and Motani, 2003)。もっとも原始的な魚竜類の1つとして，宮城県から発見された歌津魚竜 *Utatsusaurus* がある(Shikama et al., 1978; Motani et al., 1998)。原始的な魚竜類は，イルカのような体を確立しておらず，ウナギに鰭が生えているようなものだった(Motani et al., 1996)。進化にともない，魚竜は泳ぎに適応していったことが知られ，体長は最大16mにも達した。また通常，爬虫類は卵を産むが，ドイツやイギリスで発見された魚竜の化石には，胎児がいる状態で見つかったものがあり，魚竜は胎生であった可能性が指摘されている(Böttcher, 1990)。

モササウルス科 Mosasauridae は白亜紀の海に生息し，前後の足は首長竜類，魚竜類と同様に鰭状になっており，泳ぎに長けていた。近年，このモササウルス類が注目されている。その理由は，イスラエル白亜系中部の地層から発見された，後ろ足をもつパキラキス *Pachyrhachis* の研究により，モササウルス類がヘビ類の祖先であり，ヘビ類は海に起源があるのではないかという説が唱えられたためである(Caldwell and Lee, 1997)。しかし，その説が唱えられた直後に同じイスラエルから発見されたハアシオフィス *Haasiophis* の研究により，ヘビ類のモササウルス類起源説は否定された(Tchernov et al., 2000)。最近では，アルゼンチンの白亜紀後期の陸成の地層から発見されたナジャシュ *Najash* というヘビ類の化石が比較的頑丈な後ろ足をもつことから，ヘビ類は陸に起源があると解釈されている(Apesteguia and Zaher, 2006)が，この議論は今後も続いていくだろう。なお，ヘビ類は，イグアナ類やヤモリ類と同様，トカゲ類の1種である。トカゲ類は，頭骨を構成する骨の可動性が大きな特徴であり，その極端な例がヘビである。たとえば，人間の頭骨は上顎と下顎の関節しか動かないが，ヘビは顎を構成する骨を複雑に動かすことができ，自分の頭よりも大きな餌を丸飲みすることができる。

4. 主竜類 Archosauria

現在生きている主竜類は，ワニ類と鳥類の2つである。ワニと鳥は似ても

似つかないが，鳥類にもっとも近縁な現生の動物は，ワニ類である．現在のワニは水辺にすみ，水のないところには生息しない．一方，鳥類は生活範囲を広くもち，あらゆる気候に適応している．主竜類は，大きく2つの進化の流れをもつ．1つは，ワニへと進化していく系列，そしてもう1つは翼竜と恐竜(鳥類も含む)へ進化していく系列である．

ワニ類 Crocodylomorpha の祖先は三畳紀後期にはすでに出現し，現生のワニと違い陸生の動物だったと考えられている．ジュラ紀〜白亜紀になると，ワニの種類は多様化し，海に適応したタラットスクス類 Thalattosuchia やメトリオリンクス類 Metriorhynchidae，肉食の獣脚類恐竜のようなナイフのように薄く鋭い歯をもつセベクス科 Sebecidae，哺乳類のような歯をもつノトスクス類 Notosuchia などが出現する．そのなかで，現在のワニのように水辺にすみ始め，一見，現生のワニと区別がつかないゴニオフォリス科 Goniopholididae というワニが現れる．そして，現生ワニ(正顎類)の祖先は白亜紀後期に現れる(Brochu, 2003)．正顎類は，二次口蓋骨の発達にともなう内鼻孔の後方への移動で特徴づけられる．それまでは，内鼻孔が口蓋の前方または中ほどにあり，吸った空気を口内経由で肺へ送らなければならず，この構造の

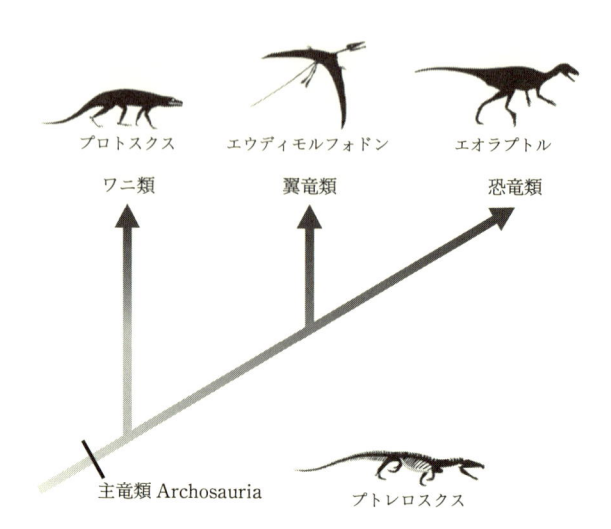

図3 主竜類の系統樹．ワニ類，翼竜類，恐竜類が含まれ，現在も生息している主竜類は，ワニ類と恐竜類(鳥類)である．

場合，食べ物を口のなかにいれていたり，水中で口を開けた状態では息ができない。正顎類では，内鼻孔が後方に移動し二次口蓋骨が発達することによって，吸った空気を口内を経由しないで肺へ送ることができ，口内の動作と呼吸を完全に分けることができた。なお，現在生きているワニは，アリゲーター科，クロコダイル科，ガビアル科の3つに分類される。

翼竜 Pterosauria は，ジュラ紀〜白亜紀に繁栄し，白亜紀末に完全に絶滅した (Buffetaut and Mazin, 2003)。完全に空中を生活圏としていた脊椎動物は，翼竜が初めてであった。翼竜は，薬指にあたる第四指を極端に長くし，そこに皮膜を張り，翼を形成している。アメリカ合衆国テキサス州の白亜紀後期の地層から見つかったクエツァルコアトラス *Quetzalcoatlus* が最大の翼竜で，翼幅は10 m 近くある。翼竜と別の方向へ進化していった系統として，恐竜が誕生する。

5. 恐竜類 Dinosauria

恐竜類は「トリケラトプスと鳥類のもっとも近い祖先から生まれた子孫すべて」と定義され，この定義は，恐竜類が鳥盤類 Ornithischia と竜盤類 Saurischia の2つのグループにより構成されていることを意味する (Sereno, 1998)。鳥盤類の代表をトリケラトプス *Triceratops*，竜盤類の代表を鳥類とし，それぞれの祖先をたどっていくと必ず共通祖先がいるはずである。トリケラトプスへと進化していく鳥脚類と，鳥類へ進化していく竜盤類の分岐点にあたる共通祖先が恐竜類の根幹であり，そこから生まれた動物すべてが恐竜類である。この定義からすると，分岐点から外れる首長竜などの海棲爬虫類やワニ類は，恐竜類から外れる。その一方で，鳥類はまぎれもなく恐竜類の仲間である。

鳥盤類と竜盤類の分岐点にあたる共通祖先は，おそらく見つかることはないだろうと考えられている。その理由は，分岐点にあたる約2.3億年前(またはそれ以前)の地層の露出は限られており，そこから見つかる脊椎動物化石は，実際その時期に生きていた動物たちの1%にも満たないからである。そのなかで，共通祖先を見つけるのは確率的に不可能に近い。しかし，現在知

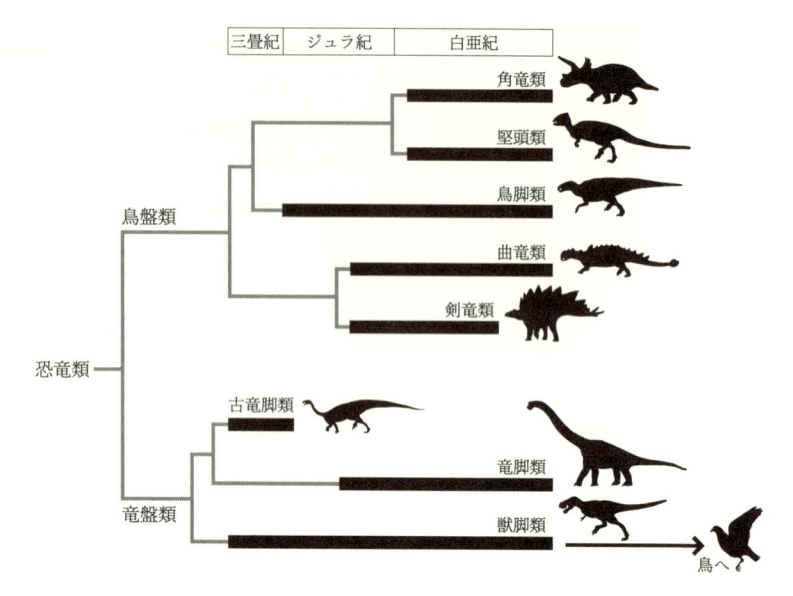

図4 恐竜類の系統樹。大きく鳥盤類と竜盤類に分かれ，鳥類は獣脚類恐竜から進化している。

られている恐竜のなかで，もっとも原始的で恐竜の祖先に近い体をもっているものとして，エオラプトル Eoraptor が挙げられる。現在でもこの動物が本当に恐竜なのかそうでないのか議論はあるにせよ，エオラプトルが原始的な恐竜の姿に近いことはおそらく間違いない。エオラプトルは，アルゼンチンの三畳紀後期の地層から発見された全長1.5mほどの二足歩行動物で，一見，ほかの獣脚類恐竜に類似している(Sereno et al., 1993)。同じ地層からはヘレラサウルス Herrerasaurus という獣脚類恐竜も発見されており，このことから恐竜は少なくとも2.3億年前以前に地球上に現れたことがわかっている (Sereno and Novas, 1992)。恐竜類のもっとも大きな特徴は，直立歩行の確立である。多くの爬虫類の手足は，体の横に伸びるようについており，歩くときに体を横にくねらせ這うようにして歩く。恐竜は，手足が体の下に伸び，直立型の歩行をする。このような直立型歩行は，鳥類や哺乳類に見られるものである。鳥類の直立歩行は，恐竜発生当時の直立歩行を引き継いだものであるが，哺乳類の直立歩行は収斂進化(異なるグループの生物が系統にかかわらず

似通った姿に進化すること)で起こったものである．この直立歩行の獲得は効率的な移動を可能とし，恐竜や哺乳類がほかの動物よりも優勢に立つことで繁栄できた原因とも考えられる．

　恐竜は，三畳紀後期に誕生した後，2度の大繁栄をする．1度目は恐竜出現後の三畳紀後期から白亜紀の終わりまでのいわゆる「恐竜時代」の時期，そして2度目は新生代にはいってから鳥へと形を変えた時期である．ペルム紀までは，原始的な単弓類(「哺乳類型爬虫類」)が地上を支配していたが，ペルム紀‐三畳紀境界の大絶滅によってそれらの多くは絶滅に追いやられた．三畳紀にはいると，原始的な単弓類がほとんどいなくなった空間を埋めるかのように恐竜が繁栄を始める．そして，ジュラ紀になるとその繁栄は加速し，さまざまな生活環境に適応した恐竜が巨大化を始めるなど，特殊化が進んでいく．その特殊化の波に乗るように，ジュラ紀には，ある恐竜が鳥へと進化を始める．その後，白亜紀にも恐竜の繁栄は継続されるが，白亜紀末になると恐竜は大絶滅する．ここで，一般にいう「恐竜」は絶滅してしまうわけだが，鳥に形を変えた恐竜たちは生き延びる．新生代は哺乳類時代といわれるように，恐竜大量絶滅のために開かれたニッチを，それまでじっと我慢していた哺乳類たちが支配していく．もし，鳥類が地面を歩いて生活するものばかりであれば大繁栄は起こらなかったかもしれないが，鳥類は恐竜が繁栄していた時代に，空へと生活圏を広げていったために競争相手も少なく，新生代にはいるといっきに繁栄をとげる．このように恐竜は，中生代に多様化して地上を支配し，新生代には鳥に形を変え，空を支配することとなる．恐竜の進化は，脊椎動物の進化史のなかで重要な要素であることがわかる．

　中生代に繁栄した恐竜の特殊化は，現在生きている動物からは想像できないものが多い．現生の最大の「爬虫類」は，体長 8 m 程度のワニである．そこまで大型化した「爬虫類」は珍しいが，中生代には，このくらいの体長をもった恐竜は多く生息していた．鳥盤類では，堅頭類以外はすべて体長 8 m 前後であり，それ以上のものも存在した．また，竜盤類にも巨大化した恐竜が知られている．とくに竜脚類は巨大化が進み，スーパーサウルス *Supersaurus* やセイズモサウルス *Seismosaurus* などは体長 30 m 以上で，地球史上最大の陸生動物として知られる(Rogers and Erickson, 2005)．

また，恐竜は，体の大きさのみならずさまざまな面で多様化していく。恐竜の鳥盤類と竜盤類には，それぞれいくつかのグループが存在する。鳥盤類は，角竜類，堅頭類，鳥脚類，曲竜類，剣竜類に大きく分けられ，竜盤類は竜脚類と獣脚類に分けられる(図4)。これほど多様化しているにもかかわらず，獣脚類以外の恐竜は，植物食であった。そのなかでもっとも植物食に適応した恐竜は，鳥脚類 Ornithopoda といわれている。私たち人間を含む哺乳類は，上顎に対し下顎を前後左右に動かすことで咀嚼を可能としている。哺乳類の歯は門歯，犬歯，小臼歯，大臼歯の4種類に分けられる。門歯や犬歯で食べ物をとらえ，顎を前後左右に複雑に動かすことで，臼歯を臼のように使い食べ物をすりつぶしている。消化器官によって食べ物をより効率良く消化し吸収するためには，口のなかで食べ物をすりつぶすことは重要である。一方，一般的に爬虫類は，哺乳類のような顎の動きはできず，簡単に口を開けて閉めるという動作しかできない。爬虫類は餌を口のなかにいれたら，ほとんどそれを丸飲みにする。しかし，鳥脚類は，顎の一部を可動にし，食べ物を噛んだときに，上顎が外側へ振れるようにすることで，食べ物をすりつぶすことを可能とした恐竜である(Norman, 1984)。また，上下の顎にはクチバシのような構造をもっており，クチバシ状の部分で餌をとり，奥の歯で食べ物をすりつぶすという高等な技術を身につけていたと考えられる。鳥脚類の顎の構造の進化は，被子植物の繁栄と関係しているとも考えられている(Weishampel and Norman, 1989)。それまでは，裸子植物がおもな植生だったと考えられ，竜脚類や剣竜類がそれらを主食とし繁栄していった。しかし，被子植物が繁栄を始めると，それに対応しきれなかった恐竜たちが衰退の道を歩んでいくのだが，鳥脚類は被子植物を餌とすることができたため，繁栄していったと考えられる。また，鳥脚類ほどではないにしろ，角竜類も植物食に適応したと考えられる。

　植物食の恐竜たちは，つねに襲われる状況にあったと考えられ，防御に対する進化をしていく。角竜類，曲竜類，剣竜類，竜脚類がそのもっとも顕著なものといえる。角竜類 Ceratopsia はその名のとおり，頭に角をもつ恐竜で，もっとも知られているのが北米のトリケラトプスである。トリケラトプスは目の上に長い角を2本もち，鼻の上に短い角をもつ。さらに，頭骨の後ろに

は襟飾りがあり，これを使って防御していたとも考えられている。曲竜類 Ankylosauria は，体の長さに対して，幅が広く高さは低い。首，背中，手足などに装甲板をもち，上方からの攻撃に対する防御に長けていた。また，ある曲竜類は尻尾がハンマー状になっており，攻撃もできたと考えられている。剣竜類 Stegosauria は，首の後ろから背中に板状の骨をもち，尻尾に剣のような骨をもっていた。尻尾の剣は，襲われたときに反撃する道具として使われたと考えられている。竜脚類 Sauropoda では，先に挙げた恐竜たちのような構造をもつものは少なく，なかには曲竜類のように尻尾にこぶをもち，それを武器にしていたものがいた可能性があるが，竜脚類の最大の防御は，その体の大きさにあった。ジュラ紀の北米には，体長 8 m 前後のアロサウルス Allosaurus という凶暴な肉食の獣脚類が生息していたが，そこには体長 20 m を超える巨大な竜脚類(ディプロドクス Diplodocus，カマラサウルス Camarasaurus，スーパーサウルスなど)がすんでいた。また，白亜紀のアルゼンチンには，最大の肉食の陸上動物で体長 13 m ほどのギガノトサウルス Giganotosaurus がすんでいたが，ここにもアルゼンチノサウルス Argentinosaurus という体長 30 m ほどの巨大竜脚類がすんでおり，ギガノトサウルスはかなうはずもなかった。

　竜脚類とともに竜盤類に含まれるのが，獣脚類 Theropoda である。先に述べたように，獣脚類は恐竜類のなかで唯一，肉食性を保ったグループである。恐竜の祖先に近いエオラプトルと獣脚類全般を比較すると，見た目がさほど変わらない。これは，おそらく獣脚類恐竜は生態系のなかでつねに有利に立っていた動物であり，体の形を変える必要性がなかったためだろう。ジュラ紀になるとアロサウルスに象徴されるように，大型の獣脚類が登場する。その顎にはナイフのように薄く鋭い歯がずらりと並び，指には鋭い爪がついていた。まるでライオンや猫が，鋭い爪のついた指を広げて獲物を襲うように，獣脚類は指を大きく開き獲物に襲いかかり，鋭い歯で獲物をしとめた。また，北米に生息していたティラノサウルス Tyrannosaurus は，体が非常に大きい獣脚類恐竜である。ティラノサウルスは，アロサウルスとは異なり，太い歯と強靭な顎をもち，獲物に嚙みついたときには，骨をも砕く力があったと考えられている(Erickson et al., 1996)。

ジュラ紀後期になると，コエルロサウルス類 Coelurosauria という獣脚類恐竜が生まれる(図5)。コエルロサウルス類とは小型獣脚類とも呼ばれる恐竜で，アロサウルスなどとは異なり体を小型化した恐竜として知られている。そのなかにはティラノサウルス類，オルニトミムス類，オビラプトル類，テリジノサウルス類，コンプソグナトゥス科，アルバレッツサウルス類，トロオドン科，ドロマエオサウルス科が含まれる(図5)。先ほど，ティラノサウルスは大型の獣脚類恐竜として紹介したが，それは二次的に巨大化したもので，元々は小さい恐竜だったと考えられている(Xu et al., 2004)。ティラノサウルス類以外にも，二次的に大型化したものがいるが，これらも同じように原始的なものは小さい体をしている。コエルロサウルス類は，鳥類の起源や進化を語るうえで重要な恐竜たちである。

　1990年代半ば以降，中国の遼寧省をはじめ世界中からたくさんの重要な化石が発見された(Ji et al., 1998; Chen et al., 1998 など)。それ以前にも鳥類が恐

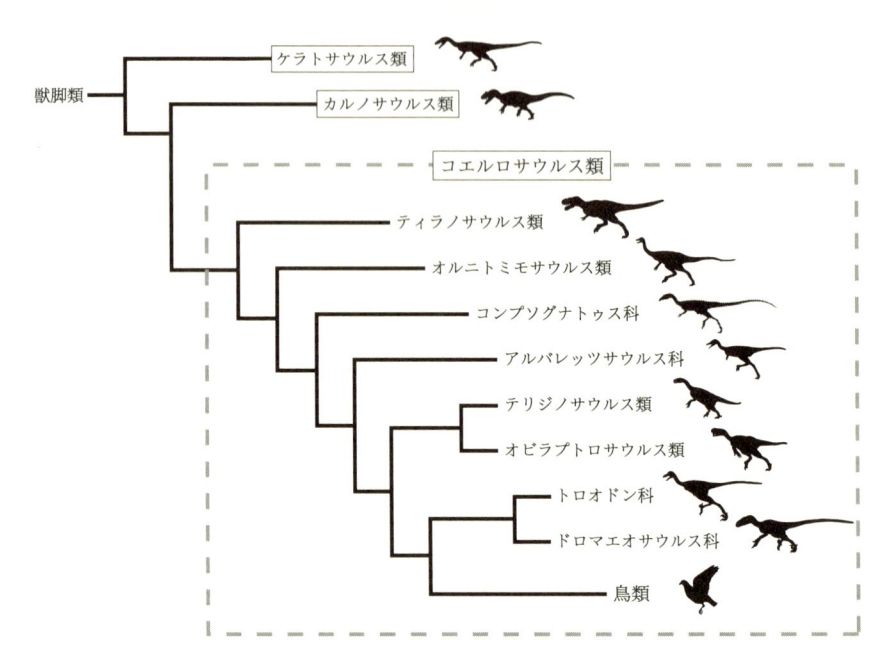

図5　獣脚類の系統樹。通称〝小型獣脚類〟といわれるコエルロサウルス類(点線のボックス)から鳥類が進化している。

竜から進化したという仮説はあったが，鳥類と恐竜のギャップを埋める標本は少なかった．しかし，多くの化石の発見によりそのギャップも徐々に埋まっていき，恐竜から鳥類への進化過程が少しずつ明らかになっている(第8章)．たとえば，羽毛の生えた恐竜(ティラノサウルス類のディロング，オビラプトル類のカウディプテリクス，ドロマエオサウルス科のミクロラプトルなど)や，卵を抱えた状態で発見されたシチパチ(オビラプトル類)，植物食の獣脚類(オルニトミムス類のシノオルニトミムスやオビラプトル類のカウディプテリクスなど)，丸まって寝た格好で発見されたメイ(トロオドン科)などが挙げられる(Norell et al., 1995; Kobayashi et al., 1999; Xu et al., 2002, 2003, 2004; Xu and Norell, 2004)．これらのコエルロサウルス類の，羽毛や抱卵，植物食の根拠，鳥特有の寝姿を示す化石の発見は，鳥のような生態が鳥になりきっていない恐竜にも存在していたことを示す．今日では恐竜が「トリケラトプスと鳥類のもっとも新しい恐竜祖先から生まれた子孫すべて」と定義されるように，数多くのコエルロサウルス類化石の発見と研究により，鳥類が恐竜の一グループであることが広く認知されている．

　私たちは恐竜についてどの程度理解しているのだろうか．大きなスケールとしては恐竜の進化の流れを理解しているかもしれない．しかし，現在のところ恐竜の化石は900種ほどしか発見されていない．三畳紀後期に地球上に誕生してから白亜紀末の絶滅まで，恐竜の歴史は約1.7億年間あった．現在，生息している鳥類は9000種以上である．恐竜が現在の鳥類ほど種分化していたかはわからないが，仮に種の寿命が数百万年間であれば，数十万種の恐竜が1.7億年のあいだに存在していた可能性がある．その場合，私たちが発見した恐竜は1%にも満たない．さらに，ある種の恐竜を語るうえでは，1つの標本を元にしている場合が多く，成長，性別，個体差についての統計的な根拠はほとんどなく，よくわかっていないのが実状である．そのように限られた情報のなかで，より正確な議論をするために，現在の研究者は現生の動物を研究し，それを恐竜の研究に反映している．それにより，恐竜の生理や生態が復元されてきているが，世界各地で新しい発見があるたびに新事実が判明していく．恐竜の研究も日々進化しているといえる．

[引用文献]

Apesteguia, S. and Zaher, H. 2006. A Cretaceous terrestrial snake with robust hindlimbs and a sacrum. Nature, 440: 1037-1040.

Benton, M.J. 2005. Vertebrate Paleontology (3rd ed.). 472 pp. Blackwell Publishing, Australia.

Berman, D.S., Henrici, A.C., Sumida, S.S. and Martens, T. 2000. Redescription of *Seymouria sanjuanensis* (Seymouriamorpha) from the Lower Permian of Germany based on complete, mature specimens with a discussion of paleoecology of the Bromacker locality assemblage. J. Verte. Paleontol., 20: 253-268.

Böttcher, R. 1990. Neue Erkenntnisse über die Fortpflanzungsbiologie der Ichthyosaurier (Reptilia). Stutt. Beitr. Nat., Ser. B (Geol. Paläontol.), 164: 1-51.

Brochu, A.C. 2003. Phylogenetic approaches toward crocodilian history. Annu. Rev. Earth Planet. Sci., 31: 357-397.

Buffetaut, E. and Mazin, J. 2003. Evolution and Palaeobiology of Pterosaurs. Geological Society of London Publishing House, Bath.

Caldwell, M.W. and Lee, M.S.Y. 1997. A snake with legs from the marine Cretaceous of the Middle East. Nature, 386: 705-709.

Carroll, R.L. 1964. The earliest reptiles. Zool. J. Linn. Soc., 45: 61-83.

Carroll, R.L. 1969. A Middle Pennsylvanian captorhinomorph and the interrelationships of primitive reptiles. J. Paleontol., 43: 151-170.

Chen, P., Dong, Z. and Zhen, S. 1998. An exceptionally well-preserved theropod dinosaur from the Yixian Formation of China. Nature, 391: 147-152.

Erickson, G.M., Van Kirk, S.D., Su, J., Levenston, M.E., Caler, W.E. and Carter, D.R. 1996. Bite-force estimation for *Tyrannosaurus rex* from tooth-marked bones. Nature, 382: 706-708.

Gaffney, E.S. and Meeker, L.J. 1983. Skull morphology of the oldest turtle: a preliminary description of *Proganochelys quenstedti*. J. Verte. Paleontol., 3: 25-28.

Gauthier, J. 1986. Saurischian monophyly and the origin of birds. Mem. Calif. Acad. Sci., 8: 1-56.

Gauthier, J., Kluge, A.G. and Rowe, T. 1988. The early evolution of the Amniota. *In* "The Phylogeny and Classification of the Tetrapods" (ed. Benton, M.J.), pp. 103-155. Systematics Association Special Volume, 35A. Clarendon Press, Oxford.

Hirayama, R. 1998. Oldest known sea turtle. Nature, 392: 705-708.

平山廉. 2007. カメのきた道—甲羅に秘められた2億年の生命進化. 205 pp. NHK出版.

Hopson, J.A. 1991. Systematics of the nonmammalian Synapsida and implications for patterns of evolution in synapsids. *In* "Origins of the Higher Groups of Tetrapods: Controversy and Consensus" (eds. Schultze, H.-P. and Trueb, L.), pp. 635-693. Cornell University Press, Ithaca.

Ji, Q., Currie, P.J., Norell, M.A. and Ji, S. 1998. Two feathered dinosaurs from northeastern China. Nature, 393: 753-761.

Kobayashi, Y., Lu, J., Dong, Z., Barsbold, R., Azuma, Y. and Tomida, Y. 1999. Herbivorous diet in an ornithomimid dinosaur. Nature, 402: 480-481.

McGowan, C. and Motani, R. 2003. Ichthyopterygia. Handbuch der Paläoherpetologie,

8: 1-173.
Modesto, S.P. 1999. Observations on the structure of the Early Permian reptile *Stereosternum tumidum* Cope. Palaeontol. Africana, 35: 7-19.
Motani, R., You, H. and McGowan, C. 1996. Eel-like swimming in the earliest ichthyosaurs. Nature, 382: 347-348.
Motani, R., Minoura, N. and Ando, T. 1998. Ichthyosaurian relationships illuminated by new primitive skeletons from Japan. Nature, 393: 255-257.
Norell, M.A., Clark, J.M., Chiappe, L.M. and Dashzeveg, D. 1995. A nesting dinosaur. Nature, 378: 774-776.
Norman, D.B. 1984. On the cranial morphology and evolution of ornithopod dinosaurs. *In* "The Structure, Development and Evolution of Reptiles" (ed. Ferguson, M.W.J.), pp. 521-547. Academic Press, New York.
O'Keefe, E.R. 2002. The evolution of plesiosaur and pliosaur morphotypes in the Plesiosauria (Reptilia: Sauropterygia). Paleobiology, 28: 101-112.
Ostrom, J.H. 1976. *Archaeopteryx* and the origin of birds. Biol. J. Linnean Soc., 8: 91-182.
Reisz, R.R. 1981. A diapsid reptile from the Pennsylvanian of Kansas. Univ. Kansas Nat. Hist. Mus. Spec. Publ., 7: 1-74.
Reisz, R.R. 1986. Pelycosauria. Handbuch der Paläoherpetologie, 17A: 1-102.
Rieppel, O. and DeBraga, M. 1996. Turtles as diapsid reptiles. Nature, 384: 453-455.
Rogers, K.C. and Erickson, G.M. 2005. Sauropod histology: microscopic views on the lives of giants. *In* "The Sauropods: Evolution and Paleobiology" (eds. Rogers, K.A.C. and Wilson, J.A.), pp. 303-326. University of California Press, Berkeley.
Sato, T. and Tanabe, K. 1998. Cretaceous plesiosaurs ate ammonites. Nature, 394: 629-630.
Sereno, P.C. 1998. A rationale for phylogenetic definitions, with application to the higher-level taxonomy of Dinosauria. Neues Jahr. Geol. Paläontol. Abhand., 210: 41-83.
Sereno, P.C. and Novas, F.E. 1992. The complete skull and skeleton of an early dinosaur. Science, 258: 1137-1140.
Sereno, P.C., Forster, C.A., Rogers, R.R. and Monetta, A.M. 1993. Primitive dinosaur skeleton from Argentina and the early evolution of Dinosauria. Nature, 361: 64-66.
Shikama, T., Kamei, T. and Murata, M. 1978. Early Triassic Ichthyosaurus *Utatsusaurus hataii* gen. et sp. nov. from the Kitakami Massif, Northeast Japan. Tohoku Univ. Sci. Rep., 2nd Ser. (Geol.), 48: 77-97.
Tchernov, E., Rieppel, O., Zaher, H., Polcyn, M.J. and Jacobs, L.L. 2000. A fossil snake with limbs. Science, 287: 2010-2012.
Weishampel, D.B. and Norman, D.B. 1989. Vertebrate herbivory in the Mesozoic: jaws, plants, and evolutionary metrics in late Paleozoic and Mesozoic herbivores. *In* "Paleobiology of the Dinosaurs" (ed. Farlow, J.O.), pp. 87-100. Geological Society of America Special Paper 238. Boulder.
Xu, X. and Norell, M.A. 2004. A new troodontid dinosaur from China with avian-like sleeping posture. Nature, 431: 838-841.
Xu, X., Cheng, Y., Wang, X. and Chang, C. 2002. An unusual oviraptorosaurian dinosaur from China. Nature, 419: 291-293.

Xu, X., Zhou, Z., Wang, X., Kuang, X., Zhang, F. and Du, X. 2003. Four-winged dinosaurs from China. Nature, 421: 335-340.

Xu, X., Norell., M.A., Kuang, X., Wang, X., Zhao, Q. and Jia, C. 2004. Basal tyrannosauroids from China and evidence for protofeathers in tyrannosaurids. Nature, 431: 680-684.

Zardoya, R. and Meyer, A. 1998. Complete mitochondrial genome suggests diapsid affinities of turtles. Proc. Natl. Acad. Sci. U.S.A., 95: 14226-14231.

ジュラ紀＝白亜紀温室世界とその終焉
恐竜から鳥類へ

第8章

綿貫　豊

1. 自然史科学における恐竜と鳥類

　三畳紀後期に出現しジュラ紀(2億〜1億4550万年前)から白亜紀(〜6550万年前)に繁栄した恐竜は，白亜紀末までに絶滅した．巨大な恐竜が突然のように絶滅した後，古第三紀からは哺乳類と鳥類が繁栄した．このできごとの原因解明は古生物，地球気候，進化系統，動物生理などさまざまな分野の科学者を刺激した．これは，地球と生物進化の基本的な問題，すなわち〝歴史〟と〝適応〟について深く考えさせてくれる絶好の問題であるため，多くの研究者の興味をとらえ続けている．恐竜が絶滅した期間には，そのほかの生物の多様性も大きく減少し，大量絶滅と呼ばれている．化石記録がある程度そろっている過去5億年間では，このような大量絶滅は5回あった(Raup and Sepkoski, 1982)．その5回目が恐竜の絶滅をもたらした白亜紀‐古第三紀(K‐T：白亜紀のドイツ語表記 Kretaceous と第三紀 Tertiary)境界の大量絶滅である．そのきっかけが巨大隕石の衝突ではないかという仮説と，それを裏づける有力な数々の証拠が提出されるようになってからは，地球物理学者，地球化学者と天文学者もこの問題の解明に加わるようになり，現在でも論戦が続いている．

　K‐T境界以後，地球上の大型生物相は一変した．恐竜や爬虫類に替わり，

陸上および海洋を支配するようになったのは哺乳類であり，空を支配したのは鳥類である。鳥類は飛行のために特殊化しているので，形態的特徴から一目でそれとわかる。現存する鳥類(現生鳥類)は9198種で，現生哺乳類(4170種)の2倍近くある(マクニーリーほか, 1991)。鳥類の進化系統仮説は2つある。爬虫類などさまざまな分類群の集まりと考えられている槽歯類から鳥類と恐竜が分岐したとする説と，恐竜上目の獣脚亜目(ティラノサウルス類など直立型肉食恐竜が含まれる)から分岐したとする説である。現在は槽歯類という名称自体がなくなりつつあり，恐竜の分岐系統，生理(内温性)や行動(高度な社会行動や育児)などの最近の研究からも，鳥類＝恐竜(獣脚亜目)説が有利である。そのため，鳥類は「現在に生きている恐竜である」ともいわれる。

本章では，鳥の起源と進化を5節に分けて概説する。まず第1に，始祖鳥と飛行できる現生鳥類を比較し，その機能形態的な特性を記述し，始祖鳥の飛行に関する説を紹介する。第2に，恐竜類と鳥類の形態を比較し，分岐系統学的解析から鳥類＝恐竜(獣脚亜目)説に至る道筋を示す。そのなかで，鳥類と恐竜(獣脚亜目)の共有派生形質ととらえられているいくつかの形質の相同性に関して，問題点を紹介する。第3に，鳥類の進化と環境の影響について考える。すなわち，恐竜から鳥類への交替が起こった白亜紀と古第三紀(K‐T)境界前後における大気の状態を安定同位体比の証拠と大気気候シミュレーションから推定した研究を紹介する。第4に，現生爬虫類と鳥類の生理学と化石の形態学・組織学的研究から，恐竜と原始鳥類の代謝システムについて推理し，この時代の大気の状態と鳥類進化の要因に関する説について述べる。そして最後に，恐竜の絶滅パターンと鳥類の多様化のパターンに関する化石と分子系統研究の結果を紹介する。なお，本章では動物名の表記はおもに，小林(2004)，フェドゥーシア(2004)，ファストフスキーとワイシャンペル(2001)に従った。必要でない限り属名までの記載とし，分類単位が十分確定したものでない場合は〝類〟とした。

2. 始祖鳥は鳥類である

始祖鳥(アーケオプテリクス属 *Archaeopteryx*)の化石はドイツのバイエルン地方

の，1.57億〜1.46億年前のジュラ紀後期にあたる石灰岩層(ゾルンホーヘン層 Solnhofen)から発見された(フェドゥーシア，2004；表1)。ハトからカラスくらいの大きさで，現在までに10体発見されている。アーケオプテリクス属が鳥類であるとされるのは，羽毛をもつことに加え，鳥類に特徴的な骨格をそなえているためである(図1)。たとえば，3本の指をそなえた前肢をもつことに加えて，胸骨，叉骨，烏口骨，肩甲骨からなる胸郭部の構造においてもアーケオプテリクス属は鳥類の特徴を示す(図1)。

現生鳥類の胸骨は，強大な胸筋の付着部であり，その部分には竜骨突起が発達している。現生鳥類では，鎖骨が左右1対で癒合しており，胸骨の上端とゆるく接している。哺乳類では，鎖骨が癒合しない。そのため，鳥類のそれを叉骨 furcula(fused clavicles)，哺乳類のそれを鎖骨 clavicle と呼ぶ。アーケオプテリクス属のロンドン標本では，この叉骨がはっきりとわかる。また，烏口骨は，肩甲骨・上腕骨と胸骨をつなぐ骨であり，哺乳類はこれをもたない。肩甲骨は，鳥類ではサーベル状であるが，哺乳類では大きな板状である。

このような形態的特徴から考えると，アーケオプテリクス属は飛行したと思われる。加えて，アーケオプテリクス属の風切り羽は，羽軸に対して羽弁の幅が非対称で，前方(頭方向)となる側が短く後方が長い。これは飛翔能力をもった現生鳥類の特徴に合致する(フェドゥーシア，2004)。その後の研究によると，その非対称度は現生の飛行性鳥類ほどではないので，この特徴だけからでは優秀な飛行者だったとは必ずしもいえないようである(小林，2004)。この風切り羽の横断面は，航空機の翼と同じ形をしており，空気の流れに対して効果的に揚力を生みだす。翼全体も現代の飛翔する鳥に近い。

また，アーケオプテリクス属の肩甲骨は，飛行する現生鳥類と同様に烏口骨に対してほぼ直角をなす(図1)。一方，飛行しないキウイやダチョウではこの角度は浅くなる。ただし，胸骨は平板で小さく，竜骨突起を欠いている(図1)ため，強大な胸筋が付着していたとは考えられない。そのため，羽ばたき飛行は得意ではなかったと推定される。それでも，ロンドン標本の頭骨のCT画像解析によると，その脳体積は同じ体重の爬虫類・主竜類(ワニと恐竜)と現生鳥類の中間であり，視覚野と平衡器官である内耳が発達していて，

表1 獣脚亜目の主たる種類と竜鳥類，および羽毛をもった恐竜（槽歯類の一種）。分類群，属名，羽毛ステージ（1（チューブ状）～4（正羽）まで），年代（数字の単位は100万年），文献の順に示す。羽毛のステージに関しては，本文参照。地質年代区分はフェドゥーシア（2004）による。

地質年代（×100万年前）			獣脚亜目	竜鳥類	槽歯類恐竜
中生代	白亜紀	後期 65		エナンテオルニス類	
		100	ドロマエオサウルス科，*Microraptor*（3～4？），白亜紀前期，Xu et al.(2003)	エナンテオルニス類，*Protopteryx*（1～4？），白亜紀前期，Zhang and Zhou(2000)	
		前期	コンプソグナトゥス科，*Sinosauropteryx*（1？），ジュラ紀後期から白亜紀前期，Chen et al.(1998)		
			テリジノサウルス類，*Beipiaosaurusu*（1），白亜紀前期，Xu et al.(1999b)		
			ドロマエオサウルス科，*Sinornithosaurus*（1～3），125，Xu et al.(1999a, 2001)		
			ドロマエオサウルス科，NGMC91（2～3），ジュラ紀後期から白亜紀前期（147あるいは125），Ji et al.(2001)		
			オビラプトロサウルス類，*Caudipteryx*（2～3？），ジュラ紀後期から白亜紀前期，Ji et al.(1998)	コウシチョウ，*Confuciusornis*（2～4），ジュラ紀後期から白亜紀前期，Hou et al.(1995)	
			ティラノサウルス科，*Dilong*（1），128～139，Xu et al.(2004)		
	ジュラ紀	後期 135		アーケオプテリクス属，*Archaeopteryx*，3～4，150，フェドゥーシア（2004）に総説	
		中期 159			
		前期 170			
	三畳紀	245～208 後期			*Longisquama*（？？），220，Jones et al.(2000)

(A)始祖鳥(アーケオプテリクス属)　　　(B)ハト

肩甲骨
叉骨
烏口骨
胸骨

肩甲骨
叉骨
烏口骨
胸骨

(C)アーケオプテリクス属の胸郭

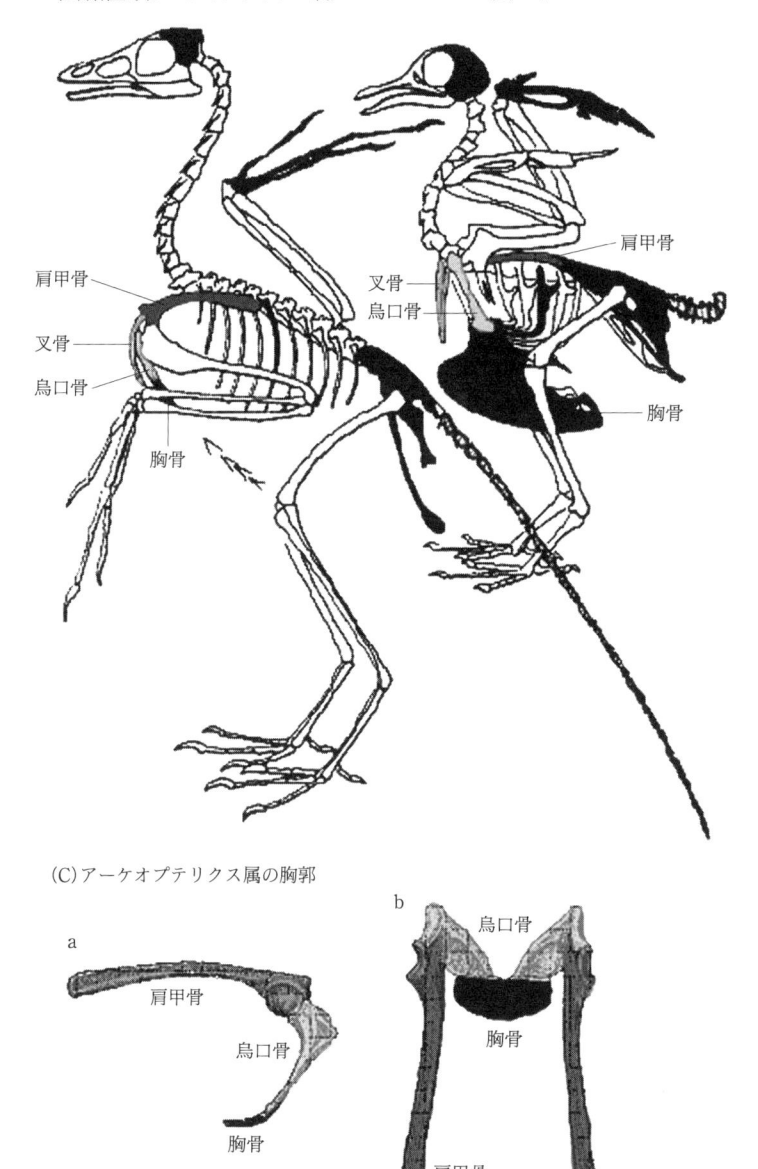

a
肩甲骨
烏口骨
胸骨

b
烏口骨
胸骨
肩甲骨

図1　(A)始祖鳥(アーケオプテリクス属)と(B)ハトの骨格の比較図(Colbert, 1980),および(C)アーケオプテリクス属の叉骨を除く胸郭復元図(フェドゥーシア,2004)。黒く塗った部分は鳥類で特徴的な骨である。肩甲骨と叉骨を薄いアミで,烏口骨を濃いアミで示す。(C)のaは右側面(右が頭方向),(C)のbは背面(上が頭方向)より見た図。

飛行に必要な神経系を発達させていたと考えられている(Alonso et al., 2004)。

アーケオプテリクス属の離陸方法については2つの説がある。1つは，前肢および後足の爪の湾曲度が樹上性の現生鳥類と同じくらい強いので，樹上から滑空したとする説である(フェドゥーシア，2004)。しかし，歩行性の爬虫類でも湾曲した爪をもった種類がいるのも事実である。もう1つは，地上を走って離陸したとする説である。アーケオプテリクス属は，翼面積と体重から計算すると毎秒7.8 mの対気速度がないと十分な揚力を得ることができないため，推定された最速の走行速度(毎秒2 m)では離陸できないと考えられていた(Burgers and Chiappe, 1999)。しかし，その後，翼を羽ばたくことで秒速7.8 mの走行速度に3秒で達することができ，無風状態でも離陸が可能だったと推定されている(Burgers and Chiappe, 1999)。この点においては，地上走行性と考えられる小型獣脚類恐竜からアーケオプテリクス属が進化したとすることが示唆される。ゾルンホーヘン層の堆積環境は，サンゴ類が発達した浅い海に小島が点在し，陸には多少の木性シダ類などが生えていたと考えられる(フェドゥーシア，2004)。そのため，いずれの説にも不都合はないように思われる。今のところ，飛行の始まりが樹上か地上か決着はついていない。

3. 鳥類は羽が生えた恐竜である

すでに述べたとおり，鳥類の進化仮説には，槽歯類起源説と獣脚亜目起源説の2つがある。槽歯類起源説は，南アフリカの古生物学者ロバート・ブルームによって提唱され，『鳥類の起源』を著したゲルハルト・ハイルマン，ハーバート大学比較動物学博物館館長をつとめたアルフレッド・ローマーによって支持された(フェドゥーシア，2004)。槽歯類は，"恐竜"という語の生みの親リチャード・オーエンが定義したが，現在，このグループは単一の祖先に由来したのではないことが指摘されているので，鳥類の祖先として槽歯類を挙げるのは適当ではない(ファストフスキーとワイシャンペル，2001)。一方，恐竜(獣脚亜目)起源説は，進化論の急先鋒として知られるトマス・ハックスリーに始まる(フェドゥーシア，2004)。ハックスリーは，アーケオプテリクス

属の骨格が，同じゾルンホーヘン層から産出したコンプソグナトゥス科の恐竜に大変よく似ていることに気がついていた．その後，鳥類＝恐竜(獣脚亜目)説は，アーケオプテリクス属とコエルロサウルス類恐竜との形態を詳細に比較した複数の古生物研究者による分岐系統研究から支持されている(Ostrom, 1974; Gauthier, 1986)．

両生類，爬虫類，哺乳類，鳥類は，四肢をもつという派生形質を共有することで魚類と分けられる．恐竜類も四肢動物にはいる．次に羊膜があるという派生形質を共有することで，爬虫類，哺乳類，鳥類，恐竜類が，両生類とは別の有羊膜類というグループをつくる．これらは，頭蓋の眼窩以外の孔(窓)の数によって，眼窩の後ろに穴がない無弓類(現生のカメ，絶滅した長頸竜類と魚竜類)，1つある単弓類(絶滅した長頸竜類と魚竜類)，2つある双弓類(現生のトカゲ，ヘビ，ワニ，絶滅した恐竜，そして鳥類，カメもこちらに含まれる可能性が高い)に分類される(第6章)．双弓類のうち，前眼窩窓[注1]をもつことで，主竜類(ワニもこのなかに含まれる)がトカゲとヘビから分かれる．そのうち，寛骨臼[注2]に穴をもつことで恐竜上目(いわゆる恐竜)が翼竜から分けられる(図2)．恐竜上目には，恥骨が後方を向く鳥盤目と恥骨が前方を向く竜盤目が含まれる．竜盤目のうち，空洞になった椎骨と長骨，前肢の3本の物を握ることのできる指，2足歩行に良く適応した後肢，などの派生形質を共有することで獣脚亜目が分けられる．このなかには，ティラノサウルス類などが含まれる．獣脚亜目のうち，叉骨をもつなどの特徴を有するのがマニラプトル下目である(図2)．

次に，半後方恥骨状態などを共有することで，ドロマエオサウルス科(ヴェロキラプトル *Velociraptor* などが含まれる)などと鳥類が，マニラプトル下目のほかの科と区分される．この半後方恥骨状態は，恥骨が後方を向くという鳥盤目の形質と一致するが，ほかの形態を考慮すると，恥骨が前を向いていた竜盤目のなかで再度この時点で恥骨が後方を向くという変化が起こった，

[注1] 吻の横，ちょうど目の前方にある，頭蓋に開いた穴
[注2] 腸骨，坐骨，恥骨からなる寛骨の中央に位置する，大腿骨頭がはまるソケット状のくぼみ．恐竜上目では左右が貫通しており，穴があいている．

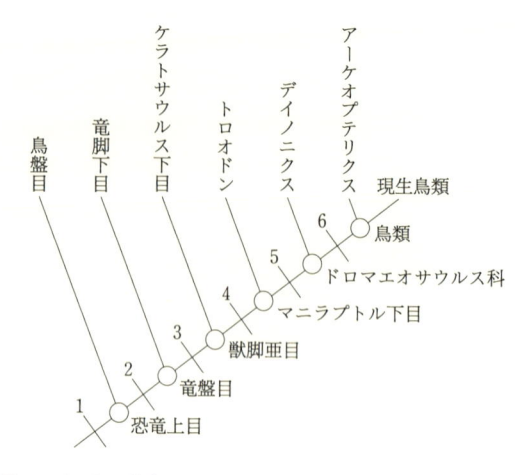

図2 鳥類につながる恐竜上目より細かい分岐図(ファストフスキーとワイシャンペル, 2001)。分岐点1では不完全に開いた寛骨臼と3個の仙骨など、分岐点2は距骨上の上向きの突起と副鼻孔など、分岐点3は中空の椎骨と長骨など、分岐点4は叉骨と3本のものを握れる前肢の指など、分岐点5は半後方恥骨状態と大腿骨第4転子など、分岐点6は羽毛によって特徴づけられる。ただし、その後羽毛をもった恐竜が多数発見され、分岐点6の特徴は疑問である。

と考えるほうが変化の数が少なくてすむ(最節約法)ので、こういう系統図のほうが合理的だと考えられている(ファストフスキーとワイシャンペル, 2001)。このように、アーケオプテリクス属＝鳥類はマニラプトル下目のメンバーで、羽毛をもつという派生形質を共有することによって、ほかの恐竜類と分けられると考えられていた(図2)。これが、鳥類＝恐竜(獣脚亜目)説である。すなわち、前肢の3本の指、叉骨、羽毛は恐竜類のなかでの鳥類の位置を見極めるポイントである。

4. 鳥類＝恐竜(獣脚亜目)説の残された問題

鳥類はマニラプトル下目に属する恐竜であるとする見解に対し、鳥類学者のフェドゥーシア(2004)は、現生種を含めた形態の詳細な観察からいくつかの疑問を投げかけている。たとえば、マニラプトル下目の前肢の3本の指と鳥類の3本の指は相同なのかという問題である。マニラプトル下目の3本指

は，第1，2，3指であり，竜盤目恐竜の5本指のうち薬指と小指が退化したと考えられる(ファストフスキーとワイシャンペル，2001)．ところが，現生鳥類の3本の指は発生学的には，第2，3，4指であり，親指と小指が消失したとされ(Hinchliffe, 1985)，鳥類とマニラプトル下目の3本指は相同ではないことになる．つまり，マニラプトル下目と鳥類はそれぞれ，異なった指を1本ずつ独立に失ったのであり，両者の指は形態としては3本であるが，共通祖先を示す共有派生形質ではないことになる．アーケオプテリクス属の前肢の3本の指が第何指にあたるのかは不明のままである．

また，マニラプトル下目の叉骨といわれているものは鳥類の叉骨と相同なのか，という疑問もだされている．ドロマエオサウルス科のヴェロキラプトルは，V字型で断面のまるい叉骨をもっており(Norell et al., 1997)，関節の位置と断面の形が違う点で鳥類の叉骨とは異なるため，両者が相同であるか疑問視されている(フェドゥーシア，2004)．もっとも，叉骨は飛行を支えるそれなりの機能をもっているが，その機能が不要となれば容易に短期間に退化し消失する可能性がある．飛行しない現生鳥類(キウイ，ダチョウ，クイナ類など)では，比較的短期間に胸筋が小さくなり，その付着部位である胸骨の竜骨突起を失い，叉骨は退化し棘のようになる(フェドゥーシア，2004)．さらに，叉骨は弱い骨なので化石として残りにくいという別の問題もある．したがって，叉骨を分類形質に使うには注意が必要である．

これに加えて，最近は中国における羽毛をもった恐竜の発見によって，羽毛の存在を簡単に鳥類固有の派生形質と考えることはできなくなった．コエルロサウルス類には，マニラプトル下目に加え，ティラノサウルス類も含まれるが，このグループの複数の科において羽毛をもつ種が見つかっている(表1，図3)．

現生鳥類の羽毛には綿羽と正羽があり，正羽では羽軸からその両側に羽枝が伸び，各々の羽枝は両側に小羽枝をだし，それぞれが鉤状の突起で連結される．羽毛は，鱗あるいはチューブ状(ステージ1)，綿羽状(ステージ2)，続いて羽軸と羽枝をもった状態(ステージ3)を経て，さらに小羽枝をともなう現生鳥類の正羽(ステージ4)へと進化した，という説が提案されている(Xu et al., 2001)．羽毛をもつ恐竜においては，これらの各々のステージが観察される

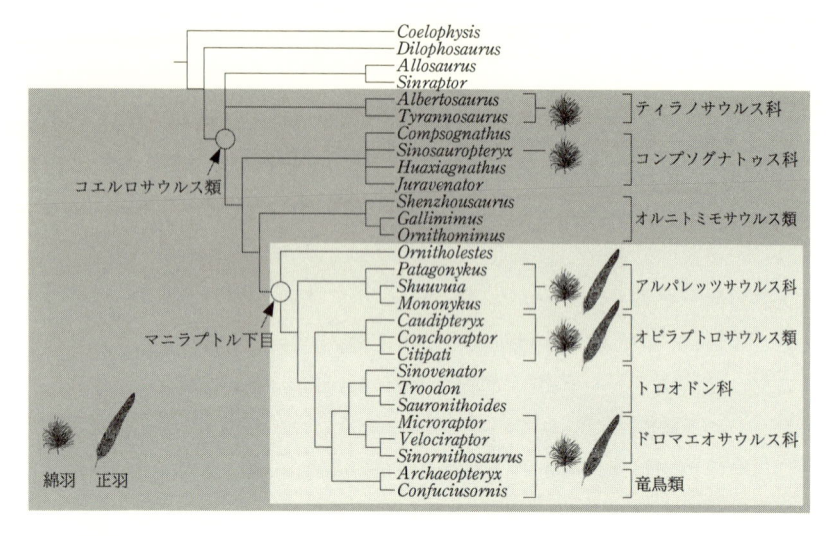

図3 獣脚亜目のコエルロサウルス類(とくにマニラプトル下目)と鳥類の分岐図(Gohlich and Chiappe, 2006)。原始的なチューブ状(羽毛ステージ 1)あるいは綿羽状羽毛(羽毛ステージ 2)をもつ種類と，発達した羽軸と羽枝(羽毛ステージ 3)，あるいは小羽枝をともなう正羽(羽毛ステージ 4)をもつ種類をそれぞれ，綿羽と正羽で示している。

(表1)。また，竜鳥類(コラム)のエナンテオルニス類もステージ 1 から 4 の羽毛をもつ(Zhang and Zhou, 2000)。ドロマエオサウルス科の *Sinornithosaurus* (Xu et al., 1999a, 2001)と *Microraptor* (Xu et al., 2003)はステージ 1〜4 の羽毛をもち，いずれも中国の白亜紀前期(1.25 億〜1.1 億年前)の地層から発見された(表1)。これらよりやや古いジュラ紀後期から白亜紀前期の地層(1.35 億〜1.2 億年前)から発見されたオビラプトロサウルス類の 1 種 *Caudipteryx* は，発達した羽毛をもつ(Ji et al., 1998；表1, 図3)。ただし，この *Caudipteryx* は，鳥類であるかもしれないとの疑問もだされている(フェドゥーシア, 2004)。その後，同じジュラ紀後期〜白亜紀前期の地層(1.47 億，あるいは 1.25 億年前)からステージ 2〜3 の羽毛をもつドロマエオサウルス科も報告されている(Ji et al., 2001；表1)。ステージ 1 の羽毛をもつテリジノサウルス類の 1 種である *Beipiaosaurusu* は白亜紀前期(Xu et al., 1999b)，ティラノサウルス類のなかでは祖先的なステージ 1 の羽毛をもつ小型種 *Dilong* は 1.39 億〜1.28 億年前の白亜紀前期の地層から発見されている(Xu et al., 2004)。これらすべての羽

> ## ジュラ紀から白亜紀の鳥類
>
> 綿貫　豊
>
> 　そのほかのジュラ紀から白亜紀の鳥類についてフェドゥーシア(2004)に従って，紹介しておこう(表1)。ジュラ紀後期(アーケオプテリクス属がいた時代と同時代である)から白亜紀前期にあたる中国の地層から，歯を欠くくちばしをもった鳥類としては最古の，樹上性で飛行したコウチョウ Confuciusornis が発見されている(Hou et al., 1995)。コウチョウは手の指の骨がすべて残っている点でアーケオプテリクス属と似ている。ただし，新たに見つかったアーケオプテリクス属標本の研究は，コウチョウはドロマエオサウルス科と1つのグループをつくるが，アーケオプテリクス属はこのグループに含まれない可能性を示している(Mayr et al., 2005)。白亜紀前期に出現し繁栄した多様な陸生鳥類エナンテオルニス類 Enantiornithes の化石は，ヨーロッパ，アジア，オーストラリア，南北アメリカで発見され，発達した竜骨突起をもち，スズメ程度から1.2mまでの大きさで，羽ばたき飛行しただろうと考えられている(Zhang and Zhou, 2000)。これらは，アーケオプテリクス属とともに竜鳥類(フェドゥーシア(2004)は鳥類綱の下にあることでこのグループを亜綱としているが，位置づけが決まっていないのでここでは類とする)としてまとめられることもある。白亜紀には，ふしょ骨など後肢の骨の特徴から現生鳥類により近いと考えられる，真鳥類も出現している。これに属するヘスペロルニス属 Hespeornith とイクチオルニス属 Ichtyornis は，白亜紀前期に生息した歯をもつ海鳥類で北アメリカ，アジアで発見されている。ヘスペロルニス属は前肢が退化した飛べない海鳥で，竜骨突起はなく，足で潜水し，外洋で潜水して餌をとっていたと推定され，カイツブリからペンギンの大きさまで13種が知られている。イクチオルニス属はアジサシに似ており，7種が知られ，発達した竜骨突起と前肢をもつことから，羽ばたき飛行したと推定される。これらは新生代には発見されておらず，現生鳥類の直接の祖先ではない。アーケオプテリクス属より7500万年古い2.25億年前の三畳紀の地層から発見された現生鳥類に近いといわれる骨格をもつプロトアヴィス Protoavis は，羽毛の跡がないこともあり，それが鳥類であるか大いに疑問視されている(フェドゥーシア，2004)。

毛恐竜はアーケオプテリクス属より新しい時代を示し(表1)，最古の鳥類であるアーケオプテリクス属はもっとも進化したステージ4の羽毛をもつ。したがって，ステージ1の羽毛をもつ種類がまず現れ，順を追ってステージ4まで進化したことを示す化石の証拠は今のところない。

　最近，アーケオプテリクス属が見つかったゾルンホーヘンの上部ジュラ系から，羽毛をもつ恐竜グループ(コエルロサウルス類)に属し，コンプソグナトゥス科の捕食性小型恐竜の1種である Juravenator の非常に保存状態の良い化石が発見された。しかし，この個体は羽毛を欠いていた(図3；Gohlich and Chiappe, 2006)。ドロマエオサウルス科とともに鳥類にもっとも近いとさ

れるトロオドン科では，羽毛をもつ種類は発見されていないが，やや遠いオビラプトロサウルス類では発達した羽毛をもつ種類がある(図3)。このように，羽毛は複数回独立した系統で出現したり，失われた可能性もある。現時点では，羽毛のような特殊な形質を，共通祖先を示す派生形質と考えるか，分岐した後に別々のグループで進化したと考えるのか，結論づけるのはそう簡単ではない。

　先に述べたように，いくつかの形質の相同性を形態研究と発生学によって確認する必要はあるけれども，羽毛以外の多数の派生形質から鳥類はマニラプトル下目に属する恐竜であるといってもよいだろう。羽毛はマニラプトル下目を含むコエルロサウルス類のいくつかの系列にも見られるが，鳥類とこれらの系列を結びつける派生形質として羽毛を使用するには，さらなる化石証拠が必要である。三畳紀後期の小型槽歯類の *Longisquama* (表1)は，背中に形態的にも機能的にも羽毛とみなせる構造物を前肢と独立にもっているが，これは鳥類の羽毛と相同であるとみなされている(Jones et al., 2000)。この例から考えると，羽毛という皮膚構造物は系統とそれほど関係なく発達させることが可能なのかもしれない。

　爬虫類の鱗と鳥類の羽毛では，表皮からの発生過程が基本的には共通しているので，ここで解説したような〝鱗〟から羽毛への進化過程は，つじつまがあっているかのようにみえる(フェドゥーシア，2004)。しかし，分子生物学的にはそう単純ではない。鳥類の羽毛を構成するタンパク質の1つであるΦケラチンは，ほかの脊椎動物ではみられないタイプであり，羽軸の表皮小胞の構造も特異である(Brush, 1993)。ある特定の1つの遺伝子の突然変異が，爬虫類の鱗を鳥類の羽毛に変えるとは信じられていないようである。

5. K‐T大量絶滅とその時代の大気

　過去5億年間に起きた大量絶滅(Raup and Sepkoski, 1982；第6章)のうち，第5回目にあたる最近の大量絶滅，すなわち白亜紀と第三紀の境界(6550万年前)に，恐竜類の絶滅とその後の哺乳類と鳥類の多様化を含む，陸上・海洋生物で起こったイベントがK‐T大量絶滅と呼ばれることは先に述べた。

なぜこの大量絶滅が起きたのか，なぜ恐竜は絶滅し鳥類は生き延びたのか，という疑問に答えるべく，"歴史"と"適応"の観点から多くの研究がなされている．このK‑T境界の大量絶滅に関しては，ユカタン半島にクレーターを残し，各地の白亜紀層にイリジウムを撒き散らした直径10 kmほどの隕石の衝突(Alvarez et al., 1980)，もしくはデカン高原に代表されるような大規模な火山活動などが，主たる原因として挙げられている(平野，2006)．

　恐竜の絶滅と鳥類の繁栄を環境との関連から考えるために，ジュラ紀後期から新生代前期の環境の変遷に関して概説する．過去6億年の堆積岩の炭素の安定同位体比の変化とシミュレーションの結果から，ペルム紀末〜三畳紀の期間に大気へのメタン放出と陸上植物の大量死と火山活動によって二酸化炭素の空中への放出が短期間に起こったと考えられている(第6章)．そのため，三畳紀(2.51億〜1.996億年前)には，二酸化炭素濃度は現在の数倍に上昇し，酸素濃度が急に10％程度(現在は20.9％)まで低下し，1.75億年前のジュラ紀前期には酸素濃度は15％程度だったと考えられている(Berner, 1997, 2002)．浮遊性有孔虫の酸素の安定同位体比から求めたジュラ紀から白亜紀にかけての表層の海水温の変化をみると，ジュラ紀後期の低緯度における表面海水温度は比較的高く，白亜紀には低下傾向にあったが，現在よりは高かったようである(Larson, 1991；ベアリングとウッドワード，2003)．また，炭素の安定同位体比の分析と大気循環モデルによるシミュレーションによると，白亜紀の温暖化のおもな原因は，温室効果ガスの増加で，大気中の二酸化炭素濃度が現在(380 ppm)の4〜8倍だったと考えられている(Berner, 1997；ベアリングとウッドワード，2003；Bice et al., 2006 など)．この増加は，スーパープルームの活発化による連続した火山活動がその原因ではないかと考えられている(Larson, 1991; Berner, 1997, 2002)．これらに基づいたシミュレーションの結果，中緯度地方(30〜40°)の大陸の年平均気温は，ジュラ紀後期には高く，白亜紀前期から白亜紀後期にかけ低下したと推定されている(ベアリングとウッドワード，2003)．この結果は，先の酸素安定同位体比から得られた海水温の傾向とおおよそ一致する．

　これらの研究で明らかになった白亜紀後期の大気状態を初期条件とし，K‑T境界で直径10 km程度の大隕石が衝突したと仮定したシミュレー

ションを行うことにより，新生代初期における気候変化が推定されている(ベアリングとウッドワード，2003)。このシミュレーションによると，衝突地点の岩石の気化とそれによる粉塵およびダスト(煤)によって太陽放射が遮られ，隕石衝突後の1年間で13℃, その後100年間で6℃気温が低下したと推定された。K－T境界層の基底部で隕石が衝突した直後の地層からは，遷移植物であるシダ胞子が豊富に出現する(いわゆるシダスパイク)。その後の1万〜10万年のあいだには煤が二酸化炭素より速く大気中から取り除かれるので，温室効果による温暖化が進行したと予想され，植物の生産量も多様性も回復した。その後，古第三紀始新世(5580万〜3390万年前)の二酸化炭素濃度は300〜800 ppmと現在より比較的高く見積もられ，中緯度地方(30〜40°)の大陸の年平均気温は現在より高かったと考えられている(ベアリングとウッドワード，2003)。

6. 恐竜と鳥類の進化に関する生理学的仮説

このようなジュラ紀，白亜紀から古第三紀にかけての気温，二酸化炭素濃度，酸素濃度の変化は，恐竜や鳥類の進化にどのような影響を与えたのだろうか。これらの変化は，代謝システムと運動能力にもっとも影響を及ぼすと考えられる。K－T境界直後の短期間(おそらく100年スケール)に生じたと考えられる低温化(いわゆるインパクトの冬)に対して，体温を一定温度に保つ内温性動物であった鳥類は有利であったのかもしれない(Ostrom, 1974)。哺乳類と鳥類の休息時の代謝速度は，同体重の現生爬虫類を37℃においた場合の休息時の代謝速度に比べると倍程度高い(アレクサンダー，1991)ので，この内温性代謝システムは燃費が高くつく。しかし，動物の反応速度と体温のあいだには正の相関があるので，外環境の温度が平均的に低く，その変化が大きい環境では，一定の体温を維持できるほうが生き残りやすかった可能性がある。

アーケオプテリクス属を含む竜鳥類(コラム)の代謝システムは，理論的には内温性だったろうと推理されている(Houck et al., 1990)。しかし，その一方で竜鳥類のエナンテオルニス類の骨化石には，成長停止線が発見されている

(Chinsamy et al., 1994)。この線は，季節的に変化する温度環境で外温性動物の骨の成長が一時停止したときにできるものである。実際，すべての竜鳥類はK-T境界までに絶滅している。しかしオストロームは，竜鳥類が，仮に外温性であったとしても，断熱効果の高い羽毛のおかげで，機能的には内温性であった可能性は十分にあることも指摘しているので(Ostrom, 1974)，中生代の鳥類が内温性か外温性かの議論にはさらなる研究が必要である。

　恐竜が内温性であったか外温性であったかに関しても，論議が続いている。かつて，高い運動能力，化石数から推定された肉食恐竜と草食恐竜の比率などから，恐竜は内温性代謝システムをもっていたと論じられたこともある(Bakker, 1975)が，この説には多くの反論がなされている(コルバート，1986；アレクサンダー，1991；フェドゥーシア，2004)。これらの論議とは別に，恐竜の化石骨からこの問題を論じる研究者も多い。たとえば，恐竜の骨に見られるハヴァース組織(血管やリンパ管などを含む骨のなかの管組織)が哺乳類や鳥類と同様に密であることから，恐竜も高い代謝システムをそなえていたとする説(Bakker, 1975)もあれば，ある種の恐竜には成長停止線が観察され(Chinsamy, 1994)，現生の哺乳類や鳥類の骨には明瞭な成長停止線は見られないことから，恐竜が外温性であったと主張する研究者もある。また，外温性であったとしても，竜脚類のような巨大な恐竜はその巨大さゆえに恒温性(慣性恒温性)をもちうるとする考えもある。しかし，50トンの巨大恐竜でも高い体温が冷め始めてから外気温と同じになる時間は1～3週間にすぎない(アレクサンダー，1991)。そのため，温度低下に対しては，やはり運動反応性が落ち，生活が困難となっただろう。

　一般に，動物のサイズは代謝システムと運動能力を大きく制限する(シュミット=ニールセン，1995)。アーケオプテリクス属を含む竜鳥類(コラム)はせいぜい1mのサイズである。羽毛をもったコエルロサウルス類は，ティラノサウルス類の *Dilong* も含め，体長0.6～1.6mまでとかなり小さい(Xu et al., 1999a, 2003, 2004; Chen et al., 1998; Ji et al., 1998, 2001の写真や図から推定)。羽毛をもったコエルロサウルス類および鳥類がこのように小型であることは，飛行の点からみると確かに有利である。重力に釣りあう揚力を得るためには，翼面荷重(体重を翼面積で割った値)の平方根に比例した対気速度が必要である。

体長が倍になれば，翼面積は4倍となるが体重は8倍になるので，翼面荷重は2倍になってしまう。そのため，1.4倍の速度をださないと浮揚できない。飛行する鳥ではもっとも大きい部類にはいるワタリアホウドリの最小飛行速度は秒速13mであり，離陸できる環境はかなり制限される。小型だったことは，コエルロサウルス類と鳥類における飛行の進化を容易にしただろう。

一方，小型であると内温性代謝システムとしては効率が悪い。小型であったために慣性恒温性をもちえないコエルロサウルス類，および外温性かもしれない竜鳥類(アーケオプテリクス属を含む)が羽毛の断熱効果によってその内温性を高め，高い代謝速度を維持したことは十分に考えられる。羽毛が初期段階において断熱効果など飛行に関係ない機能を果たしたのか，それとも飛行機能に関連していたのかに関しては議論が続いている(フェドゥーシア，2004)。今までのところ，羽毛をもった鳥類および恐竜(獣脚類)のなかでもっとも古いのはアーケオプテリクス属で(表1)，その羽毛は明らかに飛行機能をそなえていたことだけは間違いないようである。

飛行には大きなエネルギーが必要とされる。羽ばたき飛行時の代謝速度は，休息時の7倍程度である(Schmidt-Nielsen, 1972)。この高い代謝速度を可能にしているのは，鳥類だけがもつと考えられていた気嚢システムではないのかという説がだされた。鳥類は，肺に連結し肺の前後に分かれた気嚢と呼ばれる空気袋をもっている(シュミット=ニールセン，1973)。吸気では，肺を通って前部気嚢へ空気が送られるときにガス交換を行い，同時に後部気嚢にも空気がためられる。排気では，前部気嚢にためられた二酸化炭素濃度の高い空気が排気され，同時に後部気嚢にためられていた酸素濃度が外気と同じ空気が肺に送り込まれ，ガス交換をしてから排気される。このような効率的なガス交換システムが，高い高度において高い酸素供給速度を保証し，低酸素環境での飛行を可能にしている。

気嚢は複雑に分岐し，椎骨の一部と上腕骨にも気嚢孔を通ってはいりこんでいる。アーケオプテリクス属および一部の恐竜の骨化石ではこの気嚢孔が観察されている(ファストフスキーとワイシャンペル，2001)。獣脚亜目の一部およびマニラプトル下目の複数の科では，気嚢孔の位置から前部と後部に気嚢をもち，鳥類と同じ換気システムをそなえており，高い代謝速度を支えること

が可能であったらしいことが最近報告された(O'Connor and Claessens, 2005)。

これらより，ウォード(2004)は，三畳紀からジュラ紀にかけての低酸素時代に恐竜が繁栄したのは，気嚢をもっていたおかげであり，その気嚢が，酸素濃度が再び上昇した白亜紀終焉から第三紀にかけて鳥類の飛行を支える高い換気能力をもたらした，とする仮説を提唱した。しかし，鳥類と同じ気嚢システムをもっていたと考えられるのは，比較的新しい獣脚亜目の一部であり，これらが出現したジュラ紀中期(1.75億年前以降)には酸素濃度が上昇し始め，白亜紀後期には20%前後に回復していたと推定されている(Berner, 2002)。したがって，低酸素時代に恐竜が繁栄したのは気嚢のおかげであると断言するにはさらなる証拠が必要である。

本章では，恐竜の絶滅と鳥類の繁栄について，主として代謝と運動機能に直接影響する陸上の気温と酸素濃度に焦点をあて議論してきた。しかし，潜在的な食物の利用可能性もこれらの進化メカニズムを解き明かすときに重要であり，今後十分検討されるべきである。白亜紀において植物多様性は現在と同程度だったが，陸上の植物の純生産量は，高濃度二酸化炭素と温暖な気候の影響で，現在の2倍程度だったと推定されている(ベアリングとウッドワード，2003)。被子植物の出現など陸上植物相の変化(第9章)，内温性にともなう単位体重あたり食物要求量の増加，なども考慮する必要がある。最近，頭蓋骨化石の精密測定から恐竜の食性が復元され，その系統との関連が研究されている。鳥盤目は食植性で竜盤目の多くは肉食性だが，コエルロサウルス類の一部のグループ(羽毛をもつ種を含むテリジノサウルス類とオビラプトル類)は食植性となり，鳥類を含むそのほかのコエルロサウルス類は肉食のままであったとされている(Kirkland et al., 2005)。しかし，鳥類の進化においてその食性がどういった役割を果たしたのかは，未知の問題として残されている(Barrett and Rayfield, 2006)。

7. 絶滅と進化パターン――化石と分子系統

最後に，鳥類の系統に関する化石と分子系統からの証拠を紹介する。系統の点からいえば，1つあるいは少数の系統がK‐T大量絶滅を生き残り新生

代に多様化した，または多数の系統が生き残り新生代に多様化した，あるいは白亜紀に多様化し多くの系統が生き残った，といったいくつかのパターンが考えられる(Penny and Phillips, 2004)。恐竜と鳥類の科の数をプロットすると，その合計数は指数関数的に増加するが，ほぼきれいにK-T境界で入れ替わる(ボウルター，2005)。そのため，恐竜の絶滅と鳥類の多様化については，すべての恐竜の系統がK-T境界で急に絶滅し，ごくわずかの鳥類の系統が生き延び，第三紀に多様化したというパターンを示しているかのようにみえる。しかし，化石証拠の詳しい分析によると，恐竜の多様度はジュラ紀後期から白亜紀後期のあいだに"ゆっくり"と減少している(Sloan et al., 1986; Penny and Phillips, 2004)。ただし，化石種の場合，絶滅に近づくと個体数が減少し，化石として発見しづらくなるため，実際は急激に種多様性が減少しているにもかかわらず，化石記録では種数が漸移的に減少したようにみえることがある(Signor-Lipps効果；ファストフスキーとワイシャンペル，2001)ので注意が必要である。

　一方，鳥類については，K-T境界以前からアーケオプテリクス属などの竜鳥類，現生鳥類の祖先ではないが現代的な鳥類の特徴をもつヘスペロルニス属などの真鳥類が化石として知られている(本章コラム参照)。これらの種数が白亜紀のあいだに漸減したのか，K-T境界で突然減少したのかは明らかではない。K-T境界以降は，現生鳥類に属する化石だけが産出している。その後の，約6000万〜5000万年前の地層から，現生鳥類の多くの目の化石が発見されている(図4)。そのため，わずかな鳥類の系統がK-T境界を生き延び，第三紀に急速に多様化したと考えられていた(フェドゥーシア，1980)。この説に従うと，K-T境界のイベントが，鳥類の進化に大きな役割を果たしたと考えられる。

　ところが，ミトコンドリアDNAを使って得られた現生鳥類の分子系統によると，現生鳥類は1つのまとまった系統であり，その起源は1.23億年前，つまりK-T大量絶滅のかなり前であると推定された(図4; Hedges et al., 1996; Paton et al., 2002)。すなわち，現生鳥類の直接の祖先は恐竜と同じ時代に生息していたことになり，現生鳥類のいくつかの分類群は白亜紀に出現し，複数がK-T大量絶滅を生き延びたというパターンが推定される(図4)。こ

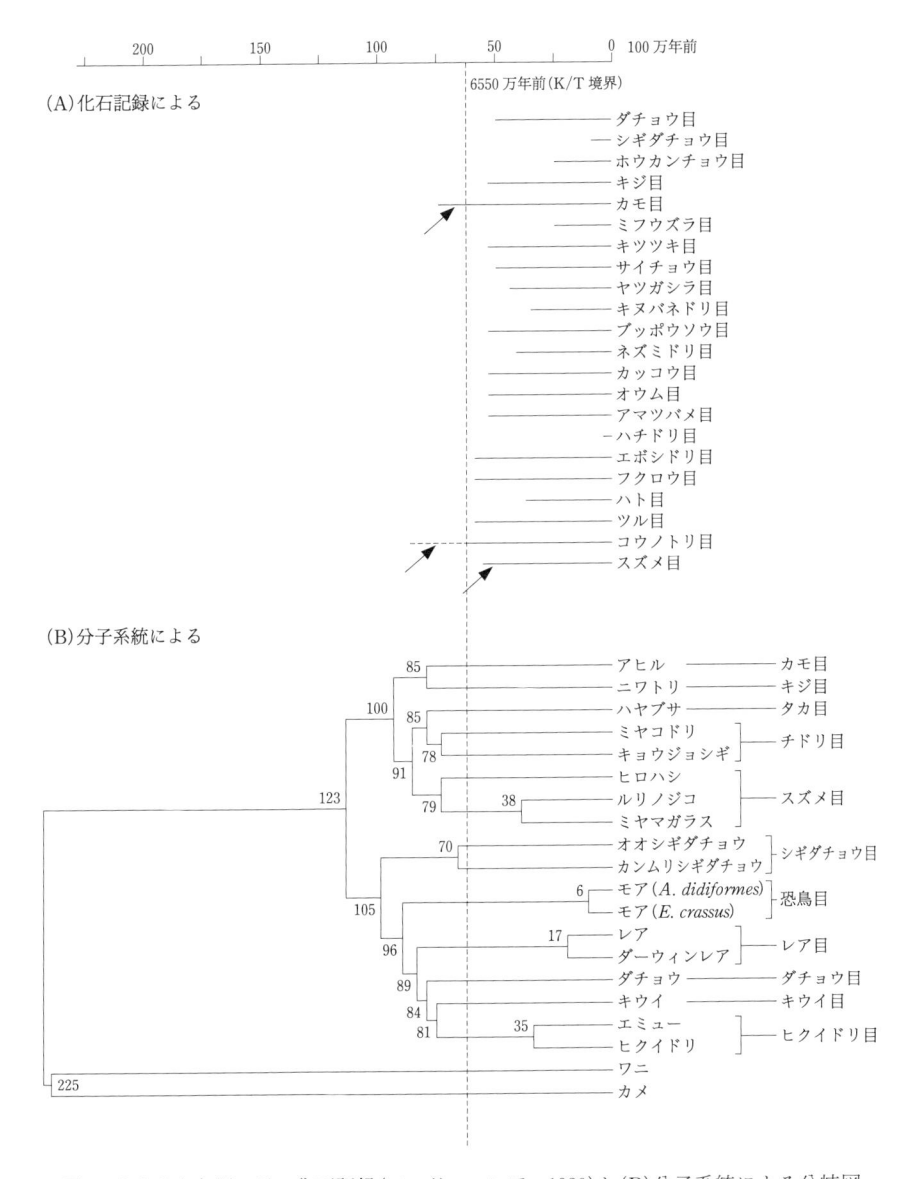

図4 (A)現生鳥類の目の化石記録(フェドゥーシア, 1980)と(B)分子系統による分岐図 (Paton et al., 2002)。化石記録における矢印はその化石の系統的な位置に疑問が残るものを示す。分子系統図の数字は分岐年代(単位は100万年)。分岐年代は、化石記録からエミューとヒクイドリの分岐が3500万年前、ワニと鳥類の分岐が2.45億年前、キジ目とガンカモ目の分岐が8500万年前として計算されている。化石記録ではほとんどの現生鳥類の目はK‐T境界直後にでているが、分子系統によると現生鳥類の起源はK‐T境界の前、今から1.23億年前である。

れによると，現生鳥類の出現はK‐T境界で起こった事変とは無関係である。Hedges et al.(1996)は，大陸の分断化の時期と，分子系統による鳥類と哺乳類の目の出現時期が一致しており，両者のあいだに関係があるのではないかと推定している。確かに，小型で脆弱な骨をもった鳥類は化石として残りづらいので，白亜紀にすでに現生鳥類の直接の祖先がいたにもかかわらず，それらの化石が発見されていないだけなのかもしれない。実際，K‐T大量絶滅の前の白亜紀後期の地層から，真鳥類で現生のガンカモ目に非常に近縁な種 *Vegavis* の化石が最近発見されており（図4；Clarke et al., 2005），さらなる化石の研究成果が待たれる。

過去の環境や，恐竜と鳥類の生理・生態・行動の復元から，その進化要因を推定することが今日では可能である。さらに，系統進化パターンを知ることによって，これらの進化仮説の検証がある程度可能であろう。進化要因の推定と系統研究は，恐竜が絶滅し鳥類が生き延びたメカニズムを解明することで，地球と生物の〝歴史〟と〝適応〟に関する新しい発見につながるかもしれない。

[引用文献]

アレクサンダー，R.M. 1991. 恐竜の力学(坂本憲一訳). 217 pp. 地人書房.
Alonso, P.D., Milner, A.C., Ketcham, R.A., Cookson, M.J. and Rowe, T.B. 2004. The avian nature of the brain and inner ear of *Archaeopteryx*. Nature, 430: 666-669.
Alvarez, L.W., Alvarez, W., Asaro, F. and Michel, H.V. 1980. Extraterrestrial cause for the Cretaceous-Tertiary extinction. Science, 208: 1095-1108.
Bakker, R.T. 1975. Dinosaur renaissance. Scientific American, 232: 58-78.
Barrett, P.M. and Rayfield, E.J. 2006. Ecological and evolutionary implications of dinosaur feeding behaviour. Trends in Ecology and Evolution, 121: 217-224.
ベアリング，D.J.・ウッドワード，F.I. 2003. 植生と大気の4億年(及川武久監修). 454 pp. 京都大学学術出版会.
Berner, R.A. 1997. The rise of land plants and their effect on weathering and atmospheric CO_2. Science, 276: 544-546.
Berner, R.A. 2002. Examination of hypotheses for the Permo-Triassic boundary extinction by carbon cycle modeling. Proc. Natl. Acad. Sci. U.S.A., 99: 4172-4177.
Bice, K.L., Birgel, D., Meyers, P.A., Dahl, K.A., Hinrichs, K-U. and Norris, R.D. 2006. A multiple proxy and model study of Cretaceous upper ocean temperatures and atmospheric CO_2 concentrations. Paleoceanography, 21: 1029/2005PA001203.
ボウルター，M. 2005. 人類は絶滅する(佐々木信雄訳). 306 pp. 朝日新聞社.
Brush, A.H. 1993. The origin of feathers: a novel approach. *In* "Avian Biology", vol.

9 (eds. Farner, D.S., King, J.R. and Parkes, K.C.), pp. 121-162. Academic Press, London.

Burgers, P. and Chiappe, L.M. 1999. The wing of *Archaeopteryx* as a primary thrust generator. Nature, 399: 60-62.

Clarke, J.A., Tambussi, C.P., Noriega, J.I., Erickson, G.M. and Ketcham, R.A. 2005. Definitive fossil evidence for the extant avian radiation in the Cretaceous. Nature, 433: 305-308.

Chen, P., Dong, Z. and Zhen, S. 1998. An exceptionally well-preserved theropod dinosaur from the Yixian formation of China. Nature, 391: 147-152.

Chinsamy, A. 1994. Dinosaur bone histology: implications and inferences. *In* "Dino Fest" (eds. Rosenberg, G.D. and Wolberg, D.L.), pp. 213-227. Paleontological Society Publication #7.

Chinsamy, A., Chiappe, L.M. and Dodson, P. 1994. Growth rings in Mesozoic birds. Nature, 368: 196-197.

Colbert, E.H. 1980. Evolution of Vertebrates. Wiley, New York.

コルバート, E.H. 1986. 恐竜はどう暮らしていたか（長谷川善一訳）. 206 pp. どうぶつ社.

ファストフスキー, D.E.・ワイシャンペル, D.B. 2001. 恐竜の進化と絶滅（瀬戸口美恵子・瀬戸口烈司訳）. 635 pp. 青土社.

フェドゥーシア, A. 1980. 鳥の時代（小畠郁夫・杉本剛訳）. 336 pp. 思索社.

フェドゥーシア, A. 2004. 鳥の起源と進化（黒沢令子訳）. 631 pp. 平凡社.

Gauthier, J.A. 1986. Saurischian monophyly and the origin of birds. Memoires of the Californian Academy of Sciences, 8: 1-55.

Gohlich, U.B. and Chiappe, L.M. 2006. A new carnivorous dinosaur from the late Jurassic Solnhofen archipelago. Nature, 440: 329-332.

Hedges, S.B., Parker, P.H., Sibley, C.G. and Kumar, S. 1996. Continental breakup and the ordinal diversification of birds and mammals. Nature, 381: 226-229.

Hinchliffe, J.R. 1985. "One, two, three" or "two, three, four": an embryologist's view of the homologies of digits and carpus of modern birds. *In* "The Beginning of Birds" (ed. Hecht, M.K. et al.), pp. 141-147. Freunde des Jura-Museum, Eichstatt.

平野弘道. 2006. 絶滅古生物学. pp. 255. 岩波書店.

Hou, L.-H., Zhou, Z.-H., Martin, L.D. and Feduccia, A. 1995. The oldest beaked bird is from the "Jurassic" of China. Nature, 377: 616-618.

Houck, M.A., Gauthier, J.A. and Strauss, R.E. 1990. Allometric scaling in the earliest fossil bird, *Archaeopteryx lithographica*. Science, 247: 195-198.

Ji, Q., Currie, P.J., Norell, M.A. and Ji, S. 1998. Two feathered dinosaurus from northeastern China. Nature, 393: 753-761.

Ji, Q., Norell, M.A., Gao, K., Ji, S. and Ren, D. 2001. The distribution of integumentary structure in a feathered dinosaur. Nature, 410: 1084-1088.

Jones, T.D., Ruben, J.A., Martin, L.D., Kurochkin, E.N., Feduccia, A., Maderson, P.F.A., Hillenius, W.J., Geist, N.R. and Alifanov, V. 2000. Nonavian feathers in a late Triassic Archosaur. Science, 288: 2202-2205.

Kirkland, J.I., Zanno, L.E., Sampson, S.D., Clark, J.M. and DeBlieux, D.D. 2005. A primitive therizinosauroid dinosaur from the Early Cretaceous of Utah. Nature, 435: 84-87.

小林快次. 2004. 生き延びた恐竜・鳥への進化. NHKスペシャル 地球大進化4—大量絶滅

(NHK 地球大進化プロジェクト編), pp. 136-141. NHK 出版.
Larson, R.L. 1991. Geological consequences of superplume. Geology, 19: 963-966.
マクニーリー, J.A.・ミラー, K.R.・リー, W.V.・ミッターマイヤー, R.A.・ワーナー, T.B. 1991. 世界の生物多様性を守る. 202 pp. 日本自然保護協会.
Mayr, G., Pohl, B. and Peters, S. 2005. A well-preserved *Archaeopteryx* speciment with theropod features. Science, 310: 1483-1486.
Norell, M.A., Makovicky, P. and Clark, J.M. 1997. A Velociraptor wishbone. Nature, 389: 447.
O'Connor, P.M. and Claessens, L.P.A.M. 2005. Basic avian pulmonary design and flow-through ventilation in non-avian theropod dinosaurs. Nature, 436: 253-256.
Ostrom, J.H. 1974. *Archaeopteryx* and the origin of birds. Quarterly Review of Biology, 49: 27-47.
Paton, T., Haddrath, O. and Baker, A.J. 2002. Complete mitochondrial DNA genome sequences show that modern birds are not descended from transitional shorebirds. Proc. R. Soc. Lond., 269: 839-846.
Penny, D. and Phillips, M.J. 2004. The rise of birds and mammals: are microevolutionary processes sufficient for macroevolution? Trends in Ecology and Evolution, 19: 516-522.
Raup, D. and Sepkoski, J. 1982. Mass extinctions in the marine fossil record. Science, 215: 1501-1503.
Schmidt-Nielsen, K. 1972. Locomotion: energy cost of swimming, flying and running. Science, 177: 222-228.
シュミット=ニールセン, K. 1973. 動物の作動と性能(柳田為正訳). 131 pp. 培風館.
シュミット=ニールセン, K. 1995. スケーリング―動物設計論(下澤楯夫・大原昌宏・浦野知共訳). 302 pp. コロナ社.
Sloan, R.E., Rigby, J.K.Jr., van Valen, L.M. and Gabriel, D. 1986. Gradual dinosaur extinction and simultaneous ungulate radiation in the Hell Creek formation. Science, 232: 629-633.
ウォード, P. 2004. 酸素濃度と奇妙な生物の誕生. NHK スペシャル 地球大進化 4―大量絶滅(NHK 地球大進化プロジェクト編), pp. 142-149. NHK 出版.
Xu, X., Tang, Z. and Wang, X. 1999a. A therizinosauroid dinosaur with integumentary structures from China. Nature, 399: 350-354.
Xu, X., Wang, X. and Wu, X. 1999b. A dromaeosaurid dinosaur with a filamentous integument from the Yixian formation of China. Nature, 401: 262-266.
Xu, X., Zhou, Z. and Prum, R.O. 2001. Branched integumental structures in Sinornithosaurus and the origin of feathers. Nature, 410: 200-204.
Xu, X., Zhou, Z., Wang, X., Kuang, X., Zhang, F. and Du, X. 2003. Four-winged dinosaurs from China. Nature, 421: 335-340.
Xu, X., Norell, M.A., Kuang, X., Wang, X., Zhao, Q. and Jia, C. 2004. Basal tyrannosauroids from China and evidence for protoferathers in tyrannosauroids. Nature, 431: 680-684.
Zhang, F. and Zhou, Z. 2000. A primitive Enantiornithine bird and the origin of feathers. Science, 290: 1955-1959.

新生代生態系の形成と進化
被子植物の起源,移動,隔離

第9章

秋元信一

1. 新生代における気候変動

　白亜紀には,地球全体がおおむね温暖な気候の下にあったことが知られている。白亜紀 - 第三紀のあいだに一時的な寒冷化があったものの(第8章),新生代第三紀(6550万年前)にはいってから,温暖化が進み,暁新世～始新世中期(6550万～3720万年前)にかけては,年平均海水温がピークに達した(Zachos et al., 2001)。その後,始新世末 - 漸新世初期(約3400万年前)に海水温が急激に低下し(図1),この結果,多くの生物群の分布域が変化しただけでなく,植物,哺乳動物,海生動物の種構成が劇的に変化した(Wolfe, 1978；棚井, 1991)。低下した気温は中新世初期(約1700万年前)にいったん高まりをみせ,現在よりも温暖な気候が地球全体に到来した。しかし,これも長くは続かず,大きな変動をともないながらも,気温は新第三紀末に向かって一貫して低下を続け,更新世(181万年前～)の氷河期を迎えたのである。

　こうした地球全体に及ぶ気温の変動は,海生生物に含まれる酸素同位体比の分析から明らかになった。一方,陸生生物においても,海生生物と同様の気候変動の証拠が得られている。Wolfe(1978)および棚井(1991)は,陸上植物(広葉樹)の葉化石群の葉の形状(葉相観)を用いて気候変動の証拠を示した。アジア各地の現生の広葉樹林に注目すると,ある地域の植生に占める「全縁

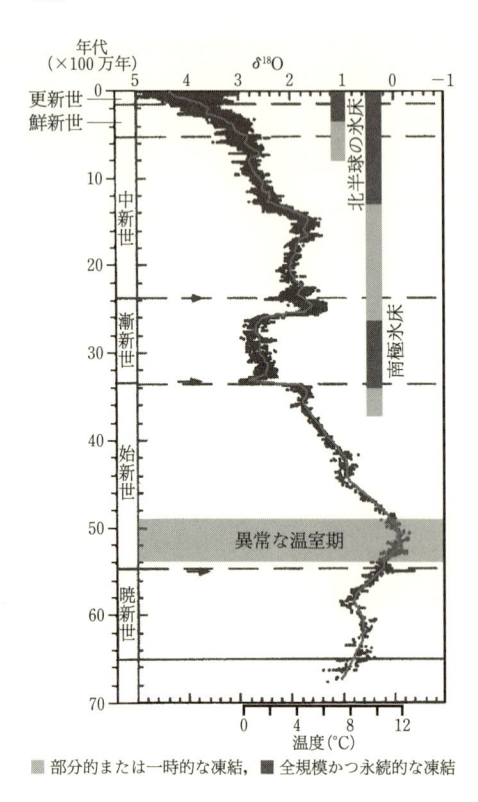

図1 新生代における酸素同位体曲線から推定した海水温変動(Zachos et al., 2001を参考に作成)。口絵参照

葉」entire-margined leaf をもつ種の割合とその地域の年平均気温とのあいだには強い相関がみられる(Wolfe, 1978；図2)。全縁葉とは，縁に凹凸や鋸歯状の切れ込みのない滑らかな葉であり，温暖な気候に適応した常緑広葉樹に典型的に見られる。現生植生から得られた全縁葉率-気温の関係を化石植物群に適用すると，その当時の年平均気温を推定できる。棚井(1991)によると，現在の日本列島周辺は，始新世中期までは亜熱帯性の常緑・落葉広葉樹林に覆われていたものの，始新世後期以降，全縁葉をもつ種の比率が急激に低下し始め(すなわち年平均気温が低下し)，漸新世，中新世初頭を通じて現在よりも年平均気温が低い状態が続いた(図3)。中新世初期(2300万～2000万年前)の寒冷な時代の植生は，阿仁合型化石植物群として知られており，針葉樹をともなう落葉広葉樹によって構成されていた。

一方，その後の温暖な気候の再来(中新世前期末，約1800万～1600万年前)は，

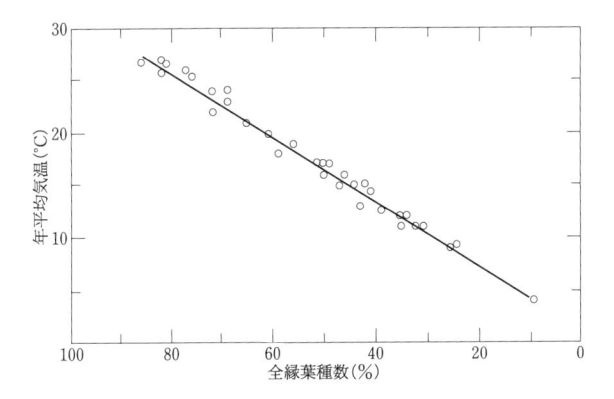

図2 アジアの適湿〜中湿性森林における全縁葉広葉樹種の比率と年平均気温との関係(Wolfe, 1978)

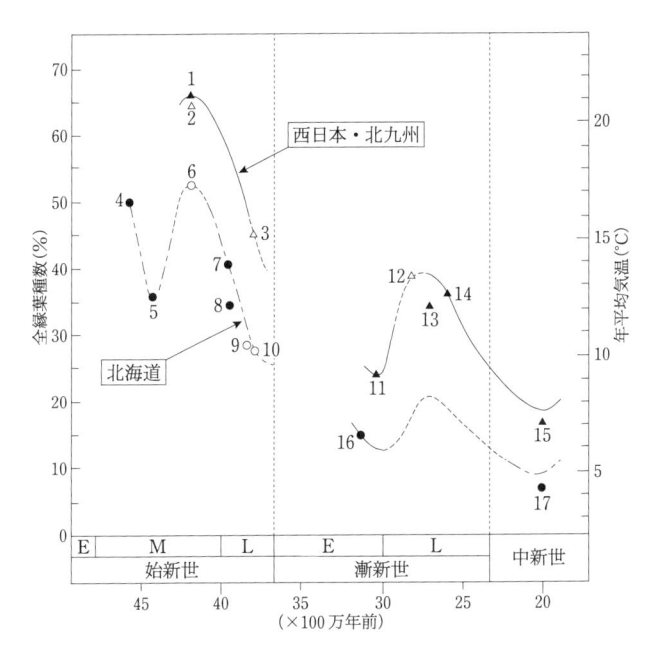

図3 日本の古第三紀における化石植物相の全縁葉率の変化(棚井, 1991を参考に作成)。時間的推移のラインは，西日本〜北九州および北海道の化石植物相に対して描かれている。各時代の年代幅(値)は "Geologic Time Scale 2004" には従わずに，棚井(1991)の作図のとおりにしている。1：宇部，2：髙島，3：崎戸，4：登川，5：夕張，6：美唄，7：幾春別，8：春採，9：芦別，10：尺別，11：相浦，12：十楽，13：野田，14：大坊，15：与謝，16：若松沢，17：上ノ国，E：初期，M：中期，L：後期

台島型化石植物群によって代表される。この植物群には，九州から秋田県北部にかけて常緑広葉樹，北海道北部では落葉広葉樹が多く含まれ，その中間地域には常緑樹・落葉広葉樹の混交林が含まれていた。この植生が後に述べる暖温帯性森林 mixed mesophytic forest に相当する。古第三紀の同時期の地層から産出した化石に基づいて復元した古植生を比較すると，北海道と九州では当時においても 4～6°Cの年平均気温の温度差があったと推定されている(棚井，1991；図3)。したがって始新世においても，現在とは地形がまったく異なるが(日本列島はまだ形成されていない)，北海道と九州に対応する地点には緯度差が存在していた。北米大陸やヨーロッパにおいても，漸新世初頭に全縁葉種の割合が急激に低下したことが知られており(Wolfe, 1978；棚井，1991)，寒冷化は全地球規模で生じた。

　こうした地球規模の気候変動は，地球全体の地殻変動(大陸移動)と大きくかかわっている。とくに，海峡の開閉にともなう海流の動きの変化が気候変動に大きな影響を与えた(Seibold and Berger, 1996)。約5000万年前(始新世)までは，地球全体をめぐる赤道環流が存在し，赤道環流の一部は南極大陸にも回り込み，南極大陸を暖めていた。一方，高緯度地域では，北米－グリーンランド－スカンジナビアが陸橋 land bridge を形成しており，北大西洋の冷水塊の南下が妨げられていた(図4A)。このため海水温は現在よりも高い状態に保たれていたと考えられている。ところが，始新世中期ごろになると，大陸移動の影響によって赤道近辺の海峡がしだいに狭まり，やがて赤道環流は分断されてしまった(図4B)。一方，北米－グリーンランド－スカンジナビアを結んでいた陸橋は，漸新世後期までに失われ，冷水塊が南下を始めた。さらに，南極周辺では，約3000万年前(漸新世)までにタスマニア海峡やドレーク海峡が開くことによって南極周極流 Antactic Circumpolar Current が生まれた。このことが南極をほかの地域から熱的に孤立させ，氷冠の発達をうながした。この結果，南極の発達した氷冠から冷たい深層流が各大陸に向けて流れだし，地球全体の温度を低下させたと考えられている。さらに，中新世前半(約2300万～1700万年前)に急速に隆起したヒマラヤ山脈周辺では，風化作用が強く働いた結果，多量の堆積物が低地に蓄積された。この堆積物が大気中の二酸化炭素を吸収したために，二酸化炭素による温室効果が失われ，地球

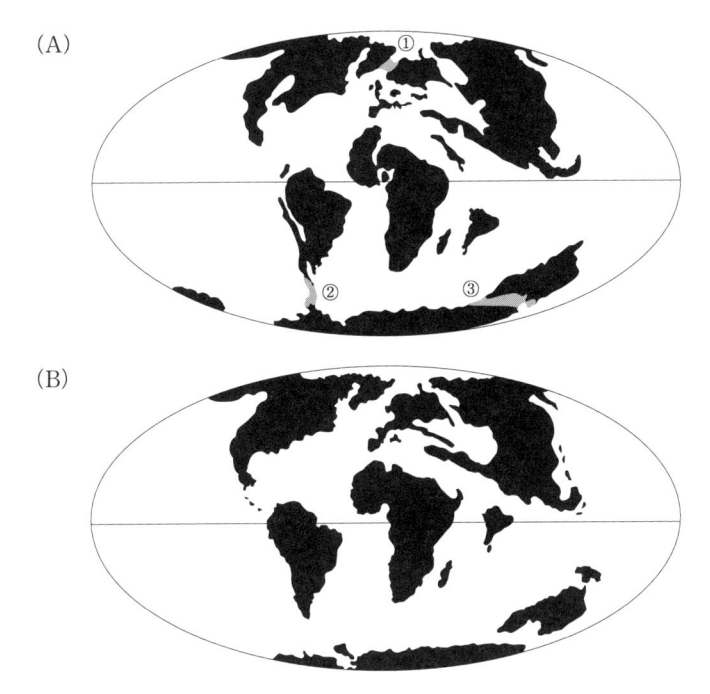

図4 新生代初期における大陸移動と海峡の形成(Dr. Ron Blakey のウェブサイト (http://jan.ucc.nau.edu/~rcb7/globaltext2.html)の図を改変)。(A)K‒T 境界(約 6600 万年前)。おもな陸橋を淡色で表示している。これらは後に分離し、①グリーンランド海(陸橋は北大西洋陸橋)、②ドレーク海峡、③タスマニア海峡が形成された。(B)始新世中期(約 5000 万年前)

の寒冷化に拍車がかかったとする仮説も提出されている(Raymo, 1994)。

2. 新生代前半の気候変動と哺乳類，被子植物の多様化

　新生代初期は，温暖な気候に適応した新しいタイプの生物がいっきに起源し放散をとげた時期でもあった。これらの代表は，哺乳類，鳥類，被子植物であり，現在につながる多くの分類群が新生代になってから放散と適応を繰り返した。以下では，もっとも豊富な化石記録と DNA の塩基配列に基づく系統関係が利用できる哺乳類と被子植物に注目して，新生代における地球環境の変化と生物の多様化の歴史を概観する。

哺乳類の多様化は，恐竜類の絶滅と関連づけて説明されることが多かった。すなわち，白亜紀－第三紀境界(K－T境界)で恐竜類が大量絶滅をとげた後に，哺乳類は恐竜類が占めていた生態的地位に進出し，適応放散したというストーリーである。仮に哺乳類の多様化が恐竜の絶滅と関連していたとすれば，K－T境界で哺乳類の多様性が急激に増加したと予想できるであろう。しかし，哺乳類のほぼ全種(4510種)を網羅した分子系統樹を構築し，その樹上の2108の分岐点の年代を推定したところ，これとは異なる進化の様相が明らかとなった(Bininda-Emonds et al., 2007)。現存の上目 superoder や目 order が白亜紀の約9300万年前に比較的短期間のうちに起源した後，系統あたりの多様化速度は低く保たれ，K－T境界においても多様化速度が大きく変化することはなかった。一方，第三紀始新世と漸新世に，哺乳類の多様化が加速されたことが明らかになった。したがって，分子系統の結果からは，哺乳類の多様化に恐竜類の絶滅は直接の影響を与えなかったことが示唆されている。

　哺乳類では，単孔類 Monotremata(ハリモグラ，カモノハシなど)がそのほかの哺乳類の祖先から1億6620万年前に分かれ，残りの単孔類以外のグループは1億4770万年前に有袋類と有胎盤類とに分かれた。引き続く5000万年間には現存グループの起源はみられず，約1億年前に4つの有胎盤類の上目すべてが起源した。さらに，すべての現存の目は7500万年前までには出現しており，この時期はK－T境界の約1000万年前のことであった(Bininda-Emonds et al., 2007)。

　被子植物類 Angiosperm は，白亜紀後期から多様化し(高橋, 2006)，新生代にはいるとさらに多様化が進み，現在につながる植物群(共通の属など)が出現した。最温暖期であった暁新世や始新世においては，年平均気温が高かっただけでなく，気温の年較差がきわめて小さく，また緯度にそっての気温変化も少なかったと考えられている(Wolfe, 1978)。この当時，北半球の中緯度地方は常緑広葉樹を主体とし，ツル植物 vine，ヤシ類 palm tree，木性シダ tree fern を含む熱帯性の森林によって広範に覆われていた。北半球(ユーラシアおよび北米)のより高緯度の地域では，熱帯性，亜熱帯性の常緑広葉樹に温暖性の落葉広葉樹を交えた森林が広がっていた。第三紀初頭のこうした植物群を，

Wolfe(1975)は北方熱帯植物群 boreotropic flora と呼んだ。東アジアでは，こうした植物群の常緑広葉樹林が北緯50°まで広がっていたことが報告されている(棚井，1992)。さらに，北緯65°以北の周北極地域にも，落葉広葉樹類が存在したことが知られている。こうした落葉広葉樹林を Chaney(1947)は第三紀周北極植物群 Arcto-tertiary flora と呼んだ。落葉性の樹木は白亜紀には限定的にしか存在しなかったが，K‐T境界以降，その割合が急速に増加した(Wolfe, 1987)。

現在，ユーラシアおよび北米の温帯性落葉広葉樹林を構成する属には，新生代の初期以降において確実な化石が産出するものが多い。たとえばコナラ属 *Quercus*(始新世)，カエデ属 *Acer*(暁新世)，サクラ属 *Prunus*(始新世)，ニレ属 *Ulmus*(始新世)，ケヤキ属 *Zelkova*(始新世)，ヌルデ属 *Rhus*(始新世)，カバノキ属 *Betula*(始新世)，ハンノキ属 *Alnus*(始新世)，ポプラ属 *Populus*(始新世)，ミズキ属 *Cornus*(始新世)などである(Tanai, 1972；高橋, 2006)。これらの属は，その後の寒冷化にともなって分布域を大きく変えるとともに，新しい気候条件に適応した新しい種を次々と分化させながら現在まで生き延びてきた。

始新世後期から漸新世にかけての気温の低下期には，北半球の多くの地域で温帯性の落葉広葉樹林が卓越した。北半球の高緯度地方を広範に覆っていた北方熱帯植物群は南に退き，第三紀中期には暖温帯性森林に置き換わっていった(Tiffney, 1985a, b)。この植生はより寒冷化・乾燥化に適応した落葉広葉樹および針葉樹を含んでおり，北半球の高緯度地方に広く分布した。東アジアでは，北緯40〜70°に暖温帯性森林が発達した(棚井，1992)。年平均気温の低下には，年較差の劇的な拡大がともなっており(Wolfe, 1978)，こうした暖温帯性森林は冬期の低温と乾燥に対する適応をとげていたと考えられている。漸新世における暖温帯性森林は，冷温帯性のハンノキ属，カバノキ属，ハシバミ属 *Corylus*，カエデ属，ヌマミズキ属 *Nyssa*，コナラ属，ニレ属や暖温帯性のフウ属 *Liquidambar*，カツラ属 *Cercidiphyllum*，スギ科スイショウ属 *Glyptostrobus*，セコイア属 *Sequoia*，クルミ科 *Carya* 属，*Engelhardia* 属などを含んでいた(Pielou, 1979; Willis and McElwain, 2005)。

3. 中新世以降の乾燥化の進行

中新世中期以降(1600万〜)，気温は急激に低下し，北米では夏の気温の低下が顕著であった(棚井，1991)。この時期，冷温帯性の森林が北半球において卓越した。冷温帯性森林の南限は，漸新世には北緯45°であったのに対し，中新世後期には低地で北緯35°，高地で北緯20°にまで達した。こうした森林は，ハンノキ属，カエデ属，ニレ属，コナラ属，カバノキ属，プラタナス属 Platanus，シナノキ属 Tilia などの落葉広葉樹に加えて，マツ科針葉樹から成り立っていた。第三紀末期以降になると高緯度地域は，針葉樹を主体としたタイガ taiga (亜寒帯針葉樹林)やツンドラ tundra によって覆われるようになる(Willis and McElwain, 2005)。

漸新世以降の年平均気温の低下は，森林植生に替わって寒冷・乾燥気候に適応した草本類の進化をうながした。イネ科草本類 grass の出現時期は古く，約6500万〜5500万年前と考えられている(Jacobs et al., 1999)。しかし，その後も草本類は生態系のなかで低い割合しか占めず，約5500万〜4000万年前になっても記録された全花粉量の1%しか占めていなかったとされる(Willis and McElwain, 2005)。一方，動物に目を向けると，高速走行に適した有蹄類(Ungulata，ウマ，ラクダ，アンテロープなど)が始新世中期ごろまでに出現していたことを示す化石記録が得られている(Honey et al., 1998; MacFadden, 1998)。始新世の有蹄類化石種のなかには，現生の種と同様に，セルロース cellulose やケイ素を多量に含むイネ科草本を咀嚼するのに適した歯の構造をもつものが見られる。こうしたことから，徐々に分布を拡張しつつあったイネ科草本と有蹄類は，進化の初期段階から密接に結びつき，相互に影響を及ぼしあいながら分布域と多様性を増加させてきたとする共進化仮説(Stebbins, 1981)が主張されている。

現在の地球表面の約30%はサバンナ，ステップなどのイネ科草本を主体とする草地に覆われている。こうした広大な草地が形成されたのは比較的遅く，気温の低下とともに大陸内部に乾燥地域が広がった中新世中期になってからであった(Willis and McElwain, 2005)。こうした乾燥地域の急速な拡大に

は，インド亜大陸のユーラシア大陸への衝突と，それに引き続く造山運動の活発化が1つの要因となっている。アジアではヒマラヤの隆起によってモンスーン気候が強化され，それにともなって大陸内部で乾燥化が進んだ。こうした寒冷化と乾燥化の進行が草本類の進化とその分布域の拡張をうながしたとする説(Leopold and Denton, 1987; Wing, 1998)は有力とみられている。

中新世中期以降，草原は急速に拡大し，哺乳類においては草原性の齧歯類 Rodentia，奇蹄目 Perissodactyla の多様化を引き起こした。Vrba(1993)によると，約500万年前に，アフリカでは赤道周辺から乾燥化が始まり，アンテロープ類 Antelope の大量絶滅と新タイプの種の放散がみられたという。その後250万年前にも，再度，強い乾燥化と寒冷化がアフリカ南部を襲った。250万年前(鮮新世)以前の南アフリカのアンテロープ類は，その歯の特性から樹木の葉を利用していたものもいたと考えられるが，それ以降，草食性に適した歯をもつ種に置き換わり，しかも草食性種はいっきに種多様性を増加させた。

中新世以降，植物においては大きな進化上の事件が生じた。C_4型植物の出現である。C_4型植物には熱帯域のイネ科草本が多く含まれ，作物ではトウモロコシ，サトウキビ，ソルガム，アワなどがC_4型植物である。光合成過程での二酸化炭素固定の方法に関して，高等植物は3つのタイプに分けられる。C_3型植物，C_4型植物，CAM型植物(ベンケイソウ型有機酸合成型)である。これら3つのタイプは植物の系統とは独立しており，生息環境との関連性が強い。これらのうち，C_3型植物が祖先的で，C_4植物は中新世中期に起源し，中新世後期に地球上の各地に急速に分布を拡大したことを示す証拠が得られている。CAM型に属することが確実な植物化石は4万年前に遡るが，CAM型ははるかに古い時代，白亜紀後期には起源していただろうと考えられている。

C_4型とCAM型の植物は，現在，高温・乾燥気候に広く見られる。これらの植物は，光合成の際に，効率よく二酸化炭素を取り込む一方，水分の喪失量を低下させる仕組みをそなえている。地球の歴史を通して，温暖な気候条件は何度も生じたにもかかわらず，C_4植物の起源が，温暖気候から寒冷気候へ移行しつつあった中新世であったのは奇妙である。そこで，C_4植物

の起源を，大気中の二酸化炭素濃度の低下に結びつける説が提出されている(Willis and McElwain, 2005)。前述したように，中新世は，ヒマラヤでの造山運動の活発化により二酸化炭素濃度が急速に低下した時期であった。大気中の二酸化炭素濃度が低い環境においては，C_4植物のほうがC_3植物よりも有利だと考えられている。このように，C_4植物の起源は，植物の主要な適応進化が全地球的な環境変動と深く関連していることを示す一例でもある。

4. 第三紀における植物の広域分布と隔離分布の形成

植生を世界的に比較すると，類似した植物群が異なる大陸間で隔離的に見いだされることが古くから知られてきた。とりわけ，東アジア‐北米東部間の植生の類似性(東アジア‐北米東部隔離分布)はGray(1859)の指摘以来，多くの研究者の関心を引き，現在でも研究が盛んである。こうした隔離分布は，植物だけにとどまらず，菌類，クモ類，多足類，昆虫，淡水魚でも知られている(Wen, 1999)。隔離分布が成立した要因を説明するためには，第三紀に存在した陸橋 land bridge と生物群の連続的広域分布に注目する必要がある。現在まで引き続く分布様式を形づくったのは，その当時存在していた北大西洋陸橋とベーリング陸橋である。これら2つの陸橋の相対的重要性は，生物群によって，あるいは分布の時期によって異なっている。

北大西洋陸橋

北大西洋陸橋(図4A参照)は，暁新世から始新世初期(約5000万年前)まで，北米東部‐グリーンランド‐ヨーロッパを結ぶ生物移動の回廊として機能していた。それ以降は海峡が開き，飛び石状に残った島を通して，生物の若干の移動が漸新世初期まで続いていた可能性がある。この当時，ユーラシア大陸の南方にはテチス海が広がっており，ヨーロッパと東アジアはテチス海の北側の回廊を介して共通の生物要素が分布していた。北大西洋陸橋は北緯約45～60°の位置にあり，常緑樹の移動にはまったく問題がなかった(Sanmartin et al., 2001; Davis et al., 2004)。漸新世および始新世に北大西洋陸橋に分布していた植物は，前述の北方熱帯植物群であり，こうした植生環境下で，多く

の熱帯性の動物群もこの陸橋を通して北米東部とヨーロッパ，あるいはアジアへと分布を広げた。数多くの動物群の系統関係と分化の時期の推定値に基づいて，Sanmartin et al.(2001)は，動物の大陸間の移動に関しては北大西洋陸橋が重要な役割を果たしたと主張している。東アジア‐北米東部型の分布を示す動物グループに対しては，これまでベーリング陸橋を経由した分散が仮定されていた。しかし，大多数のグループは第三紀初期に北大西洋陸橋を通って大陸間に分布を広げた可能性があると指摘している。

ベーリング陸橋

ベーリング陸橋(図6参照)は，白亜紀末から更新世にかけて陸橋としての機能を果たした。ベーリング陸橋はユーラシアと北米大陸を結ぶ生物移動の回廊として中生代から何度も陸化したが，新生代以降の生物相の交流は4つの主要な時期に分けられる(Tiffney, 1985a)。それらの時期は，①始新世初期，②始新世後期〜漸新世，③中新世，④第三紀末期〜更新世である。ベーリング陸橋が存在したのは北大西洋陸橋よりもはるかに高緯度地域で，暁新世には北緯69°，それ以降は北緯75°近辺に位置していた。

始新世初期のベーリング陸橋は，北方熱帯植物群に覆われていた(Wolfe, 1972)。常緑のモクレン属 *Magnolia*，バンレイシ科 Annonaceae，ニクズク科 Myristicaceae，クスノキ科 Lauraceae，ツバキ科 Theaceae などは，この時期に東アジア‐北米東部にかけて連続分布していたと考えられる。始新世後期〜漸新世にかけての気温の低下期に，ベーリング陸橋は季節性をもつ暖温帯性森林に覆われた。この要素には常緑性広葉樹に加え，より寒冷気候に適応した落葉広葉樹が含まれていた。漸新世の終わりまでに，暖温帯性森林はベーリング陸橋を越えてアジアと北米に広く分布したことが知られている(Graham, 1972)。中新世初期から中期にかけても，ベーリング地域には暖温帯性森林が発達し，気温の一時的な高まりとともに，一部には亜熱帯的要素も含まれた(Wolfe, 1972)。中新世初期・中期のアラスカの化石植生は，日本および北米オレゴン州の化石植生ときわめて類似しており，約1500万年前まで，暖温帯性森林がベーリング陸橋を通してユーラシアから北米まで連続的で広域的な分布を示した(Wolfe and Leopold, 1967)。しかも，この時期，コ

ナラ属，カエデ属，ハンノキ属，ニレ属，ケヤキ属などでは，日本とアラスカに同種が分布していたことが確かめられている(Wolfe and Leopold, 1967)。中新世中期以降，ベーリング陸橋には寒冷な気温に適応した要素がしだいに増えていった。カバノキ属，ハンノキ属，ポプラ属，ヤナギ属などの寒冷適応した落葉広葉樹林がベーリング陸橋に存在したのは350万年前(鮮新世)までと考えられている。第三紀末〜更新世にはベーリング陸橋はきわめて寒冷化した。このためベーリング陸橋は針葉樹を中心としたタイガに覆われ，やがてはツンドラ植生が卓越するようになった(Hopkins et al., 1971)。

東アジア‐北米東部隔離分布が形成された要因として，ベーリング陸橋を通しての連続的・広域分布とその後の分布域の南下が古くから想定されてきた。有名な「第三紀周北極植物群」仮説(Chaney, 1947)は，第三紀初頭に北極周辺に存在していた落葉広葉樹林(Arcto-tertiary flora の主要素)の南下とその後の分断によって隔離分布を説明しようとする試みであった。しかし，連続的・広域分布は第三紀初頭に限定されるわけではなく，異なる時期に異なるタイプの生物群がベーリング陸橋を通して分布を広げていった。連続分布を示した生物の起源の時期は多様で，分散ルートもまた多様であった。このような点で，オリジナルな形の「第三紀周北極植物群」仮説は現在では支持されてはいない。しかし，「ベーリング陸橋を通した連続分布とその後の気候の悪化にともなう分布域の分断および南下」とする骨格部分は現在も受けいれられている(Xiang et al., 1998; Wen, 1999)。

5. 隔離分布の形成の実例

分子系統学の発展により，隔離的に分布する近縁種間の系統関係が数多くのグループで明らかにされている。いくつかの研究では分岐年代の推定も行われており，大陸間の隔離分布が生じた時期に関する情報が得られつつある。その結果，驚くほどの長距離を移動した生物の例も示唆されている。

熱帯性植物の分類群のなかには，アフリカ，南米，そしてわずかな要素が南アジアに分布するという分布パターンをとるものが多い(Thorne, 1972)。アセロラを含むキントラノオ科植物 Malpighiaceae もそのような隔離分布を示

す．これまでは，アフリカ大陸 - 南米大陸の分裂にともなって祖先の分布域が分断され，それが隔離分布につながったと考えられてきた．ところが，アフリカ固有種と南米固有種間の分岐年代を調べると，アフリカ大陸 - 南米大陸の分裂時期（約8400万年前）よりも，大陸間の種の分岐は最近に生じている（約7300万〜6500万年前）ことが推定された．Davis et al.(2004)は，キントラノオ科植物は南米大陸で起源し，第三紀の初頭に北米大陸へ一部の要素が侵入し，さらに北大西洋陸橋を通してヨーロッパからアフリカまで移動してきたと想定している．すなわち，分子系統による推定が正しければ，キントラノオ科植物は南米からいったん北方の陸橋を経由してアフリカまでたどりついたことになる．漸新世以降の寒冷化にともなって，ユーラシア大陸に分布した要素は南下し，一部の種がアジアまで分布を伸ばし，そこで存続できた．しかし，アジア，南米，アフリカ以外の地域では大規模な絶滅が起こったと想定されている．

　東アジア - 北米東部型の隔離分布を示す植物グループを用いた系統学的研究は近年盛んに行われるようになった．従来，形態的には驚くほど類似した種のペア（対）が東アジアと北米東部で見いだされてきた．しかし，このような種のペアは，多様な種を含む分類群のなかにおいては，系統学的にはもっとも近縁（姉妹種関係）とはならなかった(Xiang et al., 1998; Wen, 1999)．すなわち，北米あるいは東アジアのいずれかで（あるいは両方において）種分化が盛んに生じた結果，類似ペアの一方は同じ大陸に分布する類似性の低い種とより近縁という結果が得られたのである．こうした場合，大陸間に隔離分布する類似ペアは，進化的停滞 evolutionary stasis の状態にあり，多くの祖先形質を共有することによる類似であったと考えられている（図5）．たとえば，日本のマンサク *Hamamalis japonica* と北米のハヤザキマンサク *H. vernalis* の類似性は多くの人によって示唆されてきたが，分子系統樹では日本産マンサクが系統樹の基部で分岐し北米のマンサク3種が単系統群を形成していた(Wen, 1999)．マンサク属では，大陸間の隔離現象は1回だけ生じたが，マンサクと北米のハヤザキマンサクのあいだに姉妹種関係はみられなかった．中国南部原産のフウ *Liquidambar formosana* とアメリカフウ *L. styraciflua* の関係も同様で，両種は形態的にはきわめて類似している．ところが，中国産フウは熱

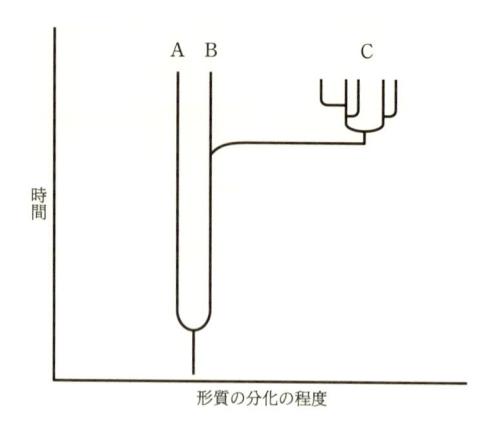

図5 隔離分布と系統関係。東アジア–北米隔離分布を示す形態的に近似の種はAとBのような関係にあると考えられる。これらの種は古い時代に分岐し、進化的停滞の状態にある。一方、B種の分布する大陸では、その後種分化が盛んに起こり、C種群を生みだした。系統的にはB種はA種とよりも、全体的な類似性に乏しいC種群と近縁である。

帯・亜熱帯アジアに分布する別属の *Semiliquidambar cathayensis* および *Altingia chinensis* とより近縁であった(Wen, 1999)。隔離分布を示す分類群が2種だけを含む場合は、それらの種は遺存種と考えることができる。北米産ユリノキ *Liriodendron tulipifera* とシナユリノキ *L. chinensis* は北米東部と東アジアに隔離分布する種のペアで、ほかに近似の種類が存在しない。かつて多様であったグループのほとんどの要素が絶滅し、東アジアと北米東部の温暖な地域(氷河期の避難所：レフュジア refugia)に2種だけが残存した例だと考えられる。

モクレン科の *Rytidospermum* 節は温帯性の落葉樹で、東アジアと北米東部に隔離的に分布する2つの群は形態的特徴が類似している。しかし、この2群は系統的には多系統の状態であることが判明した。したがって、類似した環境に生息することから生じた収斂 convergence の結果、隔離分布する2つの群は類似した形態を示すようになったと考えられている。東アジア–北米東部隔離分布を示す分類群のなかには、その分類群内の異なる系統で複数回、隔離分布が生じた例も知られている(たとえば、ヌマミズキ属 *Nyssa*, トチバ

ニンジン属 *Panax*；Wen, 1999 参照）。

　東アジア‐北米東部隔離分布の類似ペアが分岐した年代に関する推定値も分子時計の仮定に基づいて，いくつかの例で得られている．分類群により，2群の分岐時期は大きくばらつき，約2500万年前から200万年前までの幅をもつ(Wen, 1999)．しかし，中新世にベーリング陸橋のそれぞれの側に分断されたとする中新世モデルが適用できる例がもっとも多いらしい(Tiffney, 1985b)．そうした例は，ロウバイ科 Calycanthaceae，ノウゼンカズラ属 *Campsis*，ルイヨウボタン属 *Caulophyllum*，マンサク属 *Hamamelis*，ユリノキ属 *Liriodendoron*，タコノアシ属 *Penthorum*，ハエドクソウ属 *Phryma*，ヒヨドリバナ属 *Eupatorium* にみられる(Wen, 1999)．これらのなかで，ノウゼンカズラ属の2種（ノウゼンカズラ‐アメリカノウゼンカズラ）の分断は古い時代（2440万年前）に起こったと推定されている．ユリノキ属の隔離分布した2種は1400万〜1100万年前の分化，ヒヨドリバナ属の東アジアグループと北米東部グループの分化は1160万〜618万年前であったと推定されている(Ito et al., 2000)．東アジア‐北米東部型の隔離分布を示す分類群のなかにも，ごく最近に分岐が起こったと推定されたグループもある．ロウバイ科 *Calycanthus* 属のごく最近の分岐（310万年前，鮮新世）は，そうした例の1つである．

6. そのほかの隔離分布

　隔離分布は，東アジア‐北米東部型のほかにも，さまざまなタイプが見いだされている．中新世中期（約1500万年前）にユーラシア‐北米大陸にまたがって連続的分布を示した温帯性落葉広葉樹林は，更新世の氷河期を主として5つの地域で生き延びた．①東アジア，②西アジア（コーカサス地域），③北米東部，④北米西部，⑤南ヨーロッパである(Haffer, 1982; Hewitt, 2000)．こうした地域は，温帯性植生が氷河によって破壊されることなく，温帯性植生やそうした植生帯に生息する動物群にとっての避難所であった．これに対して，中・北部ヨーロッパ，ユーラシア中央部，北米中央部の温帯性植生は氷河期のあいだに大規模な破壊を受けた．

　ケヤキは日本ではなじみ深い樹木で，温暖な環境にごく普通に分布する．

ケヤキ属(ニレ科)は6種(Denk and Grimm, 2005)からなる小さな属であるが，この属は典型的な隔離分布を示す。東アジアに3種(日本に1種，中国に2種)，コーカサス地方に1種，南ヨーロッパに2種(シチリア島1種，クレタ島1種)が分布する。ケヤキ属は新生代初期から化石が知られており，第三紀始新世から中新世にかけてユーラシアおよび北米大陸の高緯度地方に広く分布していたことが化石記録から明らかにされている(Denk and Grimm, 2005)。ケヤキ属植物は北米大陸，ユーラシア中央部，ヨーロッパ中・北部では絶滅をとげ，東アジアと西アジア－南ヨーロッパの避難所で生き延びた(図6)。漸新世まで北半球で大繁栄していたプラタナス属 *Platanus* では，中新世に多くの要素が絶滅した。現在，もっとも近縁な2種は，ヨーロッパ南部(*P. orientalis*)と北米西部(*P. racemosa*)に隔離的分布しており，その2種の分化は約1500万年前と推定されている(Feng et al., 2005)。

　植物の隔離分布は，その植物に寄生する昆虫類に対しても隔離分布を引き起こすことがある。ヌルデ属植物はユーラシア温帯域と北米の温帯域に隔離分布する。ヌルデ属植物がベーリング陸橋を越えて，ユーラシアと北米に分断されたのは，化石記録から約4800万年前(始新世)にまで遡ると推定されて

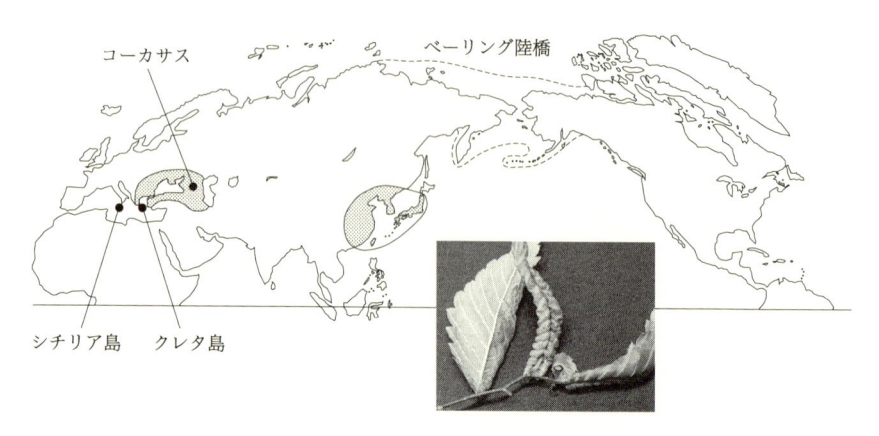

図6　ケヤキ属の種の隔離分布。東アジアと西アジア〜南ヨーロッパ(シチリア島，クレタ島を含む)に隔離分布する。中新世中期にはベーリング陸橋(点線の地域)を通じて北米大陸にも分布していた。ケヤキ属植物の葉に虫こぶを形成する *Zelkovaphis* 属アブラムシ3種は，日本，コーカサス地域，シチリア島に隔離分布する。写真は日本産の *Zelkovaphis persimilis*

いる。東アジアのヌルデ属植物にはヌルデノミミフシアブラムシ Schlechitendalia chinensis が寄生し，一方，北米のヌルデ属植物には近縁の Melaphis rhois が寄生する。両隔離地域において，2つの種はきわめてよく似た虫こぶgall（ゴール）を形成する。虫こぶ形成には昆虫と植物間の密接な関係が必要で，東アジアと北米で独立にこうした関係が起源する確率は大変低い。さらに，これらのアブラムシが冬季に利用する2次寄主がコケである点も共通している。コケへの寄生はアブラムシでは特異であり，他種では見られない。このため，ヌルデ属－コケへの寄生関係は，両種の地理的分断が生じる前の共通祖先種に起源し，それ以来，両種はヌルデ属－コケに対する関係を少なくとも4800万年間以上にわたって維持してきたと考えられている（Moran, 1989）。さらに，中新世におけるニレ属の分布の分断とそれに寄生する Colopha 属アブラムシの隔離分布について Sano and Akimoto（2005）が報告している。アメリカニレの種群（Blepharocarpus 節）は2種だけからなり，北米東部とヨーロッパ中央部に1種ずつが隔離的に分布している。Colopha 属のアブラムシは，アメリカニレ種群にだけ虫こぶを形成し，ほかの植物には虫こぶをつくらない。北米東部－ヨーロッパ中央部に隔離分布したアメリカニレ種群には，それぞれに2種と1種の Colopha 属アブラムシが寄生している。一方，アジアからは，アメリカニレ種群は更新世前に絶滅してしまった。ところが，東アジアでは，スゲ科植物あるいはイネ科植物に寄生し，無性生殖だけで世代を繰り返す2種の Colopha 属アブラムシが知られている。Colopha 属を含むワタムシ科のアブラムシは，本来，季節によってニレ（有性生殖を行う）と草本類（無性生殖のみを行う）のあいだを行き来する（寄主転換と呼ぶ）生活史を示す。したがって，ある地域からニレが絶滅しても，アブラムシは草本類にとどまることによって，絶滅を免れるのである。東アジアの2種の Colopha 属アブラムシは，第三紀末に寄主のニレがアジアから絶滅して以来，「生きた化石」として，数百万年間，無性生殖によって命をつないできた可能性が高い。

　ケヤキ属植物にもゴール（虫こぶ）を形成するアブラムシが寄生する。ワタムシ亜科 Eriosomatinae の Zelkovaphis 属の3種は，その寄主植物とともに，日本（ケヤキ Zelkova serrata），コーカサス（コーカサスケヤキ Z. carpinifolia），

シチリア島(シチリアケヤキ Z. sicula)に隔離分布する。どの種も葉巻型タイプのゴールを形成し(図6)，形態的にはそれぞれよく似ている(Barbagallo, 2002)。しかし，ニレ属(45種を含む)に寄生するワタムシ亜科のアブラムシ(図7)と併せて系統関係を解析すると，Zelkovaphis 属アブラムシは基部でほかのワタムシ亜科から分かれ側系統的となる(Sano and Akimoto, 2011)。こうした結果は，Zelkovaphis 属のアブラムシが古い時代に起源し，ケヤキ属と関係を結んで広域に分布し，第三紀末以降，多くの種の絶滅をともないながら遺存的に各地に取り残されたと考えるとうまく説明できる(図8)。こうした遺存群は祖先形質の共有によってまとめられているため，系統的には1つにまとまらない。これに対して，第三紀中期以降の寒冷化に適応して盛んに種分化を行ったニレ属には，現在数多くの種を含むゴール形成アブラムシが寄生しており，これらの種は単系統群にまとめられる。

図7 ニレ属植物の葉にワタムシ亜科のアブラムシがつくる虫こぶ(ゴール)。寄主はすべてハルニレ。(A) *Eriosoma moriokense* の葉巻ゴール，(B) *Kaltenbachiella nirecola* の閉鎖ゴール，(C) *Tetraneura sorini* の球状ゴール，(D) *Kaltenbachiella japonica* のイガグリ状ゴール。口絵参照

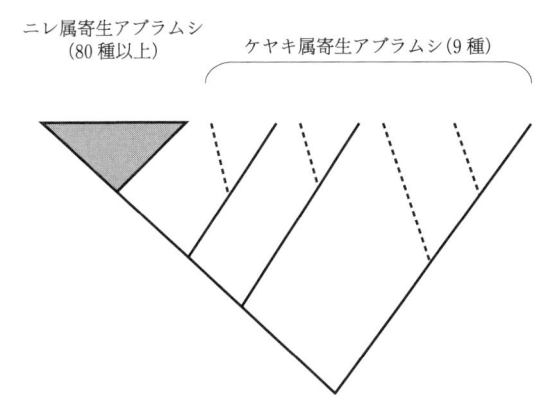

図8 ケヤキ属(6種を含む)に寄生するアブラムシとニレ属(約45種を含む)に寄生するワタムシ亜科アブラムシの系統関係の概念図。ケヤキ属に寄生するアブラムシは9種からなり，これらは系統樹の基部で分岐し，側系統的である。一方，ニレ属に寄生する群は単系統的で80種以上を含む(三角で単系統群を表現している)。ケヤキ属は多くの種が絶滅を経験し，現在遺存分布を示すことから，ケヤキに寄生するアブラムシグループの種数の少なさも，絶滅によるものと考えられる(点線で示した枝)。この系統関係が正しいとすると，ワタムシ亜科は，初めケヤキ属に寄生し，一部の系統がニレ属に寄主を変えた後に多様化が促進されたと推定できる。

地球環境の変化に対応して，植物グループは多様性を増減させ，それに応じて，寄生昆虫の多様性も大きく変化してきた。これまでみてきたように，現在では，分子系統樹の構築と信頼できる化石記録を結びつけることによって，分岐年代の推定が客観的に行える時代になりつつある。今後，多くの生物グループで化石記録，生物地理情報，系統情報を統合することによって，地球環境の変動が生物進化に対して与えた影響をより客観的に説明できるようになると期待される。

虫こぶ化石の古生物学・地球化学——虫と植物の共進化の解明

沢田 健

化石には生物の遺体が残されたもの[注1]ばかりではなく，生物の巣など住居跡や足跡，食べ跡など生活した跡が残された生痕化石 trace fossil がある。生痕化石はその跡を残した生物の存在を示す間接的な証拠であり，その生物の古生態 paleoecology を探るための重要な情報を提供してくれる。本章で紹介されている虫こぶ(ゴール)は，化石としても発

表1 新生代の地層から発見された虫こぶ化石の例(Sawada et al., 2008)。虫こぶの寄主になる植物と虫こぶをつくったと推定される昆虫の種類。

時代	寄主となる植物化石	虫こぶをつくった昆虫	地層名	場所	文献
後期中新世	・*Fagus pristina*	・*Mikiola pontensis*(ハエ目)	未記載	スペイン La Cerdaña 盆地	I
	・*Fagus gussonii*	・*Aceria nervisequa*(ダニ)			
	・*Quercus drymeja*	・*Eriophyes vilarrubiae*(ダニ)			
		・*Contarinia* sp. (ハエ目)			
		・ハチ目			
	・*Quercus hispanica*	・*Neuroterus* (ハチ目)			
	・*Persea* sp.	・ダニ			
	・*Zelkova zelkovaefolia*	・ダニ			
	・*Acer pyrenaicum*	・*Artacris macrorhynchus* (ダニ)			
		・ダニ			
	・Magnoliophyta	・ハエ目			
中期中新世	・*Quercus hannibali*	・*Antronoides schorni* (タマバチ科)	UCMP Locality PA428 層準	米国ネバダ州 Washoe County	II
中新世	・*Quercus simulata*	・*Antronoides cyanomontanus* (タマバチ科)	不明	米国オレゴン州	III
始新世	・Nothofagaceae	・ダニ ・ハエ目 ・ハチ目	La Meseta 層	南極 King George 島および Seymour 島	IV
中期更新世	・*Distylium racemosum*	・*Nipponaphis* sp. (アブラムシ)	大阪層群	兵庫県西宮市広田山	V

文献：I: Diéguez et al., 1996; II: Waggoner and Poteet, 1996; III: Schick and Erwin, 2007; IV: McDonald et al., 2007; V: Tsukagoshi et al., 準備中

見されていて，それはまさに昆虫やダニ類の生痕化石である．そもそも昆虫やダニ類は，生物体に分解作用に対する抵抗性組織をもたないため，化石としてきわめて残りにくい．琥珀中に包埋されて昆虫の遺体が残る例はあるが，昆虫やダニの遺体そのものの化石はきわめて稀である．したがって，虫こぶ化石は地質時代における昆虫，ダニなどの存在や進化を知るための貴重な手がかりである．しかも，虫こぶはそれらが植物に寄生してできたものなので，まさに両者の共生関係を示す具体的な古生態記録であり，化石から植物‐昆虫・ダニの共生関係の起源時期を明らかにすることも可能になる．

これまでに北米やヨーロッパ，南極の新生代の地層で，ダニやハエ目，ハチ目がつくっ

た虫こぶ化石が発見されている(表1)。そのほとんどは葉の上につくられる虫こぶの印象化石[注1]であるが、それをつくった虫はおろか、もとの虫こぶ本体さえも残っている例は見つかっていない。虫こぶそのものが残っていないので、それが虫こぶの跡であるかどうかを見分けるのは非常に難しい。そこで、最近になって植物化石中の虫こぶらしい構造・組織について、その形態の観察に加えて化学分析を行うことから、虫こぶ化石の系統的な探索・調査が行われ始めている。幸い、虫こぶには特徴的な化学成分が高濃度で含まれていることが知られている。たとえば、抵抗性高分子(第5章コラム)であるタンニン tannin とその単量体である没食子酸 gallic acid である。タマバチがナラやカシにつくる虫こぶ(没食子と呼ばれる)や、アブラムシがヌルデにつくる虫こぶ(五倍子)はタンニンの含有率が50％以上で、古くから医薬品や染色材料、インクとして利用されている。このタンニン成分をトレーサーとして虫こぶ化石を同定することが提案されている(Sawada et al., 2008)。

北海道大学21世紀COEプログラム「新・自然史科学創成」(第12章参照)において、「Plant Polymer Palaeobiology‒Aphidoidea(PL³-A)プロジェクト[注2]」が2006年から行われてきた。このプロジェクトは、生物地球化学と昆虫学、古生物学の専門家が協力しあい、新生代の植物化石中の虫こぶ——とくに、被子植物化石中のアブラムシの虫こぶを探索し、植物‒昆虫の共進化を解明することを目的に共同研究が行われている。上述したように、植物化石中に存在する虫こぶらしき構造・組織について、形態学的観察と化学分析の両方のアプローチから調査が進められている。その成果の1つとして、兵庫県西宮市に分布する中期更新世の地層から、アブラムシがイスノキ *Distylium racemosm* につくった虫こぶの化石を同定・記載した(Tsukagoshi et al., 2008)。この化石は保存状態の良い大型化石で、虫こぶ本体がほとんどそのまま残されている、世界的にもとても貴重な化石である。さらに、化石組織を化学分析した結果、没食子酸とその誘導体が検出された。化学成分からも虫こぶ化石であることを実証したのである。今後、虫こぶの化石研究から、昆虫などの古生態や植物との共進化に関する面白い話題が提供されることを期待したい。

[注1] 201, 203頁 遺体が残された化石にもさまざまなタイプがある。遺体そのものは完全に失われているがその"型"が残された化石を印象化石、生物体が地層中で鉱物に置換したものを置換化石または鉱化化石という。遺体そのものが残っても地層中で圧縮を受けて変形しているものが多い。そのような化石は圧縮化石という。

[注2] Plant Polymer Palaeobiology(植物高分子の古生物科学)‒Aphidoidea(アブラムシ)共同研究プロジェクト。頭文字をとって'PL³-A'と略される。植物化石の抵抗性高分子の生物地球化学と虫こぶを形成するアブラムシの系統分類・進化学を融合して共同研究が行われている(Sawada et al., 2008)。

[引用文献]

Barbagallo, S. 2002. *Zelkovaphis trinacriae*, a new Eriosomatine aphid genus and species living on *Zelkova* in Sicily (Rhynchota: Aphididae). Boll. Zool. Agraria di Bachicoltura., 34: 281-301.
Bininda-Emonds, O.R.P., Cardillo, M., Jones, K.E., MacPhee, R.D.E., Beck, R.M.D., Grenyer, R., Price, S.A., Vos, R.A., Gittleman, J.L. and Purvis, A. 2007. The delayed rise of present-day mammals. Nature, 446: 507-512.

Chaney, R.W. 1947. Tertiary centers and migration routes. Ecol. Monogr., 17: 139-148.
Davis, C.C., Fritsch, P.W., Bell, C.D. and Mathews, S. 2004. High-latitude Tertiary migrations of an exclusively tropical clade: evidence from Malpighiaceae. Int. J. Plant Sci., 165: S107-S121.
Denk, T. and Grimm, G.W. 2005. Phylogeny and biogeography of *Zelkova* (Ulmaceae sensu stricto) as inferred from leaf morphology, ITS sequence data and the fossil record. Bot. J. Linn. Soc., 147: 129-157.
Diéguez, C., Nieves-Aldrey, J.L. and Barrön, E. 1996. Fossil galls (zoocecids) from the Upper Miocene of La Cerdaña (Lérida, Spain). Rev. Palaeobot. Palynol., 94: 329-343.
Feng, Y., Oh, S.-h. and Manos, P.S. 2005. Phylogeny and historical biogeography of the genus *Platanus* as inferred from nuclear and chloroplast DNA. Systematic Botany, 30: 786-799.
Graham, A. 1972. Outline of the origin and historical recognition of floristic affinities between Asia and Eastern North America. In "Floristics and Paleofloristics of Asia and Eastern North America" (ed. Graham, A.), pp. 1-16. Elsevier, Amsterdam.
Gray, A. 1859. Diagnostic characters of new species of phanerogamous plants collected in Japan by Charles Wright, Botanists of the U. S. North Pacific Exploring Expedition, with observations upon the relationship of the Japanese flora to that of North America and of other parts of the northern Temperate zone. Mem. Am. Acad. Arts., 6: 377-453.
Haffer, J. 1982. General aspects of the refuge theory. In "Biological Diversification in the Tropics" (ed. Prance, G.T.), pp. 6-24. Columbia University Press, New York.
Hewitt, G. 2000. The genetic legacy of the Quaternary ice age. Nature, 405: 907-914.
Honey, J.G., Harrison, J.A., Prothero, D.R. and Stevens, M.S. 1998. Camelidae. In "Evolution of Tertiary Mammals of North America" (eds. Janis, C.M., Scott, K.M. and Jacobs, L.L.), pp. 439-463. Cambridge University Press, Cambridge.
Hopkins, D.M., Matthews, J.V., Wolfe, J.A. and Silberman, M. 1971. A Pliocene flora and insect fauna from the Bering Strait region. Palaeogeogr. Palaeoclimatol. Palaeoecol., 9: 211-231.
Ito, M., Watanabe, K., Kita, Y., Kawahara, T., Crawford, D.J. and Yahara, T. 2000. Phylogeny and phytogeography of *Eupatrium* (Eupatorieae, Asteraceae): insights from sequence data of the nrDNA ITS regions and cpDNA RFLP. J. Plant Res., 113: 79-89.
Jacobs, B.F., Kingston, J.D. and Jacobs, L.L. 1999. The origin of grass dominated ecosystems. Ann. Missouri Bot. Gard., 86: 590-644.
Leopold, E.B. and Denton, M.F. 1987. Comparative age of grasslands and steppe east and west of the northern Rocky Mountains. Ann. Missouri Bot. Gard., 74: 841-867.
MacFadden, B.J. 1998. Equidae. In "Evolution of Tertiary Mammals of North America" (eds. Janis, C.M., Scott, K.M. and Jacobs, L.L.), pp. 537-560. Cambridge University Press, Cambridge.
McDonald, C.M., Francis, J.E., Compton, S.G.A., Haywood, A., Ashworth, A.C. and Hinojosa, L.F. 2007. Herbivory in Antarctic fossil forests: evolutionary and palaeoclimatic significance. In "Antarctica: A Keystone in a Changing World" (eds. Cooper, A.K. and Raymond, C.R.), 4 p. Online Proceedings of the 10th ISAES X, USGS Open-File Report 2007-1047, Extended Abstract 059.

Moran, N.A. 1989. A 48-million-year-old aphid-host plant association and complex life cycle: biogeographic evidence. Science, 245: 173-174.

Pielou, E.C. 1979. Biogeography. 351 pp. John Wiley & Sons, New York.

Raymo, M.E. 1994. The Himalayas, orogenic carbon burial, and climate in the Miocene. Paleoceanography, 9: 399-404.

Sanmartin, I., Enghoff, H. and Ronquist, F. 2001. Patterns of animal dispersal, vicariance and diversification in the Holarctic. Biol. J. Linn. Soc., 73: 345-390.

Sano, M. and Akimoto, S. 2005. Distribution of bisexual and unisexual species in the aphid genus *Colopha* Monell (Aphididae: Eriosomatinae), with the description of a new species in Japan. J. Nat. Hist., 39: 337-349.

Sano, M. and Akimoto, S. 2011. Morphological phylogeny of gall-forming aphids of the tribe Eriosomatini (Aphididae: Eriosomatinae). Syst. Entom., 36: 607-627.

Sawada, K., Akimoto, S., Tsukagoshi, M., Nakamura, H. and Suzuki, D.K. 2008. Plant Polymer Palaeobiology-Aphidoidea (PL^3-A) Project: geochemical and morphological studies on gall (-like) fossils. *In* "Proceedings of COE International Symposium 'The Origin and Evolution of Natural Diveristy', 1-5 October 2007, Sapporo" (eds. Okada, H., Mawatari, S.F. and Gautam, P.), pp. 171-174. Sapporo.

Schick, K.N. and Erwin, D.M. 2007. New Miocene oak galls (Cynipini) and their bearing on the history of cynipid wasps in western North America. J. Paleontol., 81: 568-580.

Seibold, E. and Berger, W.H. 1996. The Sea Floor: An Introduction to Marine Geology (3rd ed.). 369 pp. Springer, Berlin.

Stebbins, G.L. 1981. Coevolution of grasses and hervivores. Ann. Missouri Bot. Gard., 68: 75-86.

髙橋正道. 2006. 被子植物の起源と初期進化. 506 pp. 北海道大学出版会.

Tanai, T. 1972. Tertiary history of vegetation in Japan. *In* "Floristics and Paleofloristics of Asia and Eastern North America" (ed. Graham, A.), pp. 235-255. Elsevier, Amsterdam.

棚井敏雅. 1991. 北半球における第三紀の気候変動と植生の変化. 地学雑誌, 100：951-966.

棚井敏雅. 1992. 東アジアにおける第三紀森林植生の変遷. 瑞浪市化石博物館研究報告 糸魚川淳二博士記念号, 19：125-164.

Thorne, R.F. 1972. Major disjunctions in the geographic ranges of seed plants. Q. Rev. Biol., 47: 365-411.

Tiffney, B.H. 1985a. Perspectives on the origin of the floristic similarity between eastern Asia and eastern North America. J. Arnold Arbor., 66: 73-94.

Tiffney, B.H. 1985b. The Eocene North Atlantic land bridge: its importance in Tertiary and modern phytogeography of the Northern Hemisphere. J. Arnold Arbor., 66: 247-273.

Tsukagoshi, M., Akimoto, S. and Sawada, K. The giant fossil gall induced by an aphid from the Middle Pleistocene *Sapium* Bed in Hirotayama of Nishinomiya City, Japan. 準備中

Vrba, E. 1993. The pulse that produced us. Natural History, 102: 47-52.

Waggoner, B.M. and Poteet, M.F. 1996. Unusual oak leaf galls from the Middle Miocene of northwestern Nevada. J. Paleontol., 70: 1080-1084.

Wen, J. 1999. Evolution of eastern Asian and eastern North American disjunct distribu-

tions in flowering plants. Annu. Rev. Ecol. Syst., 30: 421-455.
Willis, K.J. and McElwain, J.C. 2005. The Evolution of Plants. 378 pp. Oxford University Press, Oxford.
Wing, S.L. 1998. Tertiary vegetation of North America as a context for mammalian evolution. *In* "Evolution of Tertiary Mammals of North America" (eds. Janis, C.M., Scott. K.M. and Jacobs, L.L.), pp. 37-66. Cambridge University Press, Cambridge.
Wolfe, J.A. 1972. An interpretation of Alaskan Tertiary floras. *In* "Floristics and Paleofloristics of Asia and Eastern North America" (ed. Graham, A.), pp. 201-233. Elsevier, Amsterdam.
Wolfe, J.A. 1975. Some aspects of plant geography of the northern hemisphere during the Late Cretaceous and Tertiary. Ann. Missouri Bot. Gard., 62: 264-279.
Wolfe, J.A. 1978. A paleobotanical interpretation of Tertiary climates in the Northern Hemisphre. Amer. Scientist, 66: 694-703.
Wolfe, J.A. 1987. Late Cretaceous-Cenozoic history of deciduousness and the terminal Cretaceous event. Paleobiology, 16: 215-226.
Wolfe, J.A. and Leopold, E.B. 1967. Neogene and Early Quaternary vegetation of northwestern North America and northeastern Asia. *In* "The Bering Land Bridge" (ed. Hopkins, D.M.), pp. 193-206. Stanford University Press, Stanford.
Xiang, Q.-Y., Soltis, D.E. and Soltis, P.S. 1998. The eastern Asian and eastern and western North American floristic disjunction: congruent phylogenetic patterns in seven diverse genera. Mol. Phyl. and Evol., 10: 178-190.
Zachos, J., Pagani, M., Sloan, L., Thomas, E. and Billups, K. 2001. Trends, rhythms, and aberrations in global climate 65 Ma to present. Science, 292: 686-693.

第10章 第四紀の気候変動と生物の分布

片倉晴雄・阿波根直一

1. 第四紀の編年——揺れ動く第四紀

第四紀 Quaternary は，地球史においてもっとも新しい地質時代であると同時に人類の時代であり，現在の地球環境が形成されてきた重要な時代として広く認識されている．しかし，この第四紀の定義については，過去から論争が続いてきた．ここではまず，その歴史的背景からたどることにしよう．

18世紀ごろまで，ヨーロッパ地域に分布する迷子石と呼ばれる由来不明の巨礫は，聖書に記述された洪水によって運ばれてきたものであると信じられてきた．しかしながら，これらの迷子石の分布が氷河によってもたらされたものだとする考えも現れ始めた．"近代地質学の父"とされるジェームズ・ハットンも，氷河起源説を考えた一人であった．19世紀になると，迷子石をはじめとする粗粒堆積物[注1]の分布は，米国の氷河学者ルイ・アガシーによる体系的な研究によって，かつて存在した大氷河によるもの，すなわち氷河期論 ice age theory として広く知られるようになる．

さて，当時イタリア北部やパリ盆地を構成する地層について，3つの地質

[注1] 後に英国の地質学者エドワード・フォーブスは，この粗粒堆積物の堆積した時代として，洪水伝説に由来した名称であった洪積世 Diluvium をあらため，ライエルの提唱した更新世 Pleistocene を適用した．

系統(始源系 Primary，第二系 Secondary，第三系 Tertiary)が区分されていた。1829 年にフランスの地質学者ジュール・デノアイエはパリ盆地において第三系を覆う地層を見いだし，これらの堆積した時代を第四紀として定義した。これには，マンモスの骨などを含む陸成層・湖成層も含まれていた。その後，第三系の海成層に含まれる貝化石の研究から，地質学者チャールズ・ライエルは現生種の割合が 90% 以上含まれる地層が堆積した時代を更新世 (Pleistocene，ただしライエル自身はもともと Newer Pliocene, Post-Pleiocene を定義し，後者を Pleistocene とした)として区分し，さらに現在の人類が現れる時代として現世 Recent を提唱した。ライエルは第四紀という区分を使用しなかったが，Newer Pliocene がデノアイエの定義した第四紀層の下部に相当するとした。

19 世紀末になると，第三紀‐第四紀の境界をどこにおくかという論争が始まった。1 つめはライエルの〝現世〟の基底におくというもの，2 つめはアガシーの氷河期論にそってフォーブスの〝更新世〟(ライエルの〝現世〟を含む)を第四紀とする，すなわち Newer Pliocene-Pleistocene 境界におくもの，3 つめはライエルの Newer Pliocene の基底におく，とするものであった。しかしながら，それぞれ陸成層や海成層で定義されたこれらの区分を統一的に扱うのは困難をきわめた。結局のところ，層序学的に第三紀鮮新世‐第四紀更新世境界をどこにおくかが，争点となった。

1948 年の万国地質学会議(IGC)では，イタリア南部 Vrica セクションを模式地とし，海成のカラブリア Calabria 層の基底をもって鮮新世‐更新世境界とする提案が示された。この境界は微化石層序によって求められたが，古地磁気層序におけるオルドバイ・イベント Olduvai event の上限付近と一致するために，最近まで広く用いられてきた。一方，哺乳類化石に富むイタリア北部のヴィラフランカ Villafranchia 層が陸成層の模式層とされたが，その後の研究でヴィラフランカ層下部は後期鮮新世に相当していることが明らかにされた。また 1960 年代以降，ピストンコアや深海掘削によって連続した海底泥試料が入手できるようになると，古気候との関連も研究が進められるようになり，旧来の氷河時代の概念はしだいに改訂を迫られるようになる。

1982 年の国際第四紀学連合(INQUA)では，第四紀の年代層序単元として

の定義をひとまず保留し，鮮新世‐更新世境界について以下の3つの案が議論された。①古地磁気層序のブルネ‐マツヤマ境界 Brunhes-Matuyama boundary(ライエルの Newer Pliocene の基底付近)，②古地磁気層序のオルドバイ・イベントの最上部付近，③古地磁気層序のマツヤマ‐ガウス境界 Matuyama-Gauss boundary。その結果，②のオルドバイ・イベント案が採択され，84年には国際地質科学連合(IUGS)で批准されるに至った。一方で，深海堆積物の研究から北半球の氷河が著しく拡大を始めたのは約260万年前であることが明らかにされ，もともと第四紀の重要な概念であった〝氷河期の始まり〟と鮮新世‐更新世境界は事実上かけ離れてしまった。その結果，第四紀の開始については氷河期の開始と同時期とする考えと，鮮新世‐更新世境界に基づく考えが並立し，国や研究者によって解釈が異なることになってしまった。

　このような混乱に加え，2000年の IGC ではすでに現在では使用されていない始源系・第二系に準じて第三系 Tertiary という年代層序単元の廃止が提案されたことを受け，第四紀も廃止すべきとする極端な意見もでるようになった。しかしながら，第四紀は地質学のみならず，人類学をはじめとする関連分野にも幅広く普及しているため，廃止の動きに対する反論が相次いだ。IUGS の国際層序委員会(ICS)が作成した地質年代スケール(Gradstein et al., 2004)では，新生代を第三紀と第四紀に2分する分類をやめ，新生代を Paleogene と Neogene に区分し，更新世や完新世も Neogene に含めることとした。また，第四紀の開始を，鮮新世‐更新世境界ではなく，後期鮮新世のゲラシア階(Gelasian stage, イタリア南部・ゲラ地区の Monte San Nicola セクションが模式地)の基底(259万年前)においた。しかし年代層序単元における第四紀の位置づけは，依然として曖昧なままであった。このため，ICS と INQUA は共同委員会を設け，第四紀の定義に関して国際的な基準づくりを急いでいる。2007年に公表された ICS の地質年代スケール改訂案では，第四紀が Neogene から独立して復活(すなわち，新生代は Paleogene, Neogene, Quaternary という3つの系/紀に区分)したが，更新世の始まりをカラブリア階の基底におくのではなく，ゲラシア階の基底へと変更している。ICS-INQUA では，2008年に開催される IGC までに第四紀の層序的問題が解決されるべ

く検討を進めているところであり，長い論争に一応の決着がつくこととなろう。詳細については，ICS ホームページ(http://www.stratigraphy.org)を参照して欲しい。

2. 第四紀の気候変動

北半球氷床の成立

　北半球における大陸氷床の出現時期については議論の余地があるが，一般に中新世後期(約1000万年前)にはグリーンランド周辺の海底堆積物に氷山がもたらした粗粒な陸源砕屑物(氷漂流岩屑 Ice-Rafted Debris, IRD)が含まれることから，少なくとも当時のグリーンランドには氷床が存在していたらしい(Wolf-welling et al., 1996)。また最近の成果では漸新世〜始新世の一時期にもグリーンランド沖でIRDの産出が報告されているが(Eldrett et al., 2007)，詳細は今後の研究によって明らかにされるであろう。

　さて，前節で触れたように第四紀の開始は現在では260万年前におくという見解が一般的になりつつある。これは260万年前以降に北大西洋高緯度域の深海堆積物で上記のIRDの産出が広く認められること，そして360万〜240万年前に有孔虫の酸素同位体比がより大きな値へシフトする傾向が顕著に認められることから支持される(たとえば Shackleton et al., 1984; Mudelsee and Raymo, 2005)。ここで，酸素同位体比について簡単に説明しよう。酸素には ^{16}O，^{17}O，^{18}O の3つの安定同位体が存在する。このうち，^{16}O と ^{18}O の天然での存在比は約500:1であるが，化学反応や相変化の際に質量数の違いによってわずかにこの比が変化する。海水から H_2O が蒸発する際には，軽い ^{16}O をもつ $H_2^{16}O$ が相対的に蒸発しやすく，これがやがて降雪を通じて氷床として大陸に固定される。したがって，大陸氷床が発達すると海水中に $H_2^{18}O$ が相対的に増えることになる(氷床中では $H_2^{16}O$ が相対的に増加する)。逆に，氷床が衰退すると氷床に固定されていた $H_2^{16}O$ が海洋に戻ることになる。一方，有孔虫は炭酸カルシウムの殻を形成する際に周囲の海水とほぼ同位体平衡で殻を形成するので，水温変化の少ない深海底に生息する底生有孔虫の酸素同位体比は，海水の酸素同位体比の変化，すなわち過去の氷床量の

指標となりうるのである(Shackleton, 1967)。ところで，海洋水の平均混合時間は1000年程度であるから，このような氷床量の変化は世界中の深海底で底生有孔虫に同時的に記録されることになり，広域の地層対比に都合がよい。これが酸素同位体比層序の基本的な考え方である。北半球の氷床がなぜ260万年前に急激に成長したのかはよくわかっていないが，考えられる要因として鮮新世前期に生じたパナマ地峡閉鎖による大西洋‐太平洋の隔離とメキシコ湾流の強化(Keigwin, 1982)や，ヒマラヤ‐チベットの隆起量増加による大気循環の変化と風化にともなう大気 CO_2 の吸収(Ruddiman et al., 1986; Raymo and Ruddiman, 1992)，インドネシア海路の閉鎖にともなうインド‐太平洋の海流系の変化(Cane and Molnar, 2001)などが検討されている。

氷期‐間氷期サイクル

　第四紀の気候変動を特徴づけるのは氷期‐間氷期サイクルといわれる寒暖の準周期的な繰り返しである。図1の酸素同位体比曲線には，数万～十万年スケールの小刻みな変動を見ることができる。このような寒暖の周期は1950年代初頭までに陸上や海底堆積物中の微化石の研究からも部分的に認められていたが，シカゴ大の地球化学者ユーリーの門下であったチェザレ・エミリアニ[注2]により，酸素同位体法が深海堆積物に適用されるようになって，このサイクルの存在はより明確に示されるようになった(Emiliani, 1955)。エミリアニは酸素同位体ステージ(近年ではMarine Isotope Stage(MIS)とされる場合もある)として温暖期(間氷期)interglacial periodに奇数を，寒冷期(氷期)glacial periodに偶数の番号を与え，陸上研究では見いだされなかった多くの氷期‐間氷期があったことを示した。一方，すでに1930年にはセルビアの天文学者ミルティン・ミランコビッチが，地球の軌道要素の変化による日射量変動が長期的な気候変動，すなわち氷期‐間氷期をもたらす原因と考えてい

[注2] エミリアニは酸素同位体比の変動をおもに水温の変化に起因すると解釈していたが，これは上述のShackleton(1967)により，おもに氷床変動に起因していることが示された。結果的にはエミリアニの解釈は水温変化を過大に見積りすぎていたが，水温低下も氷床量増加も酸素同位体比には同方向に作用するので，酸素同位体比ステージは拡張されながら現在でも使用されている。

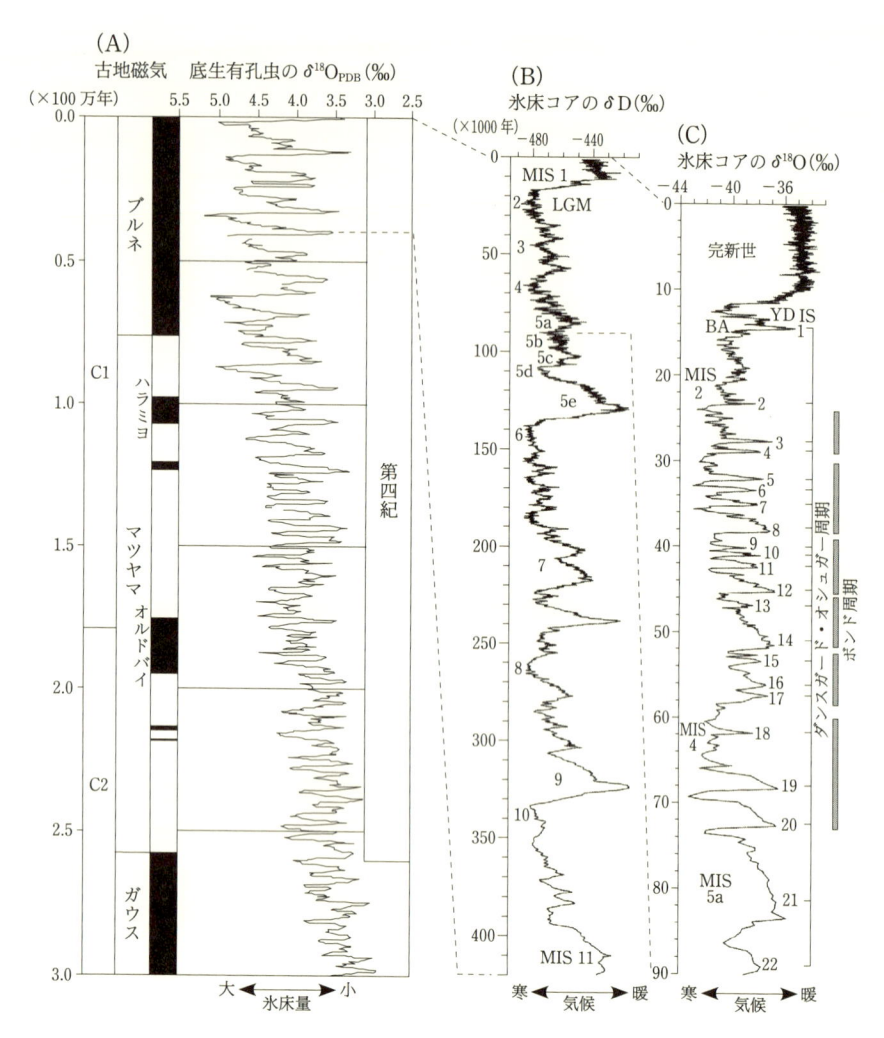

図1 第四紀における北半球氷床の発達と気候変動(Kennett, 2003の図を参考に作成)
(A)古地磁気層序と底生有孔虫の酸素同位体比層序。第四紀の開始はGradstein et al. (2004)に基づく。(B)南極ボストーク氷床コアの水素同位体比(気温の指標)に認められる氷期-間氷期サイクル。MISは本文を参照。(C)グリーンランド氷床コアの酸素同位体比とD-O周期(IS番号で表示)。なお,新ドリアス期(YD)とその直前の温暖期であるベーリング・アレレード期(BA)も示した。右端の黒帯はボンド周期の範囲を示している。

たが，当時の地質学的証拠はミランコビッチ説を支持するに至らず，また気候学者からの反論も多かった。1970年代にはいり，海底堆積物の酸素同位体比，浮遊性微化石の群集組成の時系列変化を統計的に処理した結果，これらの時系列にはミランコビッチの指摘した3つの軌道要素の変化─地球公転軌道の離心率(約10万年)・公転軌道面に対する地軸傾角(約4万年)・歳差運動(約2万年)─が予測どおり含まれていることが明らかになり，ミランコビッチ説が復活することになる(Hays et al., 1976)。現在では，このミランコビッチ説を拡張し，地球の軌道要素の変化を地質学的過去に遡って求め，酸素同位体比や古環境変化の時系列を軌道要素を用いて時間較正する方法(チューニングという)によって地質年代を推定する場合も多い。

今日では，第四紀の氷期－間氷期サイクルのペースメーカーとして地球の軌道要素が大きな影響を及ぼしている事実は疑う余地がないものの，わずかな日射量の変化がどのように氷期－間氷期をもたらすのか，その気候学的メカニズムについてはいまだ解明されておらず，気候モデル分野との連携研究が必要とされている。また，図1の酸素同位体比を見ると，過去約90万年前から現在にかけて，しだいに10万年周期が卓越していることがわかる。この卓越周期の変換点を，しばしばMid-Pleistocene Revolution(MPR; Berger and Jansen, 1994)と称することがある。公転軌道の離心率に起因する日射量の変化は，ほかの2つの軌道要素に比べて著しく小さい(相対寄与で0.1%以下)ので，卓越する10万年周期については，離心率変動に対する直接的な線形応答では説明できない。したがって気候システム内に10万年周期を生みだすような仕組みが存在するか，あるいはほかの軌道要素の周期成分から非線形的に10万年周期が形成される可能性について研究が進められている。

急激な気候変動

1980年代以降，極域から良質な氷床ボーリングコアの記録が報告されるようになったこと，また海洋堆積物では微量な試料でも加速器によって放射性炭素年代が得られるようになったことから，氷期－間氷期スケールよりもさらに短期間で生じる突然かつ急激な気候変動の研究が進められてきた。とくに最終氷期において，グリーンランドでは約1500〜3000年の不規則な間

隔で，わずか数十年間に気温が10°Cも上昇し，その後数百年かけて寒冷化するという著しい気候変動が何度も生じていたことが氷床コアの研究から明らかにされた(たとえばDansgaard et al., 1993)。これをダンスガード・オシュガー周期Dansgaard-Oeschger cycle(D-O周期)と呼んでいる。D-O周期は，その温暖期Interstadial Stage(IS)に番号が付与されており，過去約9万年間に22の急激な温暖期が識別されている(図1)。また，北大西洋の海底堆積物からもグリーンランド氷床のD-O周期に相当する寒暖周期が認められ，さらに大量のIRDを含む層が堆積していることも判明した(Bond et al., 1993)。このIRDを多量に含む層は，その発見者の名前を用いてハインリッヒ層(Heinrich layer)といわれ，約7000～1万年に一度，北米のローレンタイド氷床から氷山が短期間(100～500年)のうちに北大西洋に大量に流出したことが原因とされている(ハインリッヒ事件Heinrich events)。D-O周期とハインリッヒ事件には関連性があり，幾度かのD-O周期を経た後の寒冷期stadial stageにハインリッヒ事件が発生している。ハインリッヒ事件の直後には，グリーンランドは再び温暖期に転じ，D-O周期を繰り返す。このD-O周期とハインリッヒ事件の一連のサイクルをボンド周期Bond cycleと呼んでいる。近年，D-O周期は東太平洋サンタバーバラ海盆(たとえばHendy and Kennett, 1999)や日本海堆積物(Tada et al., 1999)のほか，モンスーン地域でもその存在が確認されており，少なくとも北半球規模で伝播していたことが明らかにされている。D-O周期やハインリッヒ事件を引き起こした原因についてはいまだよくわかっていないが，約1500年周期の気候変動の記録が完新世や最終間氷期(約12万年前)の海底堆積物から小規模ながら検出されており，太陽活動の変動が関与しているのではないかとの説がある(たとえばBond et al., 2001)。また，グリーンランド氷床コアと南極氷床コアを比較した研究によると，D-O周期に相当する1000～数千年スケールの気候変動については，南極の気候変化のタイミングが北極に1000～2500年先行していることが指摘されており(Blunier et al., 1998; EPICA Community Members, 2006)，南北両半球で熱的収支がシーソーのように振動しているのではないかという仮説(シーソー仮説)がある。その場合，海洋大循環の変化をともなっていたに違いない(Broecker, 1998; Knutti et al., 2004)。

一方，現在から約1万2000年前，最終氷期から後氷期へと地球が温暖化するさなかに，突如としてヨーロッパが氷期の状態に逆戻りするような寒冷化イベントが1000年間生じていた。この寒冷期を新ドリアス Younger Dryas 期という。この突発的な寒冷化の原因は，衰退するローレンタイド氷床の融水の経路が，ミシシッピー川からセントローレンス川へシフトしたために北大西洋高緯度へ多量の淡水を供給し，海洋大循環が停止または弱体化してしまったためだと考えられている(たとえば Broecker et al., 1989)。

3. 第四紀の動植物相

　第四紀の生物相は基本的に現代のものと変わらないが，人類進化の時代であること(第11章)と更新世後期に始まる大型哺乳類の大量絶滅 Pleistocene megafaunal extinction が1つの特徴とされる。この時代に，マンモス，マストドン，オオナマケモノ，サーベルタイガーなどが絶滅した。この絶滅には氷河時代の気候変動が原因とする説と，人類活動が影響しているとする説がある。

　第四紀には，地球は寒冷な気候と温暖な気候の周期的な変動を経験した。寒冷な時期には氷床や氷河が地表の広い面積を覆い，大量の水が氷となって陸上に固定されたために海面は低下した。孤立する水域が生じ，それまで海によって隔てられていた地域が陸続きになるような事態も生じた。一方，温暖な時期には氷床や氷河が後退し，生物の生活できる広い地域が出現したが，海面は上昇し，沿岸は水没し，地域の分断が進む場合もあった。陸地を覆っていた大量の氷が融け去った後に，重い氷を乗せていた陸地が隆起するといったことも起きた。

　周期的な気候の変動とそれによって引き起こされた地形の変化は，局地的な気候にも影響を与えた。たとえば，寒冷期に孤立した日本海では南方からの温暖な海流の流入が閉ざされた(Oba et al., 1991)。海面からの蒸発によって大気に供給される水分量が低下し，その結果，卓越風の風下にあたる日本列島(とくに日本海側)は，現在よりも乾燥した気候に見舞われたと考えられる。このような気候変動と地形の変化は，直接・間接に生物にも大きな影響を与

えたに違いない。現在私たちがみている生物の分布は，こうした氷河期の気候，地形の変動の結果なのである。

最終氷期の植生

われわれの知る現在の地球は，最終氷期の後の温暖な時期にあたる。それでは，寒冷期の地球は生物にとってどのような環境だったのだろうか。さまざまな証拠が残っている最終氷期の様相を復元し，それを現在と比較することによって，寒冷期と温暖期の繰り返しが生物に及ぼした影響を推定することができるだろう。

図2Aは現在の地球上の植生の分布である。大まかにいえば，地球は緯度にそって帯状に分布する植生帯によって特徴づけられる。熱帯を取り巻く熱帯雨林，亜寒帯に広がる針葉樹林帯，といった具合である。このような地球上の植生の概要は，地域の気候，すなわち温度環境と降水量によって決まっている(Whittaker, 1970)。したがって，もしも氷期の地球の気候を何らかの方法で推定することができれば，その当時の植生を推定することができるはずである。推定した過去の植生図は，部分的には花粉分析などの手段によって確認，修正を行い，より精度の高いものとすることができる。

図2Bはこのようにして再現された最終氷期最盛期の植生の概要である。現在の状況(図2A)と比較すると，南北の極域を囲む生物の生存を許さない寒冷な地域は広く，熱帯雨林の面積は縮小している。ただし，現在の気候帯がそのまま南北に移動したわけではない。北半球では，ヨーロッパ北部と北アメリカの大半が氷床の下にあることがわかるだろう。これらの地域の多くは現在では緑に覆われており，そこにはさまざまな動植物が暮らしている。彼らは，最終氷期の後の温暖化にともない，南から分布を広げたことになる。一方，東アジアとシベリアには大陸氷河の発達がほとんど見られない。大規模な氷床で覆われ生物の生存が許されなかった北ヨーロッパや北アメリカと異なり，これらの地域には，最終氷期にもさまざまな動植物が生き残っていたと考えられる。また，海面は100 m以上低下し，陸地の位置関係も現在とは異なっている。たとえば，シベリアとアラスカはベーリング陸橋によってつながっているし，アジア熱帯のスンダ列島はマレー半島と地続きだった。

(A)

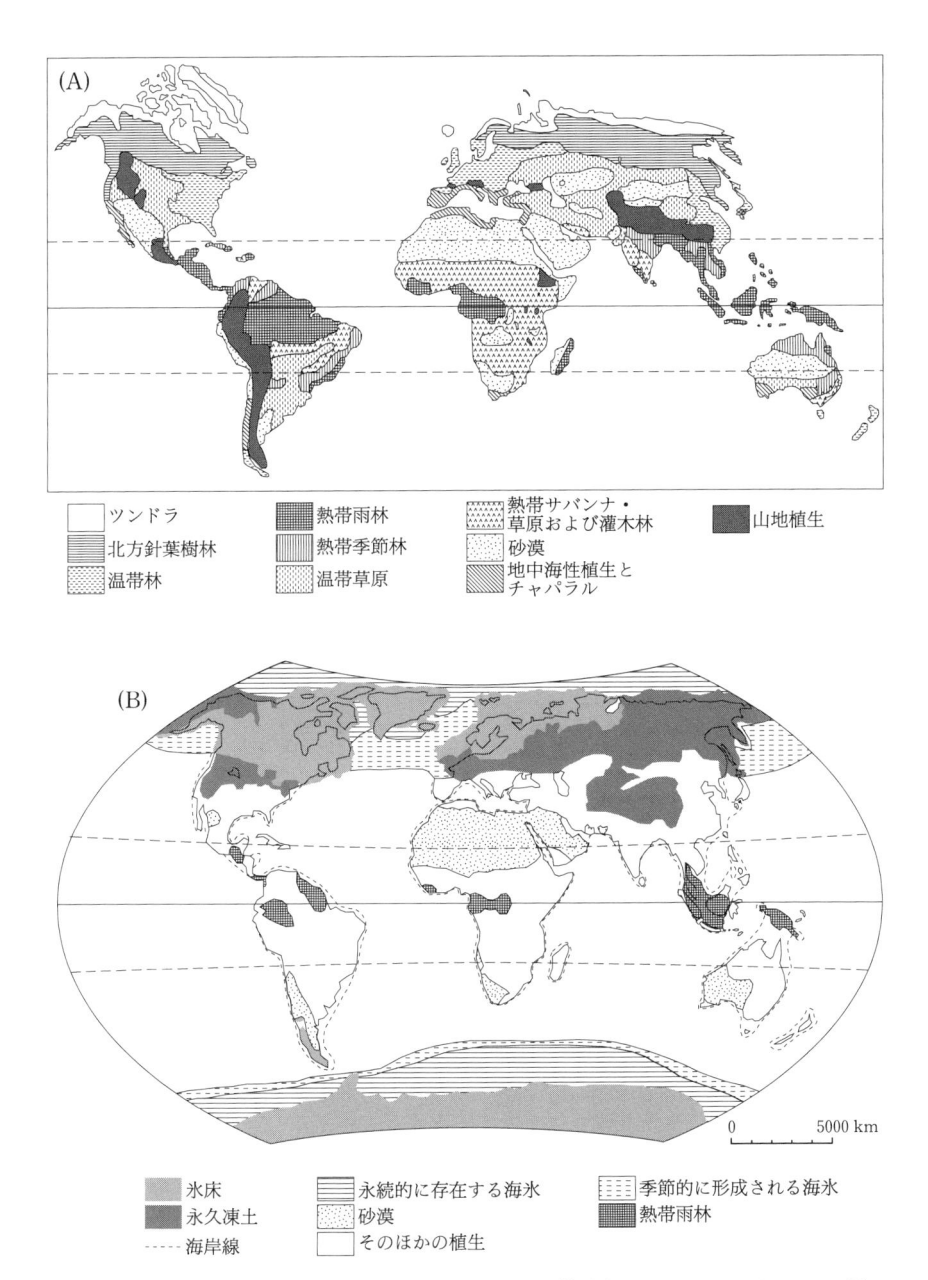

☐ ツンドラ	▦ 熱帯雨林	▨ 熱帯サバンナ・草原および灌木林	■ 山地植生
☰ 北方針葉樹林	▥ 熱帯季節林	░ 砂漠	
▦ 温帯林	▩ 温帯草原	▨ 地中海性植生とチャパラル	

(B)

▨ 氷床	☰ 永続的に存在する海氷	▤ 季節的に形成される海氷	
■ 永久凍土	░ 砂漠	▦ 熱帯雨林	
--- 海岸線	☐ そのほかの植生		

図2 (A)現在の植生(Audesirk and Audesirk, 1996 に基づく Townsend et al., 2003 の図を参考に作成)，(B)最終氷期最盛期の植生(Williams et al., 1998 に基づく Hewitt, 2000 の図を参考に作成)。口絵参照

もちろん，実際の詳細はこれらの復元図と等しいとはいえないだろう。しかし，温暖期と寒冷期では地球上の生物の分布域はずいぶん異なっており，温暖化と寒冷化は主として南北方向(および標高の高い地域と低い地域)への生物の分布域の変化をうながし，同時に個々の生物種の分布域の分断と融合を引き起こしたに違いない。

群集レベルの分布域の変化
　図2に示されているのは植生，あるいは主要な生態系の分布であり，個々の生物種の分布と対応するものではない。さらに，個々の種の分布域の変化は互いに独立ではなく，特定の地域にすむすべての生物は1つの生物群集を構成しており，互いに捕食‐被食，寄生，競争，共生などのさまざまな関係を維持しながら生活しているのである。たとえば，動物の生息場所は植物環境によって決まっていることが多い。植物食の動物は餌である植物が十分に繁茂しないとその場所に定着することはできないし，肉食者には獲物となる植食動物が必要だからである。一般的にいえば動物のほうが植物よりもはるかに大きな移動能力をもっているが，従属栄養生物である動物は，餌が十分にないところにはすみつくことができない。一方，独立栄養生物である植物は，栄養分と水と光，それに体内での化学反応を可能にする温度環境があれば生存できる。

　このように考えると，群集内の生物はある程度一体となって移動するのだろう。植生の変化を追って動物も移動するだろう。しかし，だからといって生態系を構成する生物群集内の全生物種がそっくりそのまま分布域を変えると考えることはできない。動・植物ともに，種によって移動の速さが異なるはずだから，気候変動によって群集内で共存する相手が変わる可能性がある。群集の組成が変われば，生物間の相互作用の内容，あるいは集団間の関係も変化するに違いない。気候の変化は単に生息可能な地域を変えるだけではなく，共存している生物群集の内容も変えてしまうのである。

種の分布域の変化
　生物群集を構成する個々の種は，気候の温暖化，寒冷化にともなってどの

ように分布域を変えたのだろうか。現象的には，分布域全体が南北，あるいは高地と低地のあいだをスライドするようにみえるかもしれない。しかし，実際には事態はもっと複雑だったはずだ。たとえば，分布域が南方にシフトするときには，北方の分布境界では集団の孤立や絶滅と南方への移動が，南方の分布境界では集団サイズの増大や新しく利用可能になったさらに南方への植民が高頻度で生じるだろう。一方，分布域の中心にすむ集団は，あまり大きな影響を受けなかったかもしれない。このように，温暖な時期と寒冷な時期の繰り返しは生物の分布を変え，集団のサイズや遺伝的構造にも大きな影響を与え，結果として生物進化，とくに種分化にも大きな影響を及ぼしたと考えられる。

移動分散の早さ

　温暖，寒冷のサイクルに対応した生物の移動分散の速度はどの程度だったのだろうか。大まかな推定は可能である。たとえば，最終氷期最盛期(約2万年前)の氷床の縁と現在の北極圏の氷床の縁を比較すれば，現在北極圏のツンドラに生息している生物が約2万年のあいだに北上した距離がわかるはずである。さまざまな証拠から推定されたアメリカ温帯の樹種の最終氷期以後の移動速度は年間100〜1000 mとされている(Clark et al., 1998)。一見すると緩慢な動きのようだが，じつは現生の生物が示す移動分散速度よりも1桁か2桁大きい値である。南アパラチアの温帯の，12種の樹木の種子移動距離の平均値は年間4〜34 mにすぎないのだ(Clark et al., 1998)。最初にこの問題に気づいたReid(1899)にちなみReid's paradoxと呼ばれるこの明白な矛盾はなぜ生じたのだろう。

　1つの理由は，現生種の移動分散の速度として平均値が用いられていることだろう。平均値は実際の移動距離を過小評価している可能性がある。例外的に長距離を移動した個体は，多くの場合調査の網にかからないからである。しかし，地史的な時間が経過するなかでの移動では，こうした例外的な長距離の移動をした個体の値(外れ値)も重要な意味をもつだろう(Krebs, 2001)。

　考えられるもう1つの理由は，現生種の移動分散が比較的安定した状況下で測定されていることである。環境が一定の方向に変化し，生息地の構造が

変わったときに，個々の生物集団がどのくらいの規模でどの程度速く移動するかはわかっていない。気候変動にともなう分布域の変化を引き起こすような移動と，個々の生物の日常の移動は区別して考える必要がある。

4. 寒冷・温暖のサイクルにともなう生物の分布の分断と融合

気候変動にともなう分布域の変化のなかでも，生物進化の観点からとくに重要なのは分布域の分断と融合である。それは，集団の分断が新しい種の形成(=種分化)に大きな役割を果たしていると考えられるからである。

種speciesは生物のもっとも基本的な単位の1つであり，両親生殖を行う生物ではほかの種とは生殖的に隔離されている存在と考えてよい[注3] (Futuyma, 2005)。生殖隔離には，自由な遺伝的交流を妨げるように作用する，ありとあらゆる性質が関与する。たとえば，生息する場所や繁殖する季節が異なれば出会う機会は減る。出会ったとしてもお互いの交尾行動が合致しなければ交尾には至らない。交尾しても正常な精子の移送ができないかもしれない。あるいは，受精した卵は正常に発育できないかもしれないし，雑種は繁殖力を欠いているかもしれない。これらのすべてが生殖隔離を引き起こす。

種分化は，このようないろいろな性質が進化することによって，もともと自由に交配していた集団が2つの交配不能な集団に分化するプロセスとみなすことができる。種分化がどのようにして起きるかは完全には解明されていないが，現在もっとも広く受けいれられている異所的種分化仮説によれば，新しい種は「物理的障壁による祖先種集団の分断＝地理的隔離」と「地理的隔離下での分断された集団の進化＝生殖隔離の進化」の2段階の過程で生じる(Coyne and Orr, 2004)。

移動の障壁となり地理的隔離をもたらすものは，陸上生物にとっては海，河川，山，乾燥地帯，そのほかの生存を許さない不適切な気候の地域である。氷期の周期的な気候変動は，このような障壁を生みだしたり消し去ったりして生物種の生息域の分断と融合を繰り返したであろう。たとえば，寒冷な時

[注3] 生物学的な種概念。無性生殖のみで繁殖を行う生物には適用できない。

期には海水準が低下し，それまで隔離されていた地域がつながり，その陸橋を渡って生物が行き来したかもしれない。しかし，その後の温暖な時期に海水準が上昇すれば，こうして新しい場所に分布を広げた生物の分布域は分断されただろう。十分な時間が経過すれば，これらの地理的に隔離された集団は別の種へと進化し，その後に地域がつながれば同じ地域で共存を果たすようになるかもしれない。

　集団の孤立はこのような明らかな地理的障壁によってもたらされるだけではない。上で述べたように，気候の変化によって退く際に，逃げ遅れた集団の一部は飛び地として残った生息適地で生き延びたかもしれない。寒冷な時期には相対的に緯度の高い地域にスポット状に残った温暖な地域が，温暖な時期には逆に相対的に緯度の低い地域に残された冷涼な地域がそのようなレフュジア refugia（退避場所）となったに違いない。たとえば，中緯度地域の高山帯は寒冷な気候に適応した生物にとってのレフュジアとみることができる。私たちのよく知っている高山植物や高山蝶は温暖な現在をやり過ごすために寒冷な山地で待避中なのである。

　一方，最終氷期に多くの生物が待避したと考えられる地域が，氷河による影響を強く受けたヨーロッパや北アメリカで特定されている。たとえば，ヨーロッパでは，イベリア，イタリア，バルカンの3カ所に森林が残り，多くの生物の寒冷期のレフュジアとなったとされている（図3A；Hewitt, 2000）。また，北アメリカには南東部と南西部の2カ所にレフュジアがあったらしい（Avise, 2004）。レフュジアは中緯度地域に限らない。大規模な気候の変化のあった場所では，どこにでも同様なレフュジアが存在していた可能性がある。たとえば，東南アジアに位置するボルネオ，スマトラ，ジャワなどの大きな島々は最終氷期には大陸と地続きのスンダ陸塊を構成していたが，その大半は現在とは異なり乾燥したサバンナだった（図3B）。この時代のスンダ陸塊では草原やサバンナを生活圏とする動物が分布を拡大し，現在この地域を広く覆っている熱帯雨林を生息場所とする動物たちはスマトラのインド洋側を縁取るバリサン山脈やボルネオ東部，あるいは内陸の河川ぞいに残っていた森林に後退を余儀なくされたと考えられている（実際には人間活動によって，かつて存在していた熱帯雨林の面積は大幅に減少している；Gathorne-Hardy et al., 2002）。こ

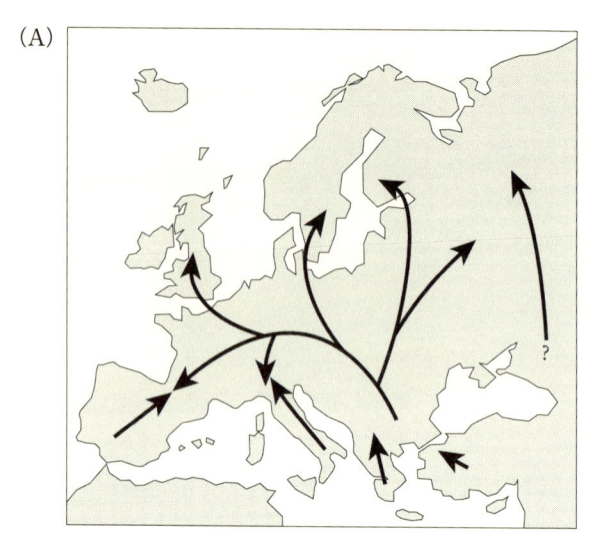

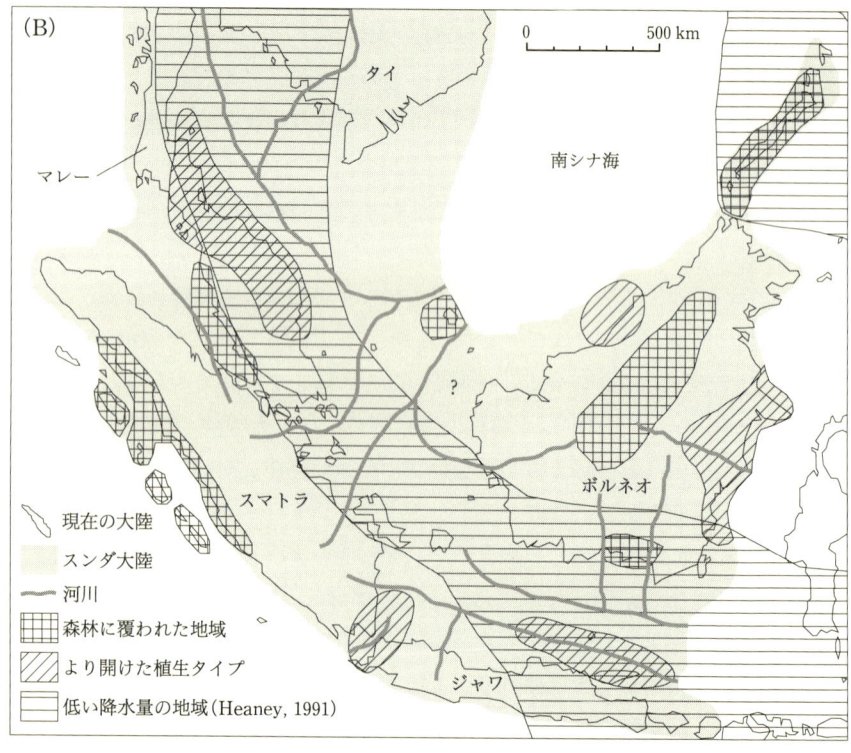

図3 (A)ヨーロッパ後氷期におけるレフュジアからのバッタ(*Chorthippus parallelus*)の分布拡大の経路(Hewitt, 2000をもとに作成), (B)最終氷期の東南アジアの植生(Meijaard, 2003をもとに作成)

のようなレフュジアへ分断されたことも，海洋や山脈による隔離と同様な影響を生物に及ぼしたであろう．

分断と融合の繰り返しと生物多様性

気候変動の結果として生じた生物の分布域の周期的な変化が生物にどのような影響を及ぼしたか，種もしくは集団レベルと群集レベルに分けて少し詳しく考えてみよう．

(1)**集団レベル**

隔離が集団間の遺伝的分化を促進することはすでに述べた．別々の地域に地理的に隔離された集団は，それぞれの地域に適応していく過程で，あるいは性淘汰や遺伝的浮動などのそのほかの進化的要因によって，徐々に遺伝的違いを蓄積していく．これらの遺伝的違いが完全な生殖隔離をもたらせば，それは種分化の完了を意味する．もはや2つの集団は出会っても遺伝的に混じりあうことはない．

それでは生殖隔離が完成しないうちに環境が変わり，分岐しつつある2つの集団が出会ったらどうなるのだろう．そこでは，2つの集団がさまざまな程度に混ざりあい，交雑を行うと思われる．分布境界に現れるこのような地帯は，交雑帯と呼ばれる．そこで起きるできごとについては，2集団が完全に混ざりあい，1つの繁殖集団へと融合してしまう場合から，雑種を生みださない方向への淘汰がかかり生殖隔離が強化され，完全な別種に進化する場合まで，初期条件などの違いによりいくつかのシナリオが提案され，進化学上の1つの論点となっている(Futuyma, 2005)．また，近年では，新種の形成につながる新しい遺伝的環境を生みだす場としても交雑帯は注目されている(Arnold, 1997)．

(2)**群集レベル**

さらに，地域の隔離と融合は，群集にもさまざまな影響を及ぼすと思われる．地理的な隔離が消失し，2つの隔離されていた群集が出会った場合には，2群集の構成員は混ざりあい，従来とは異なる種間関係が新たに生じるはずだ．生態的要求のよく似た2種が出会えば，そこには競争が生じどちらかが他方を駆逐するようなことも起きただろう．新しい餌や新しい捕食者との遭

遇も生じるだろう。こうして異なった性質をもつに至った群集は，次の時期には再度地理的に隔離された複数の群集に分かれるかもしれない。このようにして，違う歴史をもつ群集が出会い，混じりあい，再配分されるというプロセスが繰り返され，現在私たちが目にするそれぞれの地域の生物相が形づくられてきたのである。

更新世には，生物は「隔離条件下での分化」と「隔離がなくなったときの接触と引き続いて生じる集団間，種間の相互作用」を受けてきたはずである。これは種レベルでも群集レベルでも新しい進化の素材を生みだし，大いに生物多様性を増加させたに違いない。

5. 現生生物の分布から進化の道筋を読み取る

現在の生物の分布は，地域の気候条件やそのほかの物理化学的条件，共存するほかの生物によって規制されている。また，その生物のもつ移動能力も分布を制限する要因である。好適な生息地が存在していても，そこへアクセスする能力がなければ分布を広げることができない。しかし，生物の分布はこのような現在の生態学的，生物学的，地理学的環境だけで決まっているわけではない。生物の分布は，それが種や集団レベルであれ，群集レベルであれ，過去にそれらの生物が経験した地史的，生物学的な事柄も反映している。したがって，現生生物の地理変異の様相を解析することによって，その生物の過去の歴史を推定することができるはずだ。このような考えに基づき，現生種の示すさまざまな形質の地理的なパターンから過去を読み取ることが試みられてきた。

しかし，過去の推定はそれほど簡単ではない。第1に，過去の痕跡を選り分けるのは容易ではない。また，その痕跡も時代を遡るにつれてわずかになる。現生種の分布には，最終氷期以降のイベントがもっとも強く反映されており，後の時代のできごとによって上書きされている古い時代の記録は断片的にしか残っていない。だが，近年急速に発展した分子系統地理学は，分子マーカーという新しい形質を取り入れることによってこれらの問題を解決する道筋を示した。DNAなどの分子マーカーの解析を通して，単一種内の地

域集団や近縁種の遺伝的構造を解析し，集団の進化プロセスや種分化プロセスの再構築とそこにかかわった進化的要因を解明することが可能になったのである（図4；Avise, 2004）。

現生種の示す形質から過去を推定する際には，もう1つ問題がある。それは年代の推定である。化石が残されている場合には同位体による年代推定ができるが，現生の生物のみを扱うときには，生物学は年代を計る手がかりをもっていなかった。そのため，以前は，生物の形質に現れる地理的な特徴を見つけだしても，それを時間軸にそって整理することは難しく，せいぜい，地球科学分野から提供される地史的なイベントの年代と矛盾のない進化のシ

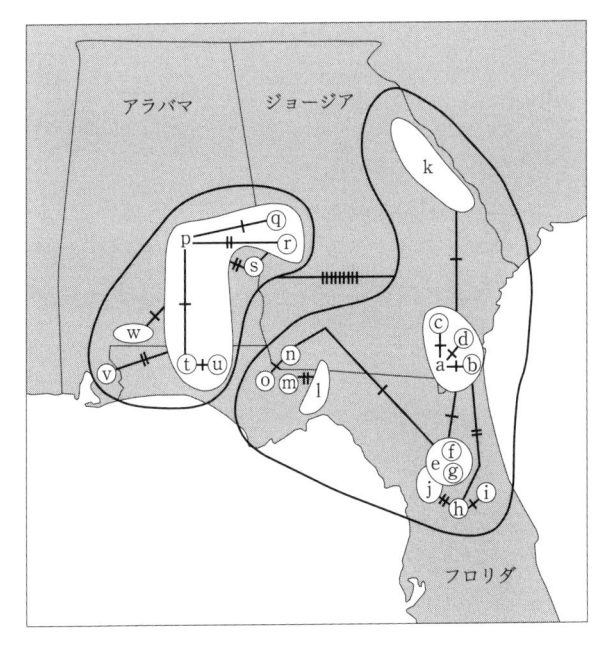

図4 アラバマ，ジョージア，フロリダの分布域における87個体のホリネズミ（pocket gopher）のミトコンドリアDNAに基づく系統関係（Avise, 2004をもとに作成）。アルファベットは異なったミトコンドリア遺伝子型を示し，これらの遺伝子型の関係は，標本の得られた地域に重ねて描かれた節約的な系図のネットワークの形で示されている。ネットワークの枝を横切る棒は，その経路にそって生じたと推定された突然変異のステップの数を示す。太い線で囲まれた2つのグループが存在し，この2グループは少なくとも9つの突然変異のステップで異なっている。

ナリオを描き出すのが関の山だったのである。分子情報はこの面でも大きな貢献をした。分子が中立的に進化するならば，2つの集団が分化してからの時間は集団間の遺伝的な違いの量と比例するはずだからである。つまり，分子を利用して主要な進化的イベントの起きた歴史的年代の推定をすることが可能になったのだ。この分子時計の精度はそれほどよいとはいえないが，生物学者は今では対象とする生物の保有する分子情報をもとに，さまざまな進化的イベントの発生した時期を推定することができる。分子情報を使うことによって，生物(地理)学と地球科学はいわば対等の立場で生命現象の歴史的な推移を共同研究することが可能になったといってよいだろう。

[引用文献]

Arnold, M.L. 1997. Natural Hybridization and Evolution. 215 pp. Oxford University Press, New York

Audesirk, T. and Audesirk, G. 1996. Biology: Life on Earth (4th ed.). 947 pp. Prentice Hall, Upper Saddle River, NJ.

Avise, J.C. 2004. Molecular Markers, Natural History, and Evolution (2nd ed.). 684 pp. Sinauer Associates, Sunderland, Mass.

Berger, W.H. and Jansen, E. 1994. Mid-Pleistocene climate shift: the Nansen connection. *In* "The Polar Oceans and Their Role in Shaping the Global Environment" (eds. Johannessen, O.M., Muench, R.D. and Overland, J.E.), pp. 295-311. Geophysical Monogr. 85, AGU, Washington, DC.

Blunier, T., Chappellaz, J., Schwander, J., Dällenbach, A., Stauffer, B., Stocker, T.F., Raynaud, D., Jouzel, J., Clausen, H.B., Hammer, C.U. and Johnsen, S.J. 1998. Asynchrony of Antarctic and Greenland climate change during the last glacial period. Nature, 394: 739-743.

Bond, G., Broecker, W., Johnsen, S., McManus, J., Labeyrie, L., Jouzel, J. and Bonani, G. 1993. Correlations between climate records from North Atlantic sediments and Greenland ice. Nature, 365: 143-147.

Bond, G., Kromer, B., Beer, J., Muscheler, R., Evans, M.N., Showers, W., Hoffmann, S., Lotti-Bond, R., Hajdas, I. and Bonani, G. 2001. Persistent solar influence on North Atlantic climate during the Holocene. Nature, 294: 2130-2136.

Broecker, W.S. 1998. Paleocean circulation during the last deglaciation: a bipolar seesaw? Paleoceanography, 13: 119-121.

Broecker, W.S., Kennett, J.P., Flower, B.P., Teller, J.T., Trumbore, S., Bonani, G. and Wolfli, W. 1989. Routing of meltwater from the Laurentide ice sheet during the Younger Dryas cold episode. Nature, 341: 318-321.

Cane, M.A. and Molnar, P. 2001. Closing of the Indonesian seaway as a precursor to east African aridification around 3-4 million years ago. Nature, 411: 157-162.

Clark, J.S., Fastie, C., Hurtt, G., Jackson, S.T., Johnson, C., King, G.A., Lewis, M.,

Lynch, J., Pacala, S., Prentice, C., Schupp, E.W., Webb, T.I. and Wyckoff, P. 1998. Reid's paradox of rapid plant migration. BioScience, 48: 13-24.

Coyne, J.A. and Orr, H.A. 2004. Speciation. 545 pp. Sinauer Associates, Sunderland, Mass.

Dansgaard, W., Johnson, S.J., Clausen, H.B., Dahl-Jensen, D., Gundenstrup, N.S., Hammer, C.U., Hvidberg, C.S., Steffensen, J.P., Sveinbjörnsdóttir, A.E., Jouzel, J. and Bond, G. 1993. Evidence for general instability of the past climate from a 250-kyr ice-core record. Nature, 364: 218-220.

Eldrett, J.S., Harding, I.C., Wilson, P.A., Butler, E. and Roberts, A.P. 2007. Continental ice in Greenland durint the Eocene and Oligocene. Nature, 446: 176-179.

Emiliani, C. 1955. Pleistocene temperatures. Jour. Geol., 63: 538-575.

EPICA Community Members. 2006. One-to-one coupling of glacial climate variability in Greenland and Antarctica. Nature, 444: 195-198.

Futuyma, D.J. 2005. Evolution. 603 pp. Sinauer Associates, Sunderland, Mass.

Gathorne-Hardy, F.J., Syaukani, Davies, R.G., Eggleton, P. and Jones, T.D. 2002. Quaternary reinforest regufia in south-east Asia: using termites (Isoptera) as indicators. Biological Journal of the Linnean Society, 75: 457-466.

Gradstein, F.M., Ogg, J.G. and Smith, A.G. (eds.) 2004. A Geologic Time Scale 2004. xix+589 pp. Cambridge University Press, Cambridge.

Hays, J.D., Imbrie, J. and Shackleton, N.J. 1976. Variations in the earth's orbit: pacemaker of the ice ages. Science, 194: 1121-1132.

Heaney, L.R. 1991. A synopsis of climatic and vegetational change in Southeast Asia. Climatic Change, 19: 53-61.

Hendy, I.L. and Kennett, J.P. 1999. Latest Quaternary north pacific surface-water responses imply atmospheric-driven climate instability. Geology, 27: 291-294.

Hewitt, G.M. 2000. The genetic legacy of the Quaternary ice ages. Nature, 405: 907-913.

Keigwin, L. 1982. Isotopic paleoceanography of the Caribbean and east Pacific: role of Panama uplift in the late Neogene time. Science, 217: 350-353.

Kennett, J.P., Cannariato, K.G., Hendy, I.L. and Behl, R.J. 2003. Methane Hydrates in Quaternary Climate Change. 216 pp. AGU, Washington, DC.

Knutti, R., Flückiger, J., Stocker, T.F. and Timmermann, A. 2004. Strong hemispheric coupling of glacial climate through freshwater discharge and ocean circulation, Nature, 430: 851-856.

Krebs, C.J. 2001. Ecology (5th ed.). 695 pp. Benjamin Cummings, San Francisco.

Meijaard, E. 2003. Mammals of south-east Asian islands and their Late Pleistocene environments. Journal of Biogeography, 30: 1245-1257.

Mudelsee, M. and Raymo, M.E. 2005. Slow dynamics of the Northern Hemisphere glaciation. Paleoceanography, 20, PA4022, doi: 10.1029/2005PA001153.

Oba, T., Kato, M., Kitazato, H., Koizumi, I., Omura, A., Sakai, T. and Tanimura, T. 1991. Paleoenvironmental changes in the Japan Sea during the last 85,000 years. Paleoceanography, 6: 499-518.

Raymo, M.E. and Ruddiman, W.F. 1992. Tectonic forcing of late Cenozoic climate. Nature, 359: 117-122.

Reid, C. 1899. The Origin of the British Flora. 191 pp. Dulau, London.

Ruddiman, W.F., Raymo, M. and McIntyre, A. 1986. Matuyama 41,000-year cycles:

North Atlantic Ocean and northern hemisphere ice sheets. Earth Planet. Sci. Lett., 80: 117-129.
Shackleton, N.J. 1967. Oxygen isotope analyses and Pleistocene temperatures reassessed. Nature, 215: 15-17.
Shackleton, N.J., et al. 1984. Oxygen isotope calibration of the onset of ice-rafting and history of glaciation in the North Atlantic region. Nature, 307: 620-623.
Tada, R., Irino, T. and Koizumi, I. 1999. Land-ocean linkage over orbital and millennial timescales in late Quaternary sediments of the Japan Sea. Paleoceanography, 14: 236-247.
Townsend, C.R., Begon, M. and Harper, J.L. 2003. Essentials of Ecology (2nd ed.). 530 pp. Blackwell, MA.
Whittaker, R.H. 1970. Communities and Ecosystems. 162 pp. Macmillan, New York.
Williams, D., Dunkerley, D., DeDeckker, P., Kershaw, P. and Chappell, M. 1998. Quaternary Environments. 352 pp. Arnold, London.
Wolf-welling, T.C.W., Cremer, M., O'Connell, S., Winkler, A. and Thide, J. 1996. Cenozoic arctic gateway paleoclimate variability: indications from changes in coarse-fraction composition. *In* "Proceeding of the Ocean Drilling Program" (eds. Thide, J., Myhre, A.M., Firth, J.V., Johnson, G.L. and Ruddiman, W.F.), pp. 515-567. Sci. Results, 151. College Station, TX (Ocean Drilling Program).

第11章 人類の誕生と進化

増田隆一

1. ヒトはサルから進化したのではない！

　初期人類の化石研究により，人類が誕生したのは今からおよそ700万〜500万年前といわれている。これは途方もなく昔のように感じるが，地球の誕生から現在までの約46億年を1年にたとえると，人類の歴史は1年の最後の日である大晦日になってやっと始まったばかりである。つまり，生物進化全体からみても，人類の誕生と進化はほんの束の間のできごとである。

　誕生以来，約20種近くの人類が登場したといわれるが，そのほとんどは絶滅し，現存する人類はホモ・サピエンス Homo sapiens 1種のみと考えられている。ホモ・サピエンス（これ以降，ヒト，新人または現代人と呼ぶ）は，脊索動物門 Chordata，脊椎動物亜門 Vertebrata，哺乳類綱 Mammalia，霊長目 Primates，ヒト科 Hominidae，ヒト属 Homo に分類される。

　ヒト以外の霊長目(類)は一般的にサルと呼ばれ，その形態や行動がヒトに近いことは誰が見ても明らかだろう。しかし，「サルからヒトへ進化した」と考えるのは正しくない。これまでの化石や遺伝子の研究から，系統進化上，ヒトにもっとも近縁な動物はチンパンジー Pan troglodytes であり（図1上），両者は約700万〜500万年前に種分化したと考えられている。最近では，ヒト属にヒトとチンパンジーを含める研究者もいる。同じ霊長類の1種であるニホンザル Macaca fuscata が日本列島に分布しているが，ヒトやチンパンジー

図1 ヒトにはヒト，サルにはサルの進化がある。小枝を道具として使うチンパンジー（上）はヒトにもっとも近いと考えられる類人猿で，アフリカに生息している。ニホンザル（下）は日本に分布している霊長類であるが，日本人にもっとも近いサルではない。札幌市円山動物園にて筆者撮影。

からはずっと昔に分かれた種である(図1下)。

　現生のチンパンジーやほかの霊長類からヒトが進化したのではなく，ヒトとチンパンジーの共通祖先が数百万年前にいた，というのが正確な表現である。その共通祖先の容姿は，現在のヒトのようでもなかったし，現在のチンパンジーのようでもなかったはずだ。この理解は重要である。それでは，ヒトとチンパンジーの違いは何だろうか？　いろいろな点が異なるが，少なくともヒトのみに見られる進化的特徴は，二足歩行できること，脳が発達し大型化したこと，話ができること，犬歯が発達していないことなどである。これらの現象は独立に進化したというよりは，互いに関連しながら進化してきたと考えたほうがよいだろう。最近，ヒトの全ゲノム解読プロジェクトが完了し，チンパンジーのゲノム解析も行われているが，両者のゲノムの違いは1〜5％程度であることがわかってきた。ヒトとチンパンジーの違いに直接結びつく遺伝子の探索も進められているが，両者を決定的に分ける遺伝子はまだ見つかっていないようである。

　人類進化に関する書物には，初期の人類としてアウストラロピテクス属 *Australopithecus* に代表される猿人が登場する。この「猿人」という漢字が与えるイメージが紛らわしい。人類化石に肉づけした復元像として，全身に褐色の体毛をまとった二足歩行の類人猿(チンパンジーやゴリラなどの大型霊長類)に似た生き物がしばしば描かれる。これが，「ヒトの祖先はサルである」という概念を植えつけている大きな原因の1つのように思われる。それらの容姿の特徴のうち，筋肉のつき方は骨からある程度予測できるが，本当に全身に体毛が生えていたのか，体毛や皮膚はどのような色だったのかは，今のところ誰にもわからない。何が事実に基づくもので，何が推定されたものかを正しく認識しながら，人類の復元像や進化を語る必要がある。

2. 人類発祥の地　アフリカ

　霊長類は，原猿類と真猿類に大きく分類される(図2A)。杉山(1996)によると，原猿類(22属)には，キツネザル，ロリス，メガネザルが含まれる。真猿類は，類人猿を含む狭鼻猿類(23属：旧世界ザルとも呼ばれる)と広鼻猿類(16

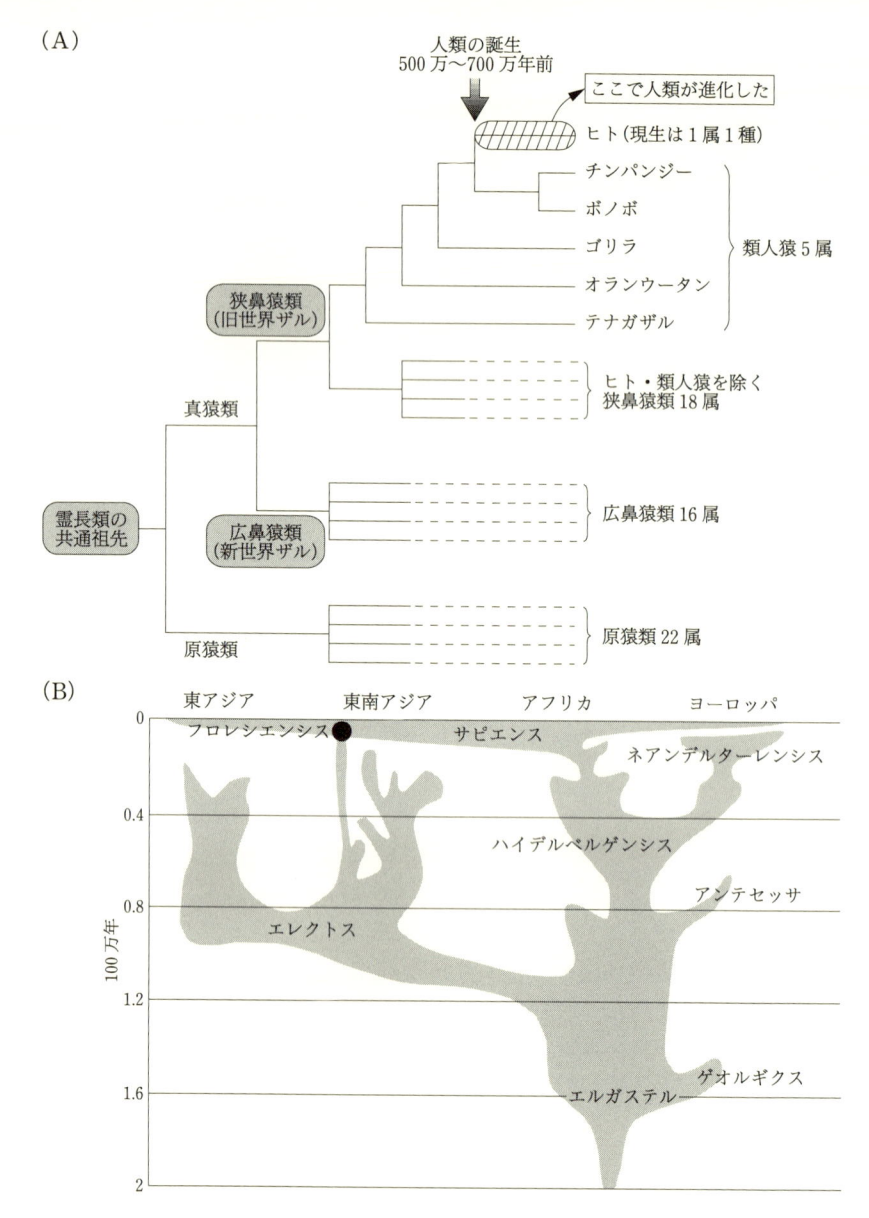

図2 霊長類と人類の進化の過程.(A)最近の形態学と遺伝学から一般的に支持される霊長類の系統関係.ヒトとチンパンジーの分岐年代は約700万～500万年前と考えられている.ほかの類人猿の分岐年代も研究者によって意見が異なるためここでは表記していない.(B)約200万年前以降の人類(*Homo* 属)の系統進化(Mirazón Lahr and Foley, 2004).これまでに約20種の人類が誕生したが,そのほとんどが絶滅し,ホモ・サピエンスのみが現存する.黒丸は,ホモ・エレクトス直系のホモ・フロレシエンシスがごく最近(約1万8000年前)まで東南アジアのフロレス島で生存していたことを示す.

属：新世界ザルとも呼ばれる）で構成される。これらの霊長類は，アフリカ，北部を除くアジアおよび中南米に分布しているが，ヨーロッパ，北ユーラシア，北米，オーストラリア，南極には生息していない。アジアでは，ニホンザルが分布する青森県下北半島が霊長類分布の最北端にあたる。

霊長類のなかで，旧世界ザルに含まれる類人猿には，チンパンジー，ボノボ Pan paniscus（ピグミーチンパンジーとも呼ばれる），ゴリラ Gorilla gorilla，オランウータン Pongo pygmaeus，テナガザル Hylobates（11種）が含まれる（図2A）。オランウータンとテナガザルは東南アジアに生息するが，それ以外の類人猿はアフリカに分布する。現在，世界中に分布しているホモ・サピエンスの起源もアフリカであると考えられている。

歴史に関する古い教科書では，人類の起源に関する章において，猿人アウストラロピテクスの出現，そして，原人ホモ・エレクトス Homo erectus，旧人（ネアンデルタール人）への進化，最後に新人（ホモ・サピエンス）としてクロマニョン人が出現し，日本では最終氷期が終わり，縄文文化の発達そして稲作を行う弥生文化へ移行したと書かれている。あたかもこの順番で一直線上に人類が進化（このような進化を向上進化という）したかのようだ。しかし，人類学の最近の進展により，人類進化はこのような向上進化ではなく，枝分かれした分岐進化により種々の人類が誕生しては絶滅し，これまでに約20種近くの人類が現れたと考えられている（図2B）。そして，現在ではホモ・サピエンス1種のみが生存している。後で詳しく述べるが，ネアンデルタール人 Homo neanderthalensis は約4万〜3万年前までヨーロッパを中心として共存していた別種の人類であり，ホモ・サピエンスの直接の祖先ではないということが明らかになってきた。

人類の最古級の化石はすべてアフリカ大陸で見つかっており，人類発祥の地はアフリカであると考えられている。最古の人類化石に関する見解は研究者によって異なるが，現時点で誰もが認める「ヒトに結びつくもっとも古い人類」は，約370万〜100万年前まで生息していたアファール猿人（アウストラロピテクス・アファレンシス Australopithecus afarensis）である（ジョハンソンほか，1996；馬場，2000）。もっとも有名なアファール猿人の標本は，1974年にエチオピアで発見された「ルーシー」という愛称で呼ばれる約320万年前の女性

の骨格である。その後，以下のような新たな化石の発見が相次ぎ，人類の祖先はさらに古い時代へと遡りつつある。1994年には，やはりエチオピアから発掘された約440万年前とされるラミダス猿人(アルディピテクス・ラミダス・ラミダス *Ardipithecus ramidus ramidus*)が最古級の人類化石として報告された(White et al., 1994)。2001年には，エチオピアから発見された580万～520万年前と推定されるアルディピテクス・ラミダス・カダバ *Ardipithecus ramidus kadabha*(Haile-Selassie, 2001；当初，カダバは亜種扱いであったが，現在では種とされることが多い)，およびケニアにおける約600万～580万年前のオロリン・ツゲネンシス *Orrorin tugenensis*(Senut et al., 2001)の発見が報告された。さらに2002年には，サハラ砂漠の南部(アフリカ中央部)から出土した約700万～600万年前の頭骨がサヘラントロプス・チャデンシス *Sahelanthropus tchadensis* として報告され(Brunet et al., 2002)，現在，これが最古の人類化石とされている。しかし，これらの最古級の化石は骨格の一部であるため解析に限界があり，その起源や系統関係について明確な結論には至っていないようだ。アルディピテクス，オロリン，サヘラントロプスがアウストラロピテクスの直接の祖先にあたるかどうかは今後の人類学研究に待たねばならない。

　アファール猿人は，骨盤(寛骨)の形態および同じ年代の地層から見つかった人類のものと思われる足跡の化石から，二足歩行していたと考えられている。その後，アファール猿人は2つの系統に進化した。その1つの系統はパラントロプス属 *Paranthropus* というがっちりした骨格をもつ頑丈型猿人で，120万年前ごろに絶滅した。もう一方の系統は，アファール猿人からガルヒ猿人(アウストラロピテクス・ガルヒ *Australopithecus garhi*)に進化した。ガルヒ猿人は約250万年前の地層から発見されており，アファール猿人からホモ・ハビリス *Homo habilis*(原人に近い人類)への進化経路を結ぶ人類と考えられている(馬場，2000)。また，ガルヒ猿人は石器を使用していた可能性が指摘されている。これらの猿人化石は，おもに，アフリカ大陸の東部に縦断する大地溝帯の周辺域から出土しており，従来，アフリカ東部が人類発祥の地と考えられてきた。この説では，熱帯雨林が繁茂していたアフリカ東部において，中新世の約1000万年前に大地溝帯の活動により形成された山脈が大西洋からの偏西風を遮り，乾燥化の進行，熱帯雨林の減少，草原の拡大が進み，樹

上生活していた人類の祖先が二本足で歩き始めたとされる(馬場, 2000)。この進化はアフリカ東部でのできごとなので「イースト・サイド・ストーリー」とも呼ばれる。一方，アフリカ西部で樹上生活を継続した系統が，チンパンジーに進化したとされている。ただし，先に紹介したようにアウストラロピテクスより古く約700万〜600万年前のサヘラントロプスがアフリカの中央部で見つかっているので，人類の故郷はアフリカ東部以外にあったのかもしれない。サヘラントロプスが直接，アファール猿人へとつながった系統かどうかはまだ結論づけられていないので，人類の故郷の特定および二足歩行を始めた時期やその理由は人類学における今後の重要な課題として残されている。

さらに，アフリカにおいて，猿人と原人の中間に位置するホモ・ハビリスが，180万年前ごろ，初期の原人ホモ・エルガステル *Homo ergaster* へ，そして，後期原人であるホモ・エレクトスへと進化したと考えられている(図2B)。ホモ・エレクトスは約百数十万年前には，アフリカをでて，ユーラシア大陸の中東から東南アジア周辺に分布を拡大する。ジャワ原人や北京原人はホモ・エレクトスである。ホモ・エレクトスから進化したホモ・ハイデルベルゲンシス *Homo heidelbergensis* から数十万年前に分岐し，ヨーロッパや中東に分布していたネアンデルタール人は約4万〜3万年前まで生存し，多くの骨が出土している。ここまでの時代的変遷は人類化石に基づく説である。しかし，これ以降の人類の歴史に関する2つの説「多地域起源説」と「アフリカ単一起源説」が大きな議論を展開することとなった(図3A，B)。

3. ホモ・サピエンスの起源——多地域起源説 vs. アフリカ単一起源説

多地域起源説(Thorne and Wolpoff, 1992)とは，アジア，アフリカ，ヨーロッパなど世界各地に分布している現代人は，アフリカをでて各地域に定着した原人ホモ・エレクトスの直接の子孫であるという考えだ。たとえば，北京原人は現在の中国人の祖先であり，ジャワ原人は現代の東南アジア人の祖先であることになる。さらに，ネアンデルタール人(図4)は現代ヨーロッパ人の祖先ということになる。この多地域起源説は従来の形質人類学者を中心

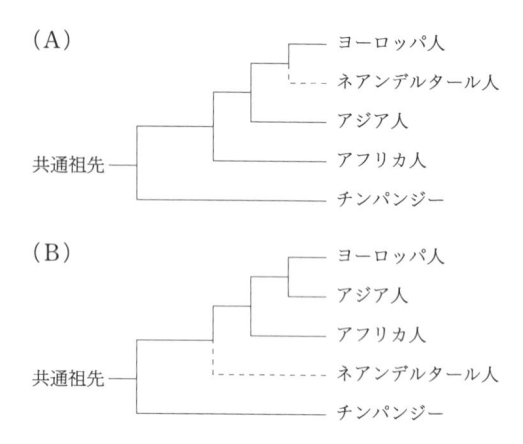

(A)
```
                    ┌─── ヨーロッパ人
                ┌───┤
              ┌─┤   └─── ネアンデルタール人
              │ │
        ┌─────┤ └─────── アジア人
共通祖先─┤     │
        │     └───────── アフリカ人
        │
        └─────────────── チンパンジー
```

(B)
```
                    ┌─── ヨーロッパ人
                ┌───┤
              ┌─┤   └─── アジア人
              │ │
        ┌─────┤ └─────── アフリカ人
共通祖先─┤     │
        │     └───────── ネアンデルタール人
        │
        └─────────────── チンパンジー
```

図3 ホモ・サピエンス進化の多地域起源説(A)とアフリカ単一起源説(B)を表す模式的な系統樹。ネアンデルタール人の古代DNA解析(Krings et al., 1997)によりアフリカ単一起源説が支持された。

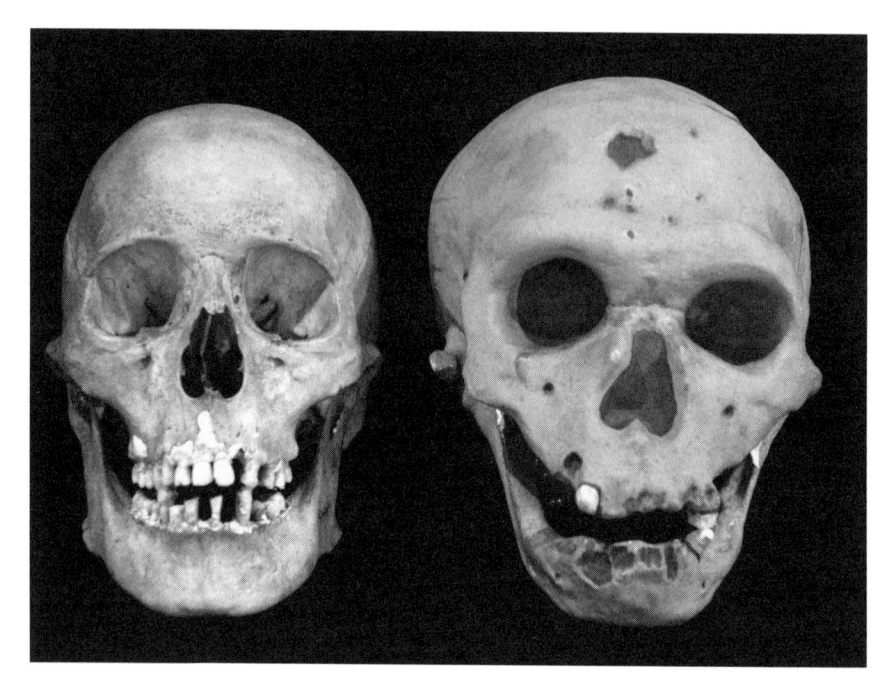

図4 北海道大学総合博物館に展示されている現代日本人(ホモ・サピエンス:左)とネアンデルタール人(ラ・シャペローサン出土骨の複製:右)の頭骨(北海道大学総合博物館,大学院医学研究科の協力による)。口絵参照

一方，アフリカ単一起源説(アウト・オブ・アフリカ説)は，最近の分子系統学の成果から導き出されたもので，人類集団は二度アフリカ大陸をでた(ホモ・エレクトスの出アフリカとホモ・サピエンスの出アフリカ)というものである。世界に分散する現代人を対象としたミトコンドリア DNA の分子系統解析に基づくと，ヒトの起源は1つのミトコンドリア DNA タイプにたどりつく。それを起点とすると，まず，アフリカ集団の一部が分かれ，その後にアジア集団とヨーロッパ集団に分かれる。さらに，アフリカ集団のなかでの DNA タイプの多様性が高いことも明らかになった(Cann et al., 1987)。ミトコンドリア DNA の違いに基づいて，全世界のヒトの分岐年代を算出すると約20万から十数万年前となった。これらのことは，アフリカにおいて進化したホモ・サピエンスが，約20万から十数万年前に分かれて，アフリカをでて全世界に拡散したことを示している。つまり，アフリカ単一起源説では，二度目にアフリカをでたホモ・サピエンス集団が，すでにユーラシア各地に分布していたホモ・エレクトスと交雑することなく分布を拡大する一方で，ホモ・エレクトスは絶滅したことになる。よって，この説は多地域起源説とは相対するものであり，北京原人は現在の中国人の祖先ではないし，ジャワ原人は現代の東南アジア人の祖先でもなく，ネアンデルタール人も現代ヨーロッパ人の祖先ではないことになる。分布拡散を続けるホモ・サピエンス(図5)は，各地に定着していたホモ・エレクトスの直系子孫と交配しなかったことになるが，その理由は，生物学的な相違に基づくのか，文化や社会の違いによるのかなど，まだ十分には解明されていない。少なくとも，現在，世界各地で見られる現代人の形態的多様性は，二度目の出アフリカの後にホモ・サピエンスが各地域の環境に適応した結果もたらされたものと考えられている。新大陸のほとんどの地域には最終氷期まで人類は分布しておらず，ユーラシアからベーリング陸橋を渡ったホモ・サピエンスは，完新世の温暖化により新大陸北部の巨大氷床の間に形成された回廊を通って，約1万年のあいだ(完新世)に南米大陸まで到達し，アメリカ大陸先住民の祖先になったと考えられている(図5)。母系遺伝するミトコンドリア DNA に加えて，父系遺伝する Y 染色体遺伝子の分析からもアフリカ単一起源説を支持する報告がなさ

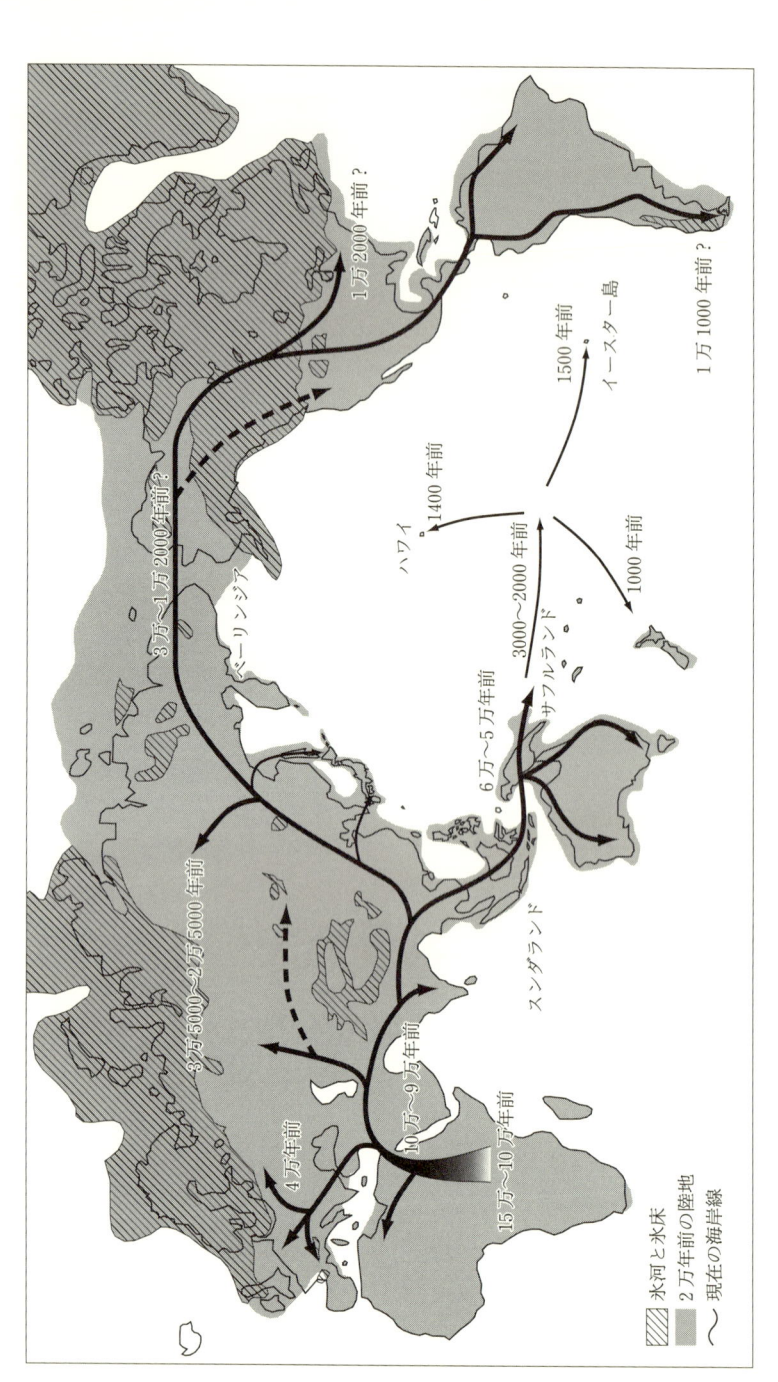

図5 ホモ・サピエンスのアフリカ単一起源とその移動拡散(中橋, 1997を参考に作成)。人類は最終氷期に形成されたベーリング陸橋を経て、初めて新大陸へ渡った。

れている。

　化石人類学者に支持された多地域起源説と分子遺伝学者によるアフリカ単一起源説の対立は大きな議論を巻き起こしたが，現在では，アフリカ単一起源説がほぼ支持されるようになった。それには，以下に述べるようなネアンデルタール人の古代 DNA 分析の成果が大きく貢献した。

4. ネアンデルタール人の古代 DNA が語るもの

　ネアンデルタール人の化石骨は，ヨーロッパにおける数万年前の遺跡から出土している。最初に，ドイツのネアンデル渓谷(ドイツ語で渓谷のことをタールと発音する)から発掘された旧人の化石骨がネアンデルタール人と呼ばれるようになった。その後，ネアンデルタール人骨はヨーロッパから中東にかけての各地から発掘されている。図4は，北海道大学総合博物館に展示されているネアンデルタール人頭骨の複製で，フランスのラ・シャペローサン遺跡から発見された有名な頭骨がそのモデルである。とくに，目の上の庇(ひさし)が大変大きく，額が傾斜しているため，脳がはいっている頭蓋が低く見えるが，これは古い人類に共通の特徴である(石田, 2005)。また，ヨーロッパでは，ネアンデルタール人とホモ・サピエンスの遺跡の年代が，約4万〜3万年前にまたがっており，少なくとも約1万年のあいだ，両者は地理的にも重なりあって分布していたものと思われる(タッターソル, 1999)。

　もし，多地域起源説が正しいならば，ネアンデルタール人の遺伝子はそのまま現代のヨーロッパ人(ホモ・サピエンス)に受け継がれていることになり，両者の遺伝子は，現代のアフリカ人やアジア人よりも互いに近縁であると予想される(図3A)。一方，アフリカ単一起源説が正しいならば，ネアンデルタール人とホモ・サピエンスの遺伝子は混じりあうことはなかったので，両者の遺伝子は異なったものであるはずである(図3B)。最近の分子遺伝学的技術の発展により，出土骨中に残存する DNA を抽出して分析することが可能になった。ヨーロッパのような寒冷域における石灰岩の洞窟からは，DNA の残存状態の良好なネアンデルタール人骨が出土している。ドイツの研究者らは，DNA 分析技術を駆使し，ネアンデルタール人骨から母系遺伝するミ

トコンドリアDNAの遺伝情報を解読した(Krings et al., 1997)。そして，現代ホモ・サピエンスのDNAと比較分析し系統樹を描いたところ，ネアンデルタール人のDNAはホモ・サピエンスのDNAとは異なり，ホモ・サピエンスとチンパンジーの中間に位置した(図3B)。これは，ネアンデルタール人とホモ・サピエンスは遺伝的に交流することがなかったことを示しており，アフリカ単一起源説を支持するものである。さらに，Green et al.(2006)はネアンデルタール人の染色体ゲノムDNA研究を報告し，現生人類との分岐年代が約50万年前と推定している。このように，ホモ・サピエンスにもっとも近縁な別種であるネアンデルタール人骨の古代DNA分析は，ホモ・サピエンスの進化や移動史の研究に新しい展開をもたらした。

5. 最新の化石人類学の進展

最近では，形質人類学者からもアフリカ単一起源説を支持する報告がなされるようになった。東南アジアでのホモ・エレクトスの代表であるジャワ原人について，ジャワ島中部で新しく発掘された頭骨化石が，すでに出土している早期のジャワ原人と後期のジャワ原人との進化をつなぐ中間型の形質をもっていることが明らかになった(Baba et al., 2003)。さらに，ジャワ原人の形態的特徴とホモ・サピエンスであるオーストラリア先住民とのあいだには不連続性があると報告されている。

一方，インドネシアのフロレス島からは，約1万8000年前まで生存していたと考えられる小型化したホモ・エレクトスの末裔ホモ・フロレシエンシス *Homo floresiensis* が発掘された(Brown et al., 2004)。前述したように，ネアンデルタール人が約4万〜3万年前まで生存していた別種の人類と位置づけられていたが，新しく見つかったフロレス島の矮小化した化石人類は，より最近まで生存していたホモ・エレクトス系列の人類と考えられる(図2B)。

アフリカ単一起源説が有力となる一方で，初期のホモ・サピエンスの化石がなかなか発見されなかった。しかし，2003年には，エチオピアから発見された約16万年前と推定されるホモ・サピエンスの化石が報告された(White et al., 2003)。出アフリカのころの古いホモ・サピエンスがやっと見つ

かったのである(図2B)。

ホモ・サピエンスが先住者であるホモ・エレクトスに勝り世界に分布拡大を果たすことができた理由は何であったのだろうか？　それは，アフリカにおいてホモ・サピエンスの文化が高度化し，出アフリカが可能になったためなのか？　それとも，アフリカをでた後，ユーラシアにおいて文化の高度化が必要となり，それを習得・克服しなければならない状況におかれたためか？　この疑問についても決着はついておらず，現在も人類学の大きなテーマとして議論されている。

6. 日本人の起源と成立

私たち日本人の起源をみてみよう。これまで述べてきたように，アフリカ単一起源説が正しいとするならば，私たち現代日本人ももちろん，ホモ・サピエンスである。

日本列島におけるもっとも古い人骨の1つは沖縄から出土した港川人であり，その年代は約1万7000年前といわれている(馬場，2000)。これまでに日本列島からはホモ・エレクトスの化石は発掘されていない。その後，約1万2000年前から始まった縄文時代から現代にかけての各地の遺跡から人骨は数多く発掘され，人類学的研究が行われている。その形質的特徴に基づいた日本人の起源と成立に関する説として，「二重構造説」が提唱された(Hanihara, 1991)。この二重構造説では，日本列島では東南アジア由来の縄文人が在来集団であったが，紀元前3世紀から紀元後3世紀に朝鮮半島経由で北東アジアの大陸人が日本列島に渡り(渡来系弥生人と呼ばれる)，縄文人と混血しながら九州，本州，四国の集団を形成していったと考えられている。そして，日本列島の北と南へ移動した縄文人の直系が，各々，北海道のアイヌの人々および琉球の人々であると考える。酵素タンパク質の多型分析やDNA分析など遺伝学的データからも，二重構造説を支持する見解がだされている。

ここで北海道に注目すると，紀元後5〜12世紀ごろには，南サハリンや北海道のオホーツク海沿岸域および南千島において漁労・狩猟を中心としたオホーツク文化が栄える一方，稲作が伝わらなかった北海道の内陸や南部では，

縄文から受け継がれた続縄文文化そして擦文文化が栄えたことが考古学研究から明らかになっている。このオホーツク文化は北海道のアイヌ文化成立と深い関連性をもっていることも指摘されている。オホーツク文化人骨の形態的特徴が, 現在, 沿海州のアムール河下流域に生活する少数民族(ニブフ, ウリチなど)の形態的特徴と類似し, オホーツク文化人の起源がアムール河下流域集団であると考えられている(石田・近藤, 2002)。筆者らのグループは, その起源や集団構造について遺伝的見地から解明すべく, オホーツク文化人の古代 DNA 分析に取り組んでいる。これまでの成果として, 遺伝的にもやはり, オホーツク文化人は現在のアムール河下流域集団ともっとも近縁であること, アムール河下流域集団からアイヌ集団への交流の橋渡しとなった可能性などが示された(Sato et al., 2007)。このように, 北方の視点から日本人の起源を考えることも重要であると筆者らは考えている。

7. 遺伝子からみた現代人の多様性

現在, 世界に拡散している人類はホモ・サピエンス 1 種のみで, 各地域の自然環境に適応しながら進化してきた。大まかにみても, 世界の人々のあいだで, その体格や形態に地理的変異や多様性がある。日本も含めた国際共同研究によるヒト全ゲノム解読プロジェクトがほぼ完了し, ヒトの染色体 46 本(22 対の常染色体と 2 本の性染色体)には約 2 万〜3 万個の遺伝子が詰まっていることがわかってきた。その遺伝子の多様性を世界規模で調べると, 同じ遺伝子の部位(遺伝子座)でも小さな違いをもった遺伝子(対立遺伝子)が存在し, 各地域の人類集団における対立遺伝子の頻度には地理的変化や地理的な勾配がみられることが種々報告されている。そのなかでも, 日本人にも関係している興味深い 2 つの例を以下に紹介しよう。

耳あか遺伝子の多様性

まず初めは, 耳あかに関する遺伝子である。耳あかには乾いたタイプ(乾型耳あか)と湿ったタイプ(湿型耳あか)がある。乾型耳あかは日本人を含む東アジア人では 80〜95% に見られるが, ヨーロッパ人やアフリカ人での頻度は

数%以下(つまりほとんどが湿型)である(Matsunaga, 1962)。事実，日本人は竹などでできた耳かきを使って耳そうじをするが，ヨーロッパの人たちは綿棒を使用する。また，耳あかタイプの遺伝様式もわかっていて，単一遺伝子座にのっている優性の湿型耳あか遺伝子 W と劣性の乾型耳あか遺伝子 w の組み合わせ(遺伝子型)により耳あかのタイプが決まる。すなわち，WW(優性のホモ接合体)または Ww(ヘテロ接合体)をもつヒトでは湿型耳あかになり，ww(劣性のホモ接合体)をもつヒトでは乾型耳あかになる。

最近，日本を中心とする研究グループが，この遺伝子の本体はヒト16番染色体上(Tomita et al., 2002)にある ATP 結合性カセットトランスポーターというタンパク質の遺伝子(ABCC11遺伝子)であることを報告した(Yoshiura et al., 2006)。湿型耳あか遺伝子 W では1つのコドン(アミノ酸に対応する塩基)がGGG(アミノ酸はグリシン)であるのに対し，乾型耳あか遺伝子 w ではそのコドンの1番目の塩基が突然変異を起こしAGG(アルギニン)に置き換わっている。このタンパク質は，細胞膜に局在し細胞内の物質を排出する機能をもっており，両遺伝子によるアポクリン腺の耳あか排泄機能の違いにより，湿型と乾型に分かれるものと考えられる。乾型耳あかの頻度が東アジア集団で高いことから，ユーラシアのどこかで湿型耳あか遺伝子から乾型耳あか遺伝子へ突然変異し，アジアへ拡散していったものと考えられている(Matsunaga, 1962; Yoshiura et al., 2006)。また，アポクリン腺はわきがとも関連しているので，耳あか遺伝子の研究は，その新薬の開発へも期待がかかっているようだ。

飲酒の遺伝的多様性

もう一例は，飲酒に関する遺伝子である。ヨーロッパ人は一般に酒に強いが，日本人を含む東アジア人には酒に弱いタイプが多く見られる。私たちの周辺でも，ビールや日本酒を一口飲んだだけで顔が真っ赤になる人(紅潮型)，ほんのり赤くなる人(中間型)，そして，いくら飲んでも顔色を変えない人(非紅潮型)などの多様性が見られる。これら3つの表現型は，基本的にアルコール分解(代謝)酵素のタイプと深い関連がある。小腸から吸収されたアルコール(エタノール)は，おもに肝臓においてアセトアルデヒド，酢酸，そして，クエン酸回路を経て水と二酸化炭素に分解され，排泄される。その代謝産物

のなかで，アセトアルデヒドは皮膚表面の末梢血管の拡張による紅潮や速い動悸などを引き起こす強い生理作用をもち，その体内蓄積量が生理作用の度合いを決める。アルデヒドの分解には，数種類あるアルデヒド脱水素酵素（ALDH）のなかでも ALDH2 が重要な働きをもち，その遺伝子座はヒト 12 番染色体上にあることが知られている（Hsu et al., 1986）。ALDH2 には，酵素活性が高い対立遺伝子 *ALDH2*1*（野生型遺伝子：N と略すこともある）と酵素活性が低い対立遺伝子 *ALDH2*2*（欠損型遺伝子：D と略すこともある）が知られている。ALDH2 対立遺伝子間の違いも 1 つの塩基置換による。ALDH2 酵素を構成する 517 個のアミノ酸のうち，野生型では 487 番目のアミノ酸がグルタミン酸（コドンは GAA）であるのに対し，欠損型ではリジン（AAA）に置換されている（Hsu et al., 1985）。遺伝子型をみると，*NN*（野生型のホモ接合体）は非紅潮型，*ND*（ヘテロ接合体）は中間型，そして *DD*（欠損型のホモ接合体）は紅潮型に対応する。欠損型遺伝子は，ヨーロッパやアフリカではほとんどみられないが，ユーラシア大陸の東方へ向かうほど，その遺伝子頻度は高くなり，東アジア集団人では約 15～20% であると報告されている（Goedde et al., 1992）。おそらく，アジアにおいて野生型遺伝子から突然変異した欠損型遺伝子は，ヒトが生きていくうえでそれほど不利にならない中立的な存在であったために淘汰されず，乾型の耳あか遺伝子と同様に，ヒトの移動とともに拡散していったものと考えられる。

　耳あか遺伝子の場合，肉眼で優性遺伝子のホモ接合体とヘテロ接合体を区別することは不可能であり実験室での DNA 分析を必要とするが，ALDH2 酵素の遺伝子型はアルコールパッチテストにより肉眼で容易に判定できる。このテストでは，ALDH2 が皮膚細胞においてもいくらか機能をもつことを利用し，エタノールを染み込ませた小さな脱脂綿を腕の皮膚に貼り付け，数分後に見られる皮膚の発色反応の強さから遺伝子型を判定する。つまり，紅潮型のヒトの皮膚はアルデヒドの生理作用により赤くなり，非紅潮型では反応がなく，中間型ではほんのり皮膚が赤くなるのみである。この判定結果は，飲酒経験がない人にとっても酒に対する感受性の指標になるので，予防医学的にも有用である。さらに，被検者の同意を得て集団のアルコールパッチテストを行い，対立遺伝子頻度を算出することができる。これまでに，筆者が

担当する授業において学生自身によるアルコールパッチテストを行ったところ，クラスによって多少のばらつきはあるものの，欠損型遺伝子の頻度は20％前後であった。

　以上，日本人を含むアジア集団に特徴的な耳あか遺伝子とアルコール分解酵素遺伝子の例をみてきたが，そのほかの遺伝子についても集団遺伝学的データが蓄積されつつある。それらは医学的な見地のみならず，人類の進化

人類が影響を与える気候変動

渡邊　剛

　人類が繁栄した数百万年前から現在までの時代は，地質時代区分では第四紀と呼ばれる時代であり，それ以前の温暖な気候からの寒冷化と氷期・間氷期を繰り返す気候変動に特徴づけられ（第10章），その厳しい気候変動にともなって人類も進化をとげてきた。しかし，近年，とくに産業革命以降の人類の飛躍的な繁栄は，地球温暖化や環境汚染など人間活動が気候変動に影響を与える時代へと変換させた。

　「中世温暖期 Medieval Warm Period」と呼ばれる温暖な気候が9〜13世紀まで続いた後，14〜19世紀において，ヨーロッパやグリーンランド，ロシア，北米などの広範囲にわたって寒冷な気候であったことが，モレーンなどの氷河地形や，歴史文書などから知られている。これは再び氷河の活動が始まったものとして「小氷期 Little Ice Age」と呼ばれている。この小氷期の寒冷化を起こしたメカニズムは，1700年代のマウンダー極小期などにみられる太陽活動の低下による外的要因によるものとする説や，活発化した火山活動により大気中に放出された火山灰が日射量を低下させたとする地球内部の要因とする説などがあるが，まだよくわかっていない。それでは，小氷期を終わらせ現在の温暖化に向かわせた要因は何なのだろうか？　人間活動によるものなのか，地球の気候システムに内在している地球内部によるものなのか，あるいは，外部からの要因であるのかは依然明らかになっておらず，これらの疑問を解決することは現在の地球温暖化を説明するためにも非常に重要なことである。

　18世紀後半に起こった産業革命は，急激な技術の進歩とともに人類にこれまでにない繁栄をもたらすこととなった。それとともに石炭や石油などの化石燃料が大量に消費されるようになり，過去の生物が地質時代の長い時間を使って地球に貯蔵してきた膨大な炭素を二酸化炭素として，再び，しかも非常に短期間に大気中に放出する結果となった。この二酸化炭素は，メタンガスやフロンガスなどとともに温室効果ガスと呼ばれ，現在危惧されている地球温暖化の主要な原因であるとされている。気候変動に関する政府間パネル（IPCC）や京都議定書などに代表されるように地球規模の温暖化が懸念されており，世界各地の観測記録は，年平均気温が過去100年間で0.5℃上昇していることを示している。この地球温暖化のどの程度が人類活動の影響によるものであるのか，また，将来の温暖化はいつのどのようにどの程度のものになるのかを見積もり，地球の近未来像を思い描くことは，われわれ人類にとってきわめて重要かつ急を要する課題であり，現在，世界中のさまざまな分野の研究者が取り組んでいる。

や起源ならびに日本人・日本文化の成立の歴史を考えるうえでも重要な情報をもたらしてくれる。

[引用文献]

馬場悠男. 2000. ホモ・サピエンスはどこから来たか. 207 pp. 河出書房.
Baba, H., Aziz, F., Kaifu, Y., Suwa, G., Kono, R.T. and Jacob, T. 2003. *Homo erectus* Calvarium from the Pleistocene of Java. Science, 299: 1384-1388.
Brown, P., Sutikna, T., Morwood, M.J., Soejono, R.P., Jatmiko, Wayhu Saptomo, E. and Rokus Awe Due. 2004. A new small-bodied hominin from the Late Pleistocene of Flores, Indonesia. Nature, 431: 1055-1061.
Brunet, M. et al. 2002. A new hominid from the Upper Miocene of Chad, Central Africa. Nature, 418: 145-151.
Cann, R.L., Stoneking, M. and Wilson, A.C. 1987. Mitochondrial DNA sequences and human evolution. Nature, 325: 31-36.
Goedde, H.W., Agarwal, D.P., Fritze, G., Meier-Tackmann, D., Singh, S., Beckmann, G., Bhatia, K., Chen, L.Z., Fang, B., Lisker, R., Paik, Y.K., Rothhammer, F., Saha, N., Segal, B., Srivastava, L. and Czeizel, A. 1992. Distribution of ADH$_2$ and ALDH2 genotypes in different populations. Hum. Genet., 88: 344-346.
Green, R.E., Krause, J., Ptak, S.E., Briggs, A.W., Ronan, M.T., Simon, J.F., Du, L., Egholm, M., Rothberg, J.M., Paunovic, M. and Pääbo, S. 2006. Analysis of one million base pairs of Neanderthal DNA. Nature, 444: 330-336.
Haile-Selassie, Y. 2001. Late Miocene hominids from the Middle Awash, Ethiopia. Nature, 412: 178-181.
Hanihara, K. 1991. Dual structure model for the population history of the Japanese. Japan Review, 2: 1-33.
Hsu, L.C., Tani, K., Fujiyoshi, T., Kurachi, K. and Yoshida, A. 1985. Cloning of cDNAs for human aldehyde dehydrogenases 1 and 2. Proc. Natl. Acad. Sci. U.S.A., 82: 3771-3775.
Hsu, L.C., Yoshida, A. and Mohandas, T. 1986. Chromosomal assignmenmt of the genes for human aldehyde dehydrogenase-1 and aldehyde dehydrogenase-2. Am. J. Hum. Genet., 38: 641-648.
石田肇. 2005. 化石は語る. ネアンデルタール人の正体(赤澤威編著), pp. 165-184. 朝日新聞社.
石田肇・近藤修. 2002. 骨格形態にもとづくオホーツク文化人. 北の異界(西秋良宏・宇田川洋編), pp. 72-79. 東京大学総合研究博物館.
ジョハンソン, D.C.・ジョハンソン, L.C.・エドガー, B. 1996. 人類の祖先を求めて(馬場悠男訳). 別冊 日経サイエンス. 103 pp. 日本経済新聞社.
Krings, M., Stone, A., Schmitz, R.W., Krainitzki, H., Stoneking, M. and Pääbo, S. 1997. Neandertal DNA sequences and the origin of modern humans. Cell, 90: 19-30.
Matsunaga, E. 1962. The dimorphism in human normal cerumen. Ann. Hum. Genet., 25: 273-286.
Mirazón Lahr, M. and Foley, R. 2004. Human evolution writ small. Nature, 431: 1043-1044.

中橋孝博. 1997. 世界へ広がる現生人類. 人類の起源(イミダス特別編集, 馬場悠男監修), pp. 57-67. 集英社.
Sato, T., Amano, T., Ono, H., Ishida, H., Kodera, H., Matsumura, H., Yoneda, M. and Masuda, R. 2007. Origins and genetic features of the Okhotsk people, revealed by ancient mitochondrial DNA analysis. J. Hum. Genet., 52: 618-627.
Senut, B., Pickford, M., Gommery, D., Mein, P., Cheboi, K. and Coppens, Y. 2001. First hominid from the Miocene (Lukeino Formation, Kenya). C. R. Acad. Sci., 332: 137-144.
杉山幸丸編. 1996. サルの百科. 239 pp. データハウス.
タッターソル, I. 1999. 最後のネアンデルタール人(高山博訳). 別冊 日経サイエンス. 183 pp. 日本経済新聞社.
Thorne, A.G. and Wolpoff, M.H. 1992. The multiregional evolution of humans. Scientific American, 266: 28-33.
Tomita, H., Yamada, K., Ghadami, M., Ogura, T., Yanai, Y., Nakatomi, K., Sadamatsu, M., Masui, A., Kato, N. and Niikawa, N. 2002. Mapping of the wet/dry earwax locus to the pericentromeric region of chromosome 16. Lancet, 359: 2000-2002.
White, T.D., Suwa, G. and Asfaw, B. 1994. *Australopithecus ramidas*, a new species of hominid from Aramis, Ethiopia. Nature, 371: 306-312.
White, T.D., Asfaw, B., DeGusta, D., Gilbert, H., Richards, G.D., Suwa, G. and Howell, F.C. 2003. Pleistocene *Homo sapiens* from Middle Awash, Ethiopia. Nature, 423: 742-747.
Yoshiura, K. et al. 2006. A SNP in the *ABCC11* gene is the determinant of human earwax type. Nature Genet., 38: 324-330.

地球と生命の"新"自然史
あとがきにかえて

第12章

馬渡峻輔

1. 学問の細分化と統合の歴史

　1830年代，生物学者チャールズ・ダーウィンは地質学者チャールズ・ライエルの本を読んで進化論のヒントを得た。その後，時代が進むにつれて学問は専門化が進み，細分化され，学問分野間の関係は希薄になった。生物学を例に挙げると，ダーウィンの時代，生物学といえば分類学を指した。世界各地からヨーロッパへ珍しい生き物が紹介され，それらを分類することに研究者は熱中した。当時から解剖学や形態学は盛んであったが，生き物を分類するために解剖し，形態を調べることがその目的であった。そのほかの学問，たとえば生理学は，生命現象を機能の側面から研究する学問として医学と結びつく形で存在した。その生理学は，その後，内分泌学，細胞生理学，神経生理学，電気生理学，大脳生理学，あるいは口腔生理学などの学問に細分化された。

　1つと考えられたものが時間経過に従っていくつもに細分化されることは，さまざまな事柄にみられる。上述のとおり学問の発達も例外ではなく，結果として，細分化された学問間の意思の疎通は滞る。2つの分野にまたがった研究を行うのはかなり難しくなる。学問が細分化されるにつれて研究者の視野がしだいに狭くなるからである。たとえば，細胞生理学研究者は内分泌学

の研究論文に目を通さなくなる。世界人口が増え，研究者人口が増大し，研究成果が蓄積したおかげで研究内容はますます細かく，深くなり，分野を超えた論文に目を通す時間も余裕もなくなってしまうのである。ところが，近年，生物学に革命が起こった。遺伝子DNAの発見である。生物個体の身体の仕組み，生殖や遺伝，発生，行動など，すべての生物現象がDNAという分子に由来することが明らかとなったのである。結果として，これまで細分化が進んできた生物学は統合されることとなった。つまり，ある生理現象は特定遺伝子DNAの発現とそれに続く物理化学的なカスケードで説明できるし，発生も同じく遺伝子がいつどのように発現するかを追跡することで説明できるようになった。生物学の各分野間の境目が曖昧になってしまったのである。その意味において，今日の生物学はすべて分子生物学と呼べるものである。では，地球科学と，分類学を中心とする多様性生物学とのあいだに「遺伝子DNA」みたいなものを発見できないか？　というのが，北海道大学21世紀COE「新・自然史科学創成」発足のアイディアであった。

2. 地球科学と多様性生物学のドッキング

　地球の上に生命が存在しているゆえに，生命現象を扱う生物学と地球を研究する地球科学は互いに関係することは明らかだが，それらを統合することなどは考えられてもいなかった。しかし，その必要性をわれわれは早くから認識していたのである。たとえば，現生生物の分類を行う際に，それらの系統関係を類推することになるが，これは分類学が時間軸を必要とすることを表している。つまり，生物は現在の3次元世界に存在しているが，そこには歴史が切り離せない。生物の歴史は化石でたどることができる。ゆえに分類学と古生物学はつながる。

　もう1つ例を挙げる。現在，保全生物学という学問が大流行である。外来種の侵入，人類活動による汚損物質の蓄積等々の外部からやってくる攪乱によって，われわれの住む環境にさまざまなできごとが起こる。たとえばそれらの攪乱によって既存種が絶滅したら，その地域における生物の種構成と種間関係が変化し，結果としてカタストロフ的に生物相が貧弱な方向へ崩壊す

るかもしれない。そのようなことが起こったら、人類生存のための環境を維持できない。だから、環境保全のためには外来種を排除しなければならない。これが保全生物学の理屈である。問題なのは、以上のシナリオが短い時間軸でしか考えられていないことである。よくよくわれわれを取り巻く自然に目を向けてみると、そこにはたくさんの外来種がすでにはびこっている。ある地域に別の生物が侵入してくることは、その地域におけるニッチ分配が変化し、進化が起こるための引き金ともなるのである。また、工業化や排出物垂れ流しなどで海岸が荒れたとしよう。そこで、数年前の海岸環境を取り戻すための研究が行われ、その研究結果に従ってさまざまな土木事業が行われ、木や草が植えられ、砂が敷き詰められ、美しい海岸が出現する。保全生物学の勝利である。しかし、その後大きな台風がやってきてその美しい海岸をつくりあげている要素が根こそぎにされるかもしれない。所詮人間は現在のこと、あるいは近過去か近未来しか想像できない動物なのである。とすれば、環境保全はもっと長い目でみる必要があるだろう。荒れた海岸はほうっておけば1000年後あるいは1万年後にはどうなっているか？　という長期的な視野が必要なのである。人類の永続を望むなら、地球環境は長期的視野に立ってその保全を考えなければならない。そのためには地球科学的な視野が必要であり、生物多様性の基本となる分類学が必要なのである。

　さらにもう1つ例を挙げる。現在の人類最大の心配ごとは地球温暖化である。地球が暖かくなれば海域が拡大して陸地は減少し、人類はそのうち滅んでしまうかもしれない。しかし、長い目で地球の歴史をみれば、そこには温暖化と寒冷化を繰り返す地球の長い歴史がみえてくる。その地球史のうえで生物は生きてきたのである。確かにヒト *Homo sapience* にとっては脅威かもしれないが、これらの環境変化は生物の進化をうながしたはずだ。そのような視点から地球温暖化をみることができる。つまり、現在の人類のおかれている状況をよりよく理解することがまず必要であり、それなしには対策はありえない。そして、状況の正しい、しかも深い理解は、地球科学と生物学が手を結べば可能になる。

3. 21世紀COEプログラム「新・自然史科学創成」

　以上のわれわれの主張が認められ，平成15年に北海道大学21世紀COEプログラム「新・自然史科学創成」が発足した(図1)。生物の進化にみられるさまざまな変化は地史的なイベントと相関しているはずだから，地球科学と多様性生物学は具体的に共同研究できる，との発想に基づくプログラムである。たとえば，生物学的イノベーションである動物門の出現，あるいは種分化率の増減，遺伝子DNAの大がかりな変化，等々は何らかの地球科学上のできごとが起こった結果として引き起こされたのではないか，さらに，それらの生物の変化は翻って地球科学的な変化を引き起こしたのではないか，そのような地球と生物との相互作用が生物に進化をもたらし，地球にさまざまなできごとをもたらしたのではないか，との発想である。この発想に従って発足したわれわれのCOEは，さまざまな研究上の成果をもたらして平成

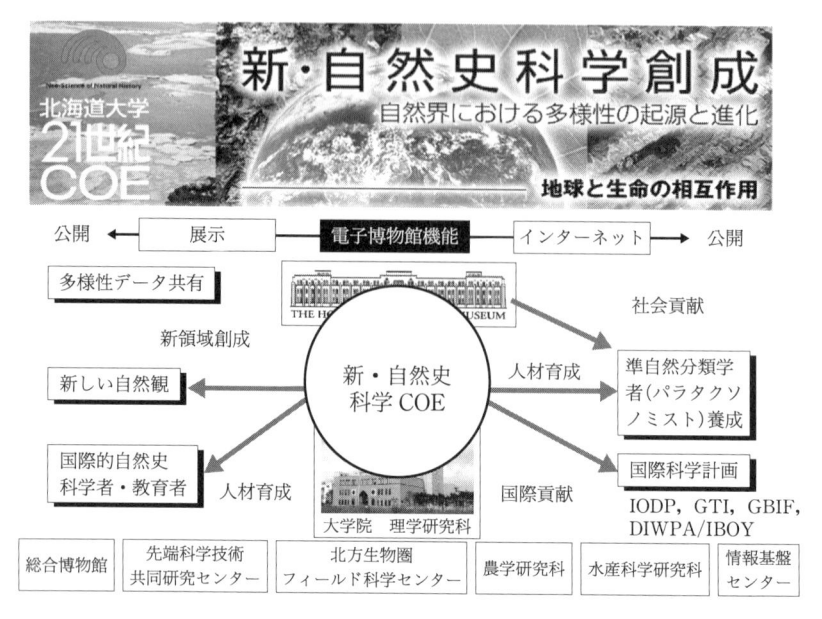

図1　北海道大学21世紀COEプログラム「新・自然史科学創成」の概念図

19年度に終了する。たくさんの成果のなかから，私がかかわった例を1つ挙げる。

4. 日本産更新世コケムシ概観

　日米の古生物研究者と現生コケムシ類分類学研究者がチームをつくり，北海道産化石に基づくコケムシ類の進化についての研究を展開した(口絵)。まずはこれまで北海道でコケムシ化石が発見されている今金町の貝殻橋層で巡検を行い，中新世の新種および新属新種を発見した(Grischenko et al., 2004)。翌年，同様の調査を行った際に更新統瀬棚層に属する黒松内町の石灰石掘削現場を訪れたところ，表面にコケムシ類化石が付着している丸石や二枚貝化石が大量に発見された。その掘削現場へ通じる道に敷き詰められた砂利にも，表面には多数のコケムシが付着して灰白色を呈していた。コケムシ化石のあまりの多さに，同行したロンドン自然史博物館研究員のPaul Taylorは「This is Kokemushi Paradise!」と叫んだ。以後，われわれはこの露頭をコケムシパラダイスと呼ぶことにした(口絵)。研究成果はぽちぽち論文になりつつある(Dick et al., 2008; Takashima et al., 2008; Taylor, 2008)，2007年10月1〜5日に北海道大学で行われた北海道大学21世紀COEプログラム「新・自然史科学創成」の総括国際シンポジウム"The Origin and Evolution of Natural Diveristy"において，いくつかの講演が行われた。Paul Taylorの講演によると，これまでに約50種が同定され，そのほとんどが唇口類コケムシの有囊類に属し，無囊類や管口類は少ないことがわかった。コケムシパラダイスは，過去においてコケムシ類を含む付着生物の多様性が，付着基のサイズや形や構成とどのようにかかわるか，あるいは，付着基上の微細生息環境や付着基タイプの違いに依存して付着種が決まるのかどうか，などを研究するにあたって格好の材料を提供する。さらには，付着基上の種間競争や生態的遷移の研究にも役立つ材料でもある(Taylor and Wilson, 2003)。

　コケムシ群体の個虫のサイズはその個虫の出芽した時期の周囲の温度を反映している。この相関関係はMART分析と呼ばれる技術を使った古気候推定に使われてきた(O'Dea and Okamura, 2000)。この方法を使えば，原理的に，

個虫の成長方向に平行にとったトランセクトにそって個虫サイズの変動を追跡することによって，季節による変化を含めた化石コケムシの群体成長率を推定することも可能である．結果は今後出版される論文を御覧いただきたい．

　上記コケムシパラダイスに加えて，更新世コケムシの研究は思いのほか発展した．Dick et al. (2008)に概要が報告されているとおり，まず，1935〜1995年のあいだに日本の更新統から報告された97新種を含む合計358タクサのコケムシ類のリストを作成した．その結果，1980年に出版されたチェックリスト(Sakagami et al., 1980)に多くの種が加わった．1980年以来，更新世コケムシはほんの一握りしか報告されていない．ところが，かつては鮮新世と考えられていた堆積物はさらに正確な年代測定によってその多くが更新世のものであると判明した(図2)．それらは，瀬棚層，浜田層，広瀬層，大釈迦層，鮪川層，沢根層（しぴかわ）、灰爪層（はいづめ），大桑層（おんま）である．したがって，今後さら

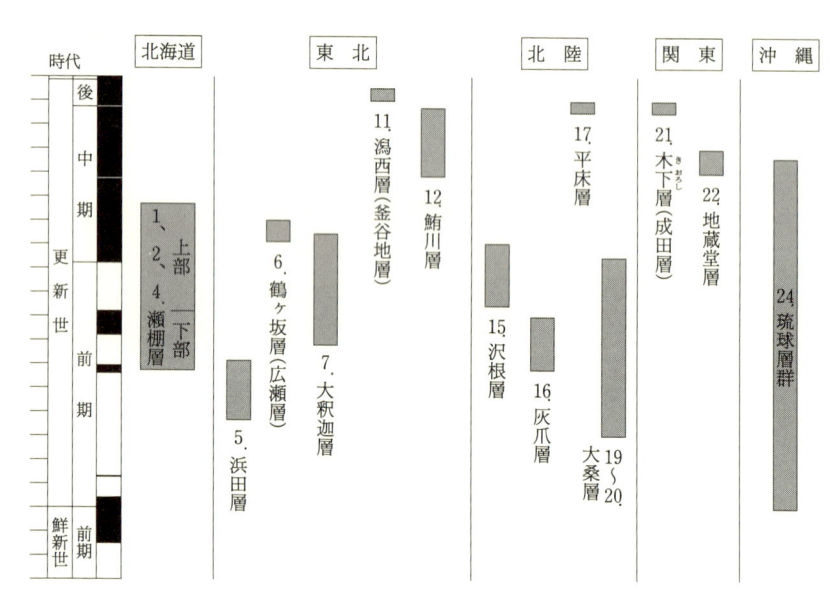

図2　コケムシ化石が含まれている日本の更新統の対比図(Dick et al., 2008をもとに作成)．各層の名称の前の数字は，参照の便宜のため，引用文献のSakagami et al.(1980)のFig. 1.と合わせてある．カッコ内はかつて使われていた古い層名称．図3に示す地域名ごとにグループ化してある．例外として，北海道と本州に分けた地域は，図2では津軽海峡地域としていっしょに記してある．

なる種の発見が期待される．また，これまでの研究は日本国内の4地域，つまり，房総半島，津軽海峡に面した南西北海道と本州北部，能登半島と新潟，そして南西諸島の喜界島，に限られていたことに鑑み，各地域および地層ごとのタクサ総数と新タクサの数を割り出し，それを地域間で比較した(図3)．さらに特筆すべきことは，北海道黒松内町近郊の瀬棚層と九州島原半島の大江層と北有馬層から新たな更新統が発見されたことである．以上の研究結果

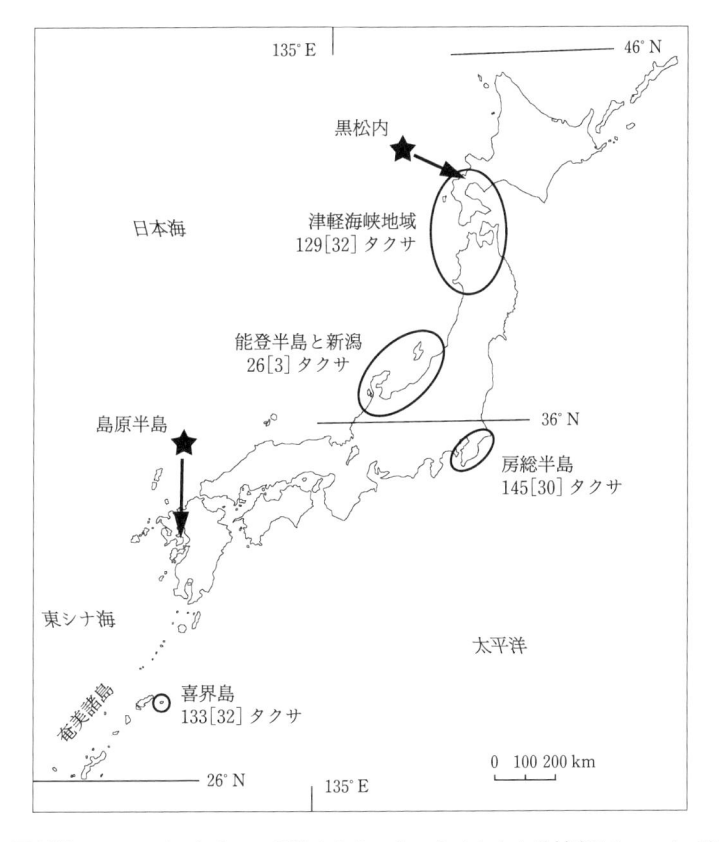

図3 更新世コケムシがこれまでに研究されたことのあるおもな地域(Dick et al., 2008 をもとに作成)．各地域名の後の数字は，その地域から報告されているコケムシタクサの数．カッコ内の数字はその地域の更新統からから報告された新タクサの数．星印は北海道大学21世紀COEプログラム「新・自然史科学創成」の研究過程において発見され，研究が続けられている新地域．

によれば，日本の更新世コケムシはきわめて豊富であると考えられる．分類の精度が上がり，分類が進めば，コケムシパラダイス産を含む日本の更新世コケムシは付着底生動物集団に与えた気候変動の効果を研究するためのモデルシステムとなることが期待される．

　北海道大学 21 世紀 COE プログラム「新・自然史科学創成」が発足する以前，二枚貝などの軟体動物化石を扱う古生物学者の多くは，出土した貝殻化石の表面に付着しているコケムシ群体をそれと知らずにゴミと見誤り，こそぎ落として捨てていたことから考えれば，異なった研究分野のドッキングを謳った本 COE プログラムの成果は明らかといえよう．

　以上述べてきたコケムシ関係の研究のほかにもたくさんの成果が報告されている．それらを概観して気づくことは，「モノ」が多様性生物学と地球科学を結びつけている事実である．これまでに出版されたわが COE 関連の多様性生物学者と地球科学者がかかわった共著論文はすべて「化石」という学術標本，つまり「モノ」が主体となっている．上述のとおり，コケムシ研究において多様性生物学分野の分類学者と地球科学分野の古生物学者の共同研究を可能にしたのはコケムシ化石という学術標本，つまり「モノ」であった．「モノ」が異分野の研究を橋渡ししたのである．これは，前述した「遺伝子 DNA」がすべての生物学を統合したことと似ていないだろうか？　「モノ」こそ多様性生物学と地球科学を結ぶ新・自然史科学の「遺伝子 DNA」ではないか？　われわれはこの新しく発想されたパラダイムに基づき，さらに研究を進めようとしている．

5. 新・自然史科学の教育

　本書は，上記 COE の成果の一部を盛り込み，これから地球科学と多様性生物学の関連を学ぶ大学院生を対象として書かれている．COE が発足した当時，われわれは，研究もさることながら，研究者育成をしなければその分野の研究は廃れてしまうと考えた．大学院教育を通じて COE の意図を伝えるためには，独自のカリキュラムが必要となる．以上の要請によって，われわれは北海道大学大学院のカリキュラムに「新・自然史科学 I，II」の講義

を設けた。本書はその講義の教科書として書かれた。内容は，これまでの章を読まれれば明らかである。限られた紙面であるゆえ，決して十分とはいえないが，本書を熟読していただければ，「新・自然史科学」とはどのような学問であるか理解していただけると思う。少なくとも地球科学と多様性生物学が手を携えるようすを垣間見ていただけると思う。

　ここまで書いて今日の朝日新聞夕刊(2007年10月27日)を読んだ。2面に〝「期待を上回る資質」大卒は1％〟と題する記事が載っていた。〝研究職として採用した大卒・大学院卒社員の資質が「期待を上回る」と答えた企業はわずか1～2％台——文部科学省の「民間企業の研究活動による調査」でこんな実体が明らかとなった。……〟と始まる記事は，〝ほかに「教科書や既成理論への偏重教育で独創性が育っていない」「隣接分野の教育が不十分」を挙げた企業も多かった〟と結んでいる。とすると，既成の学問の枠を超え，隣接分野を取り入れようとするわれわれの教育における試みは，時代を先取りしているに違いない。

　「新・自然史科学」という新しい枠組みを継承して学問を発展させる若者が現れることを期待している。そのために，本書が「新・自然史科学」理解のとっかかりとなることを願っている。「新・自然史科学」の将来を切り開くのは，本書の読者であるあなたである。

[引用文献]

Dick, M.H., Takashima, R., Komatsu, T., Kaneko, N. and Mawatari, S.F. 2008. Overview of Pleistocene Bryozoans in Japan. *In* "Proceedings of COE International Symposium 'The Origin and Evolution of Natural Diveristy', 1-5 October 2007, Sapporo" (eds. Okada, H., Mawatari, S.F. and Gautam, P.). 印刷中

Grischenko, A.V., Gordon, D.P., Nojo, A., Kawamura, M., Kaneko, N. and Mawatari, S.F. 2004. New bryozoan taxa from the Middle Miocene of Hokkaido, Japan, and the first fossil occurrences of *Kubaninella* and *Hayamiella* gen. nov. Paleontological Research, 8(3): 167-179.

O'Dea, A. and Okamura, B. 2000. Intracolony variation in zooid size in cheilostome bryozoans as a new technique for investigating palaeoseasonality. Palaeogeogr. Palaeoclimatol. Palaeoecol., 162: 319-332.

Sakagami, S., Arakawa, S. and Hayami, T. 1980. Check list and bibliography of Japanese Cenozoic fossil Ectoprocta (Bryozoa), 1935-1978. *In* "Professor Saburo Kanno Memorial Volume, Institute of Geosciences", pp. 314-338. University of

Tsukuba, Tsukuba.

Takashima, R., Dick, M. H., Nishi, H., Mawatari, S. F., Kadota, M. and Kito, Y. 2008. Geology and sedimentary environments of the bryozoan bearing Neogene formations (Setana and Megami formations) in Japan. *In* "Abstracts of International Symposium on The Origin and Evolution of Natural Diveristy", 1-5 October 2007", pp. 78-79. Hokkaido University Conference Hall, Sapporo, Japan.

Taylor, P. D. 2008. Encrusting bryozoan ecology and growth rate estimation in the Pleistocene Setana Formation of 'Kokemushi Paradise'. *In* "Abstracts of International Symposium on The Origin and Evolution of Natural Diveristy", 1-5 October 2007", p. 85. Hokkaido University Conference Hall, Sapporo, Japan.

Taylor, P. D. and Wilson, M. A. 2003. Palaeoecology and evolution of marine hard substrate communities. Earth-Sci. Rev., 62: 1-103.

用 語 解 説

アクリターク Acritarch
単細胞の，抵抗性高分子からなる細胞壁をもつ有機質微化石の総称。微細藻類であると考えられているが，どの分類群に属するかはわかっていない。殻の形態は球状・楕円形・多角形と多様で，大きさは 7 μm～1 mm で 150 μm 前後のものが多い。先カンブリア時代～完新世まで分布するが，とくに先カンブリア時代～古生代前期に優勢である。

5大絶滅事件
オルドビス紀‐シルル紀(O‐S)，デボン紀後期のフラスヌ階‐ファメヌ階(F‐F)，ペルム紀‐三畳紀(P‐T)，三畳紀‐ジュラ紀(T‐J)，白亜紀‐第三紀(K‐T)境界の5つの大量絶滅事件。口絵，第6章図1(Sepkoski, 1989)のような科の数の年代変動曲線において，その時代の減少が鋭いスパイクとして見られる。

酸素同位体比(δ^{18}O)の分析
^{18}O/^{16}O を千分率偏差(δ値)で表す。おもに有孔虫などの海生生物の石灰質殻の $CaCO_3$ を分析する。酸素同位体の交換反応平衡定数の温度関数から石灰殻形成時の周りの水温を復元できる。しかし，水温の復元のためには，海水の溶存無機炭酸の ^{18}O/^{16}O がわかっていることが必要である。本書第10章も参照。

進化(天文学・地球惑星科学)
天文学や地球惑星科学の分野では，宇宙全体や天体，あるいはそれらの一部を切り出した物質圏などが，長い時間をかけてその構造を変化させてゆく過程を進化と総称する。「恒星の進化」や「地球の進化」などが代表的な用例である。生物学における「進化」とは，意味が異なる。

ステラン sterane
ステロールなどの生体ステロイドが堆積物中で続成変化してできた炭化水素

化合物。バイオマーカーとして一般的に使われる。
棲　管
動物が体外に分泌・形成する保護構造物で，体に密着していないが，巣のように出入自在でもないもの。
生物擾乱 bioturbation
堆積物のなかに見られる生物の生活した痕のことで，移動，食餌などにより葉理などの初生的な堆積構造が乱されていることから擾乱と呼ばれる。
炭素安定同位体比
同位体比は標準試料との千分率偏差(δ値)で表される。炭素同位体比を例にすると，

$$\delta^{13}C = ([^{13}C/^{12}C]試料/[^{13}C/^{12}C]標準 - 1) \times 1000 (‰)$$

の式で計算される。
地質年代スケール Geologic Time Scale
国際層序委員会 International Commission on Stratigraphy(ICS)と国際地質科学連合 International Union of Geological Sciences(IUGS)によって承認された「公式」の地質年代スケール基準。国際層序委員会のウェブサイト http://www.stratigraphy.org で最新版をみることができる。現時点では"Geologic Time Scale 2004"が最新版である。
ドップラー偏移 Doppler shift
波源と観測者が相対的に運動しているときに，観測される波長ないし周波数が，相対運動のない場合の値からずれることをドップラー効果といい，ズレの大きさをドップラー偏移という。光も波の一種であり，光源が接近してくるときには波長は縮み，逆に遠ざかるときには伸びる。前者を青方偏移，後者を赤方偏移という。
二次共生による葉緑体獲得 chloroplast acquisition via secondary endosymbiosis
ランソウを取り込んで最初の植物が成立した過程を一次共生による葉緑体獲得と呼ぶ。これに対し，従属栄養の原生生物が，すでに一次共生によって葉緑体を獲得した生物(藻類)を取り込み，葉緑体を確立することを二次共生による葉緑体獲得と呼ぶ。この場合，真核生物を丸ごと取り込むので葉緑体は取り込まれた藻類の細胞膜に加えて，取り込んだ生物の食胞膜に囲まれるこ

とになる。この後，葉緑体以外のオルガネラは消失していくが，上述の余分な膜系は残る。したがって，二次共生起源の葉緑体は，自身の二重膜に加えて，2枚の余分な膜で囲まれることになる（ただし，そのうちの1枚が進化の途中で失われることもある）。

ヒートショックタンパク質 heat shock protein
熱ショックタンパク質ともいう。温度の上昇などのストレスによって合成が誘導される一連のタンパク質。

付加体 accretionary prism
海洋プレートが沈み込む際に，プレート上に堆積した遠洋性堆積物などの一部や海溝に堆積したタービダイトなどは沈み込まずに海溝縁辺部に押しつけられ，陸側にプリズム状の地層として付加される。この付加された地質体を付加体という。日本列島は四万十帯や日高帯など，付加体によって形成された地層が広く分布している。

マントルプルーム mantle plume
マントル内部において鉛直方向に流動する熱柱のこと。マントル内で相対的に低温のコールド・プルームは下降流となり，高温のホット・プルームは上昇流になる。マントル内部は外殻との境界から立ち上がるプルームによって支配されているという「プルーム・テクトニクス」（プレート・テクトニクスでは説明できなかったプレート運動など地球表層で起こる地学現象の原動力を説明するもの。丸山茂徳らが1990年代半ばに提唱した）理論における重要な現象である。

レフュジア refugia
待避所（避難場所）という本来の意味から派生した用語で，気候が温暖化した地域のなかに分布する高山や洞窟などの冷涼な地点や，逆に気候が寒冷化した地域の温泉の周辺など，気候が変化した周りの地域では生存できなくなった生物が生存し続けることが保障される部域のことを指す。レフュジアに生き残った生物では，少数個体からのビン首効果によるすばやい進化が予測される。

索　引

【ア行】

藍色細菌　23
アイヌ文化　242
アウストラロピテクス　231
アカンソステガ　122
アーキア　22
アーキゾア生物群　33
アクリターク　26, 54
蛙形類　126
アーケオプテリクス属　162
アシナシイモリ目　132
阿仁合型化石植物群　184
アピコプラスト　33
アピコンプレックス類　33
アファール猿人　233
アブラムシ　199
アフリカ単一起源説　237
アメーバゾア生物群　34
アルコール分解(代謝)酵素　243
アルデヒド脱水素酵素　244
アルベオラータ生物群　36
安定炭素同位体比　117
維管束植物　94
生きた化石　199
イクチオステガ　124
異型胞子　97
イシノミ　84
異所的種分化仮説　220
イスア　19
イソレニエレタン　137
遺存種　196
一次共生　32
一次大気起源説　14
イチョウ植物　106

遺伝子　229
遺伝子型　243
印象化石　203
ヴァランガー氷河期　53
ウェルウィッチア属　110
渦鞭毛藻類　37
歌津魚竜　149
宇宙マイクロ波背景放射　3
羽毛をもった恐竜　169
ウラン-鉛法　17
エオサイト仮説　27
エオラプトル　152
エクスカベート生物群　37
エディアカラ生物群　56
襟鞭毛虫類　49
猿人　231
エンボロメリ亜目　129
大型哺乳類の大量絶滅　215
大葉の起源　99
オゾン層　26
オホーツク文化　241
オルドバイ・イベント　208
温室効果ガス　173

【カ行】

外温性　175
灰色植物門　31
カイトニア　103
化学進化　20
化学風化　51
ガスキアース氷河期　53
寡占的成長段階　12
顎口類　69
褐藻類　31

ガラス小球体　119
カレドニア造山運動　120
慣性恒温性　175
カンブリア紀　44
カンブリア大爆発　59
キカデオイデア　105
寄主転換　199
北大西洋陸橋　192
気嚢システム　176
キャップカーボネート　54
旧翅類　85
旧人　233
旧赤色砂岩　120
共進化仮説　190
恐竜起源説　166
棘魚　74
巨大衝突段階　13
魚竜類　148
菌類　51
クチクラ層　80
クチン　111
クックソニア　93
グネツム属　109
首長竜類　148
クラウングループ　57
グリパニア　26
グロッソプテリス　102
クロミスタ生物群　36
クロムアルベオラータ生物群　36
系外惑星　16
形態属（器官属）　100
ケイロレピス　77
ケノアランド超大陸　48
ゲノム　231
ケヤキ　197
原猿類　231
原核生物　22
原始惑星系円盤　10
原人　233
顕生代　43

原生代　43
原無尾目　131
剣竜類　155
口蓋方形軟骨　74
光合成　24
交雑帯　223
向上進化　233
紅色植物門　31
洪水玄武岩　135
紅藻類　31
甲皮類　73
後方鞭毛生物群　36
後方鞭毛類　51
コエルロサウルス類　156
呼吸器　89
コケムシ　253
古原生代　43
コノドント　71, 132
コモノート　22
ゴール　199
コルダイテス　107
コールド・プルーム　135
コンドライト隕石　11
コンドリュール　11
ゴンドワナ大陸　119

【サ行】

鰓弓　74
最節約法　168
細胞間情報伝達因子　61
サカバムバスピス　71
叉骨　163
サンゴギャップ　137
酸素同位体ステージ　211
酸素同位体比　183, 210
酸素濃度　95
サンタナケリス　147
シアノバクテリア　23
紫外線遮断層　80
始生代　43

シーソー仮説　214
シダ種子植物　100
ジベンゾフラン　138
姉妹種　195
縞状鉄鉱層　19
ジャワ原人　235
獣脚亜目　167
獣脚亜目起源説　166
獣脚類　155
重力熱力学的カタストロフ　6
主系列星　7
種分化　220
種鱗　108
条鰭類　76
衝突脱ガス　15
小氷期　245
小胞子嚢　98
縄文人　241
植物群　36
真猿類　231
真核生物　22
進化発生生物学　61
新鰭類　77
新原生代　44
尋常海綿　49
新翅類　87
真正細菌　22
新ドリアス期　215
針葉樹植物　106
水分保持機構　88
スターチアン氷河期　53
ステムグループ　57
ステラン　25
ストロマトライト　25, 54
スノーボールアース　48
スノーボールアース仮説　53
スーパーグループ　34
スーパープルーム　136
スベリン　111
スモール・シェリー・ファウナ　58

スモール・シェリー・フォッシル　58
正顎類　150
生痕化石　201
生殖隔離　220
成長停止線　174
生物大量絶滅　115
赤色巨星　7
石炭ギャップ　137
赤道還流　186
石灰海綿　49
セームリア形亜目　130
前維管束植物　94
全縁葉　183
全球凍結　48
漸近巨星分枝星　8
鮮新世 - 更新世境界　209
全頭類　79
前胚珠　95
繊毛虫類　37
前裸子植物　95
槽歯類起源説　166
草本　190
ソテツ植物　105

【タ行】
第三紀周北極要素　189
代謝システム　174
大地溝帯　234
大胞子嚢　98
大胞子葉　98
第四紀　208
対立遺伝子　242
大量絶滅　161
多新翅類　87
多地域起源説　235
暖温帯性森林　189
炭酸過剰　135
ダンスガード・オシュガー周期　214
炭素の同位体比　19
タンニン　203

地衣類　51
澄江(チェンジャン)　59
中原生代　43
中世温暖期　245
超酸素欠乏事件　133
超新星爆発　8
超大洋パンサラッサ　119
超大陸パンゲア　120
鳥盤目　167
鳥盤類　154
鳥類　143
鳥類＝恐竜(獣脚亜目)説　162
地理的隔離　220
角竜類　154
ティクターリク・ロゼー　125
抵抗性高分子　111
適応放散　188
テクタイト　119
テロム説　99
転写調節因子　61
同型胞子　97
トータルグループ　57
渡来系弥生人　241

【ナ行】

内温性　174
内翅類　87
鉛-鉛法　17
南極周極流　186
軟質類　77
肉鰭類　69
二次共生　32
二次大気起源説　14
二重構造説　241
尿膜　145
ニレ科　198
ヌクレオモルフ　32
ヌルデ属植物　198
ネアンデルタール人　233
ネオムラ説　28

熱核反応　6
粘土鉱物　52

【ハ行】

バイオマーカー　38
胚珠の起源　99
ハイロノマス　145
ハインリッヒ事件　214
ハヴァース組織　175
パキテスタ　101
白色矮星　8
バクテリオホパンポリオール　25
バージェス頁岩　59
派生形質　167
爬虫形類　126
爬虫類　143
ハフニウム-タングステン法　17
パラントロプス属　234
バルチカ　120
パレオティリス　145
板皮類　75
ピカイア　71
被子植物類　188
ビッグバン　2
ヒボダス類　79
ヒューロニアン氷河期　48
ファメヌ階　115
フィロ珪酸塩鉱物　52
風化作用　51
フォリドフォリス類　77
物理風化　51
フラスヌ階　115
プラズモディウム　37
プロクロロン類　24
分岐進化　233
分子雲　10
分子雲コア　10
分子系統　177
分子系統樹　195
分子系統地理学　224

分子時計　226
分子時計仮説　47
分子発生学　61
ベイズ法　47
北京原人　235
ペデルペス　125
ペプチドグリカン　23
ベーリング陸橋　193
ペルム紀‐三畳紀境界　132
ペンシルバニア亜紀　119
放射菌　28
苞鱗‐種鱗複合体　108
母系遺伝　237
保全生物学　250
北方熱帯植物群　189
没食子酸　203
哺乳類　188
哺乳類型爬虫類　147
ホパン　137
ホメオボックス遺伝子　50
ホモ・サピエンス　229

【マ行】
マオウ属　110
マグマオーシャン　15
マニラプトル下目　168
マリノアン　53
マントルプルーム　135
ミトコンドリア　29
ミトコンドリアDNA　237
ミラーの実験　20
ミランコビッチ説　213
無顎類　69
虫こぶ　199
虫こぶ化石　201
無足目　132
無尾目　131
メイオベントス　60
迷歯　126
煤山(メイシャン)　132

メタンハイドレート　136
メッケル軟骨　74
メデュローサ　101
モササウルス科　149
没食子酸　203
門　45

【ヤ行】
有蹄類　190
有頭動物　70
有尾目　131
有羊膜卵　144
有羊膜類　145
ユーステノプテロン属　122
ユーロアメリカ大陸　119
羊膜　145
葉緑体　29
翼竜　151
鎧竜類　155

【ラ行】
ラキトム類　129
ラミダス猿人　234
ラムダ-CDM理論　4
卵黄嚢　145
卵殻　144
ランゲオモルフ　58
リギノプテリス　100
陸橋　186
リグニン　96,111
リザリア生物群　36
リストロサウルス　138
リニア　99
リニア植物門　94
竜脚類　155
竜盤目　167
竜盤類　154
緑色硫黄細菌　137
緑色植物　31
類人猿　231

レイク海　119
霊長類　229
レバキア属　108
レフュジア　221
六放海綿　49
ロディニア超大陸　51
ローラシア大陸　119
ロレンシア　120
ロンドン標本　163

【ワ行】
惑星集積　12
ワニ類　150
腕鰭類　77
椀状体　99

【記号】
α-プロテオバクテリア　29
$\delta^{13}C$　117
Λ-CDM 理論　4

【A】
ALDH　244
Ardipithecus ramidus ramidus　234
Australopithecus　231

【B】
Brachyury　50

【C】
C_4 型植物　191
CAI　11
CO_2 濃度　95

【E】
eocyte 仮説　27

【F】
F‐F 境界　115
Frizzled　50

【G】
G‐L 境界　133

【H】
Hangenberg 事件　118
Hf-W 法　17
Homeobox 遺伝子　50
Homo sapiens　229
Hubble の法則　1
Huronian 氷河期　48

【I】
Ia 型超新星　3
IRD　210
Isua　19

【K】
Kellwasser 事件　117
Kellwasser 層準　117
K‐T 境界　161

【L】
LCU　22
Little Ice Age　245

【M】
MART 分析　253
Mid-Pleistocene Revolution　213

【N】
neomura 説　28

【O】
O_2 濃度　95
O_3 層　26
obcell 説　21

【P】
Paranthropus　234
Pb-Pb 法　17

P‐T 境界　132

【R】
Reid's paradox　219
RNA ワールド　21

【S】
Signor-Lipps 効果　178

【U】
U–Pb 法　17

【V】
Vrica セクション　208

執筆者一覧(五十音順)
*編集委員

秋元信一(あきもと しんいち)
  北海道大学大学院農学研究院教授
  博士(農学)
  第9章執筆

阿波根直一(あはごん なおかず)
  海洋研究開発機構 地球深部探査センター技術研究副主幹
  博士(理学)
  第10章執筆

大原昌宏(おおはら まさひろ)
  北海道大学総合博物館教授
  博士(農学)
  第4章執筆

柁原　宏(かじはら ひろし)
  北海道大学大学院理学研究院准教授
  博士(理学)
  第3章執筆

片倉晴雄(かたくら はるお)
  北海道大学名誉教授
  理学博士
  第10章執筆

倉本　圭(くらもと きよし)
  北海道大学大学院理学研究院教授
  博士(理学)
  第1章執筆

小林快次(こばやし よしつぐ)
  北海道大学総合博物館准教授
  Ph. D.
  第7章執筆

*沢田　健(さわだ けん)
  北海道大学大学院理学研究院准教授
  博士(理学)
  第5章・第6章・第9章コラム執筆

鈴木徳行(すずき のりゆき)
  北海道大学大学院理学研究院教授
  理学博士
  第2章コラム執筆

高橋英樹(たかはし ひでき)
  北海道大学総合博物館教授
  理学博士
  第5章執筆

*栃内　新(とちない しん)
  北海道大学大学院理学研究院教授
  理学博士
  第6章コラム・第7章執筆

*西　弘嗣(にし ひろし)
  東北大学学術資源研究公開センター/総合学術博物館教授
  理学博士

堀口健雄(ほりぐち たけお)
  北海道大学大学院理学研究院教授
  理学博士
  第2章執筆

前川光司(まえかわ こうじ)
  北海道大学名誉教授
  農学博士
  第4章執筆

増田道夫(ますだ みちお)
  北海道大学名誉教授
  理学博士
  第5章執筆

増田隆一(ますだ りゅういち)
  北海道大学大学院理学研究院教授
  理学博士
  第11章執筆

*馬渡峻輔(まわたり しゅんすけ)
  北海道大学名誉教授
  理学博士
  第3章・第12章執筆

矢部 衞(やべ まもる)
  北海道大学大学院水産科学研究院教授
  水産学博士
  第4章執筆

渡邊 剛(わたなべ つよし)
  北海道大学大学院理学研究院講師
  博士(地球環境科学)
  第11章コラム執筆

*綿貫 豊(わたぬき ゆたか)
  北海道大学大学院水産科学研究院
  准教授
  農学博士
  第8章執筆

地球と生命の進化学――新・自然史科学 I
2008 年 3 月 31 日　第 1 刷発行
2013 年 7 月 25 日　第 3 刷発行

編著者　　沢田健・綿貫豊・西弘嗣・
　　　　　栃内新・馬渡峻輔

発行者　　櫻　井　義　秀

発行所　北海道大学出版会
札幌市北区北 9 条西 8 丁目 北海道大学構内(〒060-0809)
Tel. 011(747)2308・Fax. 011(736)8605・http://www.hup.gr.jp

アイワード　　　　　　　Ⓒ 2008　沢田・綿貫・西・栃内・馬渡

ISBN978-4-8329-8183-6

地球と生命の進化学 ―新・自然史科学Ⅰ―	沢田・綿貫・ 西・栃内・ 馬渡 編著	A5・290頁 価格3000円
地球の変動と生物進化 ―新・自然史科学Ⅱ―	沢田・綿貫・ 西・栃内・ 馬渡 編著	A5・300頁 価格3000円
魚 の 自 然 史 ―水中の進化学―	松浦啓一 宮　正樹 編著	A5・248頁 価格3000円
稚 魚 の 自 然 史 ―千変万化の魚類学―	千田哲資 南　卓志 編著 木下　泉	A5・318頁 価格3000円
動 物 の 自 然 史 ―現代分類学の多様な展開―	馬渡峻輔編著	A5・288頁 価格3000円
動物地理の自然史 ―分布と多様性の進化学―	増田隆一 阿部　永 編著	A5・302頁 価格3000円
森 の 自 然 史 ―複雑系の生態学―	菊沢喜八郎 甲山隆司 編	A5・250頁 価格3000円
蝶 の 自 然 史 ―行動と生態の進化学―	大崎直太編著	A5・286頁 価格3000円
植物地理の自然史 ―進化のダイナミクスにアプローチする―	植田邦彦編著	A5・216頁 価格2600円
帰化植物の自然史 ―侵略と攪乱の生態学―	森田竜義編著	A5・304頁 価格3000円
高山植物の自然史 ―お花畑の生態学―	工藤　岳編著	A5・238頁 価格3000円
雑 草 の 自 然 史 ―たくましさの生態学―	山口裕文編著	A5・248頁 価格3000円
植 物 の 自 然 史 ―多様性の進化学―	岡田　博 植田邦彦 編著 角野康郎	A5・280頁 価格3000円
花 の 自 然 史 ―美しさの進化学―	大原　雅編著	A5・278頁 価格3000円
攪乱と遷移の自然史 ―「空き地」の植物生態学―	重定南奈子 露崎史朗 編著	A5・270頁 価格3000円
被子植物の起源と初期進化	髙橋正道著	A5・526頁 価格8500円
モンゴル大恐竜 ―ゴビ砂漠の大型恐竜と鳥類の進化―	小林快次 久保田克博 著	A4・64頁 価格905円
ワニと恐竜の共存 ―巨大ワニと恐竜の世界―	小林快次著	A4・84頁 価格1000円

北海道大学出版会

価格は税別

【SI 単位接頭語】

接頭語	記号	倍数	接頭語	記号	倍数
デカ (deca)	da	10	デシ (deci)	d	10^{-1}
ヘクト (hecto)	h	10^2	センチ (centi)	c	10^{-2}
キロ (kilo)	k	10^3	ミリ (milli)	m	10^{-3}
メガ (mega)	M	10^6	マイクロ (micro)	μ	10^{-6}
ギガ (giga)	G	10^9	ナノ (nano)	n	10^{-9}
テラ (tera)	T	10^{12}	ピコ (pico)	p	10^{-12}
ペタ (peta)	P	10^{15}	フェムト (femto)	f	10^{-15}
エクサ (exa)	E	10^{18}	アト (atto)	a	10^{-18}

【ギリシャ語アルファベット】

A	α	alpha	アルファ	N	ν	nu	ニュー
B	β	beta	ベータ	Ξ	ξ	xi	グザイ
Γ	γ	gamma	ガンマ	O	o	omicron	オミクロン
Δ	δ	delta	デルタ	Π	π	pi	パイ
E	ε	epsilon	イプシロン	P	ρ	rho	ロー
Z	ζ	zeta	ゼータ	Σ	σ	sigma	シグマ
H	η	eta	イータ	T	τ	tau	タウ
Θ	θ	theta	シータ	Υ	υ	upsilon	ウプシロン
I	ι	iota	イオタ	Φ	ϕ	phi	ファイ
K	κ	kappa	カッパ	X	χ	chi	カイ
Λ	λ	lambda	ラムダ	Ψ	ψ	psi	プサイ
M	μ	mu	ミュー	Ω	ω	omega	オメガ

元素の周期表 (2005)

族/周期	1	2	3	4	5	6	7	8	9	10	11	12	13	14	15	16	17	18
1	1 **H** 水素 1.00794																	2 **He** ヘリウム 4.002602
2	3 **Li** リチウム 6.941	4 **Be** ベリリウム 9.012182											5 **B** ホウ素 10.811	6 **C** 炭素 12.0107	7 **N** 窒素 14.0067	8 **O** 酸素 15.9994	9 **F** フッ素 18.9984032	10 **Ne** ネオン 20.1797
3	11 **Na** ナトリウム 22.9897928	12 **Mg** マグネシウム 24.3050											13 **Al** アルミニウム 26.9815386	14 **Si** ケイ素 28.0855	15 **P** リン 30.973762	16 **S** 硫黄 32.065	17 **Cl** 塩素 35.453	18 **Ar** アルゴン 39.948
4	19 **K** カリウム 39.0983	20 **Ca** カルシウム 40.078	21 **Sc** スカンジウム 44.955912	22 **Ti** チタン 47.867	23 **V** バナジウム 50.9415	24 **Cr** クロム 51.9961	25 **Mn** マンガン 54.938045	26 **Fe** 鉄 55.845	27 **Co** コバルト 58.933195	28 **Ni** ニッケル 58.6934	29 **Cu** 銅 63.546	30 **Zn** 亜鉛 65.409	31 **Ga** ガリウム 69.723	32 **Ge** ゲルマニウム 72.64	33 **As** ヒ素 74.92160	34 **Se** セレン 78.96	35 **Br** 臭素 79.904	36 **Kr** クリプトン 83.798
5	37 **Rb** ルビジウム 85.4678	38 **Sr** ストロンチウム 87.62	39 **Y** イットリウム 88.90585	40 **Zr** ジルコニウム 91.224	41 **Nb** ニオブ 92.90638	42 **Mo** モリブデン 95.94	43 **Tc*** テクネチウム (99)	44 **Ru** ルテニウム 101.07	45 **Rh** ロジウム 102.90550	46 **Pd** パラジウム 106.42	47 **Ag** 銀 107.8682	48 **Cd** カドミウム 112.411	49 **In** インジウム 114.818	50 **Sn** スズ 118.710	51 **Sb** アンチモン 121.760	52 **Te** テルル 127.60	53 **I** ヨウ素 126.90447	54 **Xe** キセノン 131.293
6	55 **Cs** セシウム 132.905419	56 **Ba** バリウム 137.327	57~71 ランタノイド	72 **Hf** ハフニウム 178.49	73 **Ta** タンタル 180.94788	74 **W** タングステン 183.84	75 **Re** レニウム 186.207	76 **Os** オスミウム 190.23	77 **Ir** イリジウム 192.217	78 **Pt** 白金 195.084	79 **Au** 金 196.966569	80 **Hg** 水銀 200.59	81 **Tl** タリウム 204.3833	82 **Pb** 鉛 207.2	83 **Bi** ビスマス 208.98040	84 **Po*** ポロニウム (210)	85 **At*** アスタチン (210)	86 **Rn*** ラドン (222)
7	87 **Fr*** フランシウム (223)	88 **Ra*** ラジウム (226)	89~103 アクチノイド	104 **Rf*** ラザホージウム (261)	105 **Db*** ドブニウム (262)	106 **Sg*** シーボーギウム (263)	107 **Bh*** ボーリウム (264)	108 **Hs*** ハッシウム (269)	109 **Mt*** マイトネリウム (268)	110 **Ds*** ダームスタチウム (269)	111 **Rg*** レントゲニウム (272)	112 **Uub*** ウンウンビウム (277)	113 **Uut*** ウンウントリウム (284)	114 **Uuq*** ウンウンクアジウム (289)	115 **Uup*** ウンウンペンチウム (288)	116 **Uuh*** ウンウンヘキシウム (292)		118 **Uuo*** ウンウンオクチウム (294)

57~71 ランタノイド	57 **La** ランタン 138.90547	58 **Ce** セリウム 140.116	59 **Pr** プラセオジム 140.90765	60 **Nd** ネオジム 144.242	61 **Pm*** プロメチウム (145)	62 **Sm** サマリウム 150.36	63 **Eu** ユウロピウム 151.964	64 **Gd** ガドリニウム 157.25	65 **Tb** テルビウム 158.92535	66 **Dy** ジスプロシウム 162.500	67 **Ho** ホルミウム 164.93032	68 **Er** エルビウム 167.259	69 **Tm** ツリウム 168.93421	70 **Yb** イッテルビウム 173.04	71 **Lu** ルテチウム 174.967
89~103 アクチノイド	89 **Ac*** アクチニウム (227)	90 **Th*** トリウム 232.03806	91 **Pa*** プロトアクチニウム 231.03588	92 **U*** ウラン 238.02891	93 **Np*** ネプツニウム (237)	94 **Pu*** プルトニウム (239)	95 **Am*** アメリシウム (243)	96 **Cm*** キュリウム (247)	97 **Bk*** バークリウム (247)	98 **Cf*** カリホルニウム (252)	99 **Es*** アインスタイニウム (252)	100 **Fm*** フェルミウム (257)	101 **Md*** メンデレビウム (258)	102 **No*** ノーベリウム (259)	103 **Lr*** ローレンシウム (262)

原子番号 元素記号[1]
元素名
原子量 (2005)[注2]

注1：安定同位体が存在しない元素には元素記号の右側に*を付す。
注2：天然で特定の同位体組成を示さない元素について、最もよく知られた質量数をカッコ内に示す。
備考：アクチノイド以降の元素については、周期表の位置は暫定的である。

© 2006 日本化学会 原子量小委員会